人力资源和社会保障部职业能力建设司推荐
有色金属行业职业教育培训规划教材

重有色金属及其合金熔炼与铸造

姚晓燕　编著

北　京
冶　金　工　业　出　版　社
2009

内 容 简 介

本书是有色金属行业职业教育培训规划教材之一，是根据有色金属企业生产实际、岗位技能要求以及职业学校教学需要编写的，并经人力资源和社会保障部职业培训教材工作委员会办公室组织专家评审通过。

本书详细介绍了重有色金属熔炼与铸造工艺、技术与设备等。全书共分7章，包括概论、熔炼炉、合金的成分控制、重有色金属及其合金熔炼、重有色金属及其合金铸锭生产、铸锭质量检查、安全生产技术等。在内容组织和结构安排上，力求简明扼要，通俗易懂，理论联系实际，突出行业特点。为便于读者自学，加深理解和学用结合，各章均附有复习思考题。

本书可作为有色金属企业岗位操作人员的培训教材，也可作为职业学校（院）相关专业的教材，同时可供有关工程技术人员参考。

图书在版编目(CIP)数据

重有色金属及其合金熔炼与铸造/姚晓燕编著.—北京：冶金工业出版社，2009.7

有色金属行业职业教育培训规划教材

ISBN 978-7-5024-4713-7

Ⅰ.重…　Ⅱ.姚…　Ⅲ.①重有色金属—熔炼—技术培训—教材 ②重有色金属—铸造—技术培训—教材　③重有色金属合金—熔炼—技术培训—教材　④重有色金属合金—铸造—技术培训—教材　Ⅳ.TG291

中国版本图书馆 CIP 数据核字（2008）第 156506 号

出 版 人　曹胜利

地　　址　北京北河沿大街嵩祝院北巷 39 号，邮编 100009

电　　话　(010)64027926　电子信箱　postmaster@cnmip.com.cn

责任编辑　张登科　章秀珍　美术编辑　李　新　版式设计　张　青

责任校对　石　静　责任印制　李玉山

ISBN 978-7-5024-4713-7

北京兴华印刷厂印刷；冶金工业出版社发行；各地新华书店经销

2009 年 7 月第 1 版，2009 年 7 月第 1 次印刷

787mm×1092mm　1/16；10 印张；261 千字；145 页；1-3000 册

28.00 元

冶金工业出版社发行部　电话：(010)64044283　传真：(010)64027893

冶金书店　地址：北京东四西大街 46 号(100711)　电话：(010)65289081

（本书如有印装质量问题，本社发行部负责退换）

有色金属行业职业教育培训规划教材
编辑委员会

序

有色金属是重要的基础原材料，产品种类多，关联度广，是现代高新技术产业发展的关键支撑材料，广泛应用于电力、交通、建筑、机械、电子信息、航空航天和国防军工等领域，在保障国民经济和社会发展等方面发挥着重要作用。

改革开放以来，我国有色金属工业持续快速发展，十种常用有色金属总产量已连续7年居世界第一，产业结构调整和技术进步加快，在国际同行业中的地位明显提高，市场竞争力显著增强。我国有色金属工业的发展已经站在一个新的历史起点上，成为拉动世界有色金属工业增长的主导因素，成为推进世界有色金属科技进步的重要力量，将对世界有色金属工业的发展发挥越来越重要的作用。

当前，我国有色金属工业正处在调整产业结构，转变发展方式，依靠科技进步推动行业发展的关键时期。随着我国城镇化、工业化、信息化进程加快，对有色金属的需求潜力巨大，产业发展具有良好的前景。今后一个时期，我国有色金属工业发展的指导思想是：以邓小平理论和“三个代表”重要思想为指导，深入落实科学发展观，按照保增长、扩内需、调结构的总体要求，以控制总量、淘汰落后、加快技术改造、推进企业重组为重点，推动产业结构调整和优化升级；充分利用境内外两种资源，提高资源保障能力，建设资源节约型、环境友好型和科技创新型产业，促进我国有色金属工业可持续发展。

为了实现我国有色金属工业强国的宏伟目标，关键在人才，需要培养造就一大批高素质的职工队伍，既要有高级经营管理者、各类工程技术人才，更要有高素质、高技能、创新型的生产一线人才。因此，大力发展职业教育和职工培训是实施技能型人才培养的主要途径，是提高企业整体素质，增强企业核心竞争力的重要举措，是实现有色金属工业科学发展的迫切需要。

冶金工业出版社和洛阳有色金属工业学校为了适应有色金属工业中等职业学校教学和企业生产的实际需求，组织编写了这套培训教材。教材既有系统的理论知识，又有生产现场的实际经验，同时还吸纳了一些国内外的先进生产工艺技术，是一套行业教学和职工培训较为实用的中级教材。

加强中等职业教育和职工培训教材的建设，是增强职业教育和培训工作实效的重要途径。要坚持少而精、管用的原则，精心组织、精心编写，使教材做到理论与实际相结合，体现创新理念、时代特色，在建设高素质、高技能的有色金属工业职工队伍中发挥积极作用。

中国有色金属工业协会会长　康义

2009 年 6 月

前　言

本书是按照人力资源和社会保障部的规划，参照行业职业技能标准和职业技能鉴定规范，根据有色金属企业生产实际、岗位技能要求以及职业学校教学需要编写的。书稿经人力资源和社会保障部职业培训教材工作委员会办公室组织专家评审通过，由人力资源和社会保障部职业能力建设司推荐作为有色金属行业职业教育培训规划教材。

本书详细介绍了重有色金属熔炼与铸造工艺、技术与设备等，全书共分7章，包括概论、熔炼炉、合金的成分控制、重有色金属及其合金熔炼、重有色金属及其合金铸锭生产、铸锭质量检查、安全生产技术等。在内容组织和结构安排上，本书力求简明扼要，通俗易懂，理论联系实际，突出行业特点。为便于读者自学，加深理解和学用结合，各章均附有复习思考题。

本书可作为有色金属企业职工技能教育培训和职业院校相关专业的教材，也可供有关工程技术人员参考。

本书是在中铝洛阳铜业有限公司技校多年使用的内部教材基础上编写的。其中第1、3、4、5、6、7章由姚晓燕编写，第2章由张书远编写，全书由肖恩奎审核定稿。本书在编写过程中，得到了洛阳有色金属工业学校领导杨伟宏和同事申智华、王枫、李巧云、白素琴等的热情支持和帮助，编写过程中参考了一些相关著作和文献资料等，在此一并表示衷心的感谢。

由于编者水平所限，编写经验不足，书中不妥之处，恳请读者批评指正。

作　者

2009年5月

目　录

1 概　述

金属材料是现代工业的基础，无论是机械、化工、交通运输部门，还是电气、原子能及宇航等工业，都离不开金属材料。这些工业部门的发展，要求发展高强度、高导电、耐高温、耐腐蚀等具有各种不同物理性能的金属材料。可以说，国民经济的发展在一定程度上取决于金属材料科学的发展水平。

金属材料，是指那些由金属元素或以金属元素为主形成的，具有一般金属特性的材料。工艺上所使用的金属材料习惯上分成两大类：一类是黑色金属及其合金（即钢铁，有时也将锰、铬以及它们的合金归入此类），另一类是有色金属及其合金（亦称非铁材料，指除铁、锰、铬之外的所有金属及其合金）。以有色金属为基础，加入一种或若干种其他元素，使之熔合在一起，这种新的金属组成物称为有色金属合金。有色金属及其合金种类繁多，归纳起来可分为五大类：

（1）轻金属及其合金：包括铝、镁、钛等金属及其合金，它们的密度小于$4.5\times10^3kg/m^3$。

（2）重金属及其合金：包括铜、镍、铅、锌、锡等金属及其合金。它们的密度大于$4.5\times10^3kg/m^3$。

（3）稀有金属及其合金：包括高熔点金属（如钨、钼等）、稀有轻金属（如铍、锂等）、稀散金属（如镓、铟）、稀土金属及放射性金属（如铀、镭）等金属及其合金。

（4）贵金属及其合金：包括金、银及铂族元素等金属及其合金。

（5）半金属：一般是指硅、硒、碲、砷、硼等。其物理化学性质介于金属和非金属之间。

有色金属材料具有各种优异的性能，广泛用于国民经济各重要的部门，但由于矿藏、生产技术等方面的原因，生产成本很高。因此，从事有色金属材料的工作者，除了要根据国民经济的需要，丰富和发展我国有色金属材料的品种外，还应该充分利用我国的资源，寻找新的代用品。

1.1　熔炼与铸造

1.1.1　熔炼

金属熔炼就是将准备好的各种固体金属料在熔化炉内熔化为液体金属，这种液体金属具有一定化学成分，含有尽可能少的气体和夹渣，具有一定的温度，以满足铸锭工艺的要求。金属熔炼的主要目的是为铸锭提供高质量的金属熔体。因此，本书主要介绍重有色金属及其合金的一般性能及熔炼的一般知识。

1.1.2　铸造

铸造就是对熔融状态的金属或合金熔体，通过控制其冷却速度的快慢，将其铸造成形状、尺寸、成分、组织等符合压力加工要求的锭坯的过程。铸锭生产的任务就是为后续的压力加工提供合格的锭坯。

熔炼和铸造生产是压力加工生产的首道工序，它不仅供给各加工部门所需要的坯料，而且在很大程度上影响着加工制品的质量。在学习本课程时，不仅要了解各种合金的一般知识，而且要掌握生产过程中各种工艺因素对产品的组织、性能、表面、尺寸的影响，从而能动地控制生产工艺条件，生产出符合要求的铸锭。

铜、镍及其合金是国民经济各个部门中用途最广泛的有色金属材料。它具有良好的导电性、导热性，在大气和许多介质中有足够的耐腐蚀性，具有足够的强度和良好的塑性等一系列特点。

在生产实际中，它们分为铸造金属及合金与压力加工金属及合金两大类：

铸造金属及合金就是将熔融的金属或合金直接铸造成零件坯料，用金属切削加工的方法将这些铸件加工之后便可成为机械零件而被使用。

压力加工金属及合金是将熔融的金属或合金先铸造成锭坯，再通过轧制、挤压、拉伸等压力加工的方法，将锭坯加工成具有一定尺寸、形状和性能的板材、带材、条材、箔材、管材、棒材、型材、线材等产品，供给各个部门使用。

1.2 紫铜

根据在铜中加入合金元素的不同，通常把铜及其合金分为紫铜（纯铜）、黄铜、白铜和青铜四大类。

纯铜，其新鲜表面是玫瑰红色，氧化以后生成的氧化铜呈紫色，故称为“紫铜”。紫铜与其他金属相比，它的导电性和导热性仅次于银，居第二位。它具有一定的强度和较好的耐腐蚀性能及良好的塑性，易于进行压力加工。根据纯度及添加元素的不同分为普通纯铜、无氧铜和磷脱氧铜。有些标准中把添加了微量银、碲、砷等元素的低合金铜也归为此类。紫铜主要应用于导电、导热和耐腐蚀的零件，如各种电线、电缆、电器开关、雷管及各种管路等。

各种牌号的紫铜的代号都以“铜”字拼音字母的第一个字母“T”开头，其化学成分见表1-1。

表 1-1 普通纯铜的化学成分（质量分数/%）

牌 号	Cu + Ag	P	Bi	Sb	As	Fe	Ni	Nb	Sn	S	Zn	O	杂质总和
	不小于	不大于											
T1	99.95	0.001	0.001	0.002	0.002	0.005	0.002	0.003	0.002	0.005	0.005	0.02	0.05
T2	99.90		0.001	0.002	0.002	0.005		0.005		0.005			0.1
T3	99.70		0.002					0.01					0.3

1.2.1 紫铜的性质

1.2.1.1 物理性质

铜为面心立方晶格，在20℃时，晶格常数为0.3607nm（3.6075Å），密度为$8.9\times10^3kg/m^3$，熔点为1084.5℃，沸点为2360℃，20℃时电导率为$58m/(\Omega\cdot mm^2)$，热导率为386W/(m·K)。

铜为逆磁性金属，当含铁量达0.4%时，即显铁磁性，所以对于制作不受铁磁影响的磁学仪器用的铜材，如罗盘、航空仪器等，严格控制铁的含量具有重要意义。

1.2.1.2 化学性质

铜在常温下（20℃）就能与氧起反应，产生轻微氧化。当温度达到100℃时，铜表面氧化后生成黑色的氧化铜（CuO）膜，随着温度的提高，铜的氧化速度迅速增加，这时表面形成红色的氧化亚铜（Cu_2O）薄膜。

紫铜对大气的腐蚀很稳定，因为铜表面形成一层保护膜，可以防止铜的进一步腐蚀，所以在大气、纯净的淡水和水蒸气中有一定的耐腐蚀性能。铜在氧、硝酸及其他氧化性的酸和盐溶液中，均容易被腐蚀，特别是容易被氨、氯化氨、氰化物、汞盐等溶液的剧烈腐蚀。

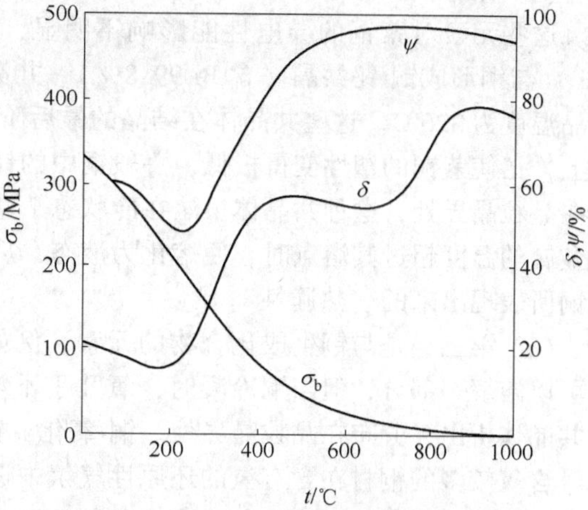

图 1-1　紫铜（T2）的力学性能与温度的关系
（原材料：ϕ25mm 的棒材，加工率 25%）

1.2.1.3　力学性能

紫铜的塑性较高，强度中等。紫铜的强度极限随着温度的升高而降低，紫铜的塑性指标在 400 ~ 700℃之间出现低塑性区，当温度超过 700℃后，塑性又继续提高。紫铜的力学性能与温度的关系如图 1-1 所示。

1.2.2　杂质及微量元素对紫铜性质的影响

杂质及微量元素对紫铜的性质有很大影响。紫铜中的杂质及微量元素主要来源于原料、工艺介质、添加剂等方面。

杂质和微量元素对紫铜性质的影响按其在紫铜中的情况不同，大体上可以分为三类：

（1）第一类是在铜中有较大的溶解度的元素。这类元素如果在铜中的含量不超过其溶解度时，可以与铜形成固溶体，如铝（Al）、铁（Fe）、镍（Ni）、银（Ag）等。这些元素在微量情况下一般对紫铜的塑性没有影响，但在大多数情况下，会提高紫铜的强度和硬度，降低紫铜的导电性和导热性。它们对紫铜导电性能和导热性能的影响分别如图 1-2、图 1-3 所示。

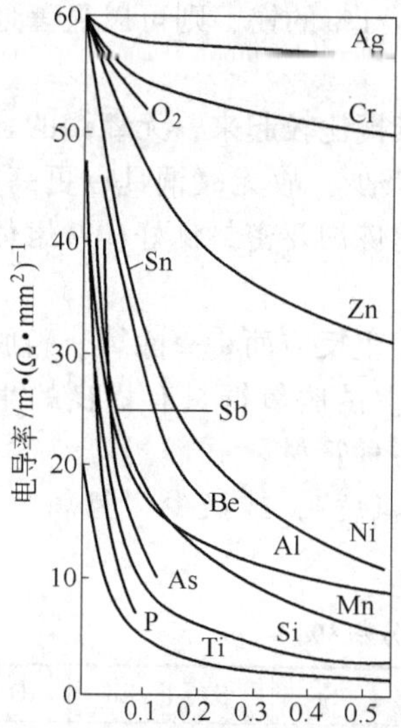

图 1-2　某些元素对紫铜导电性能的影响

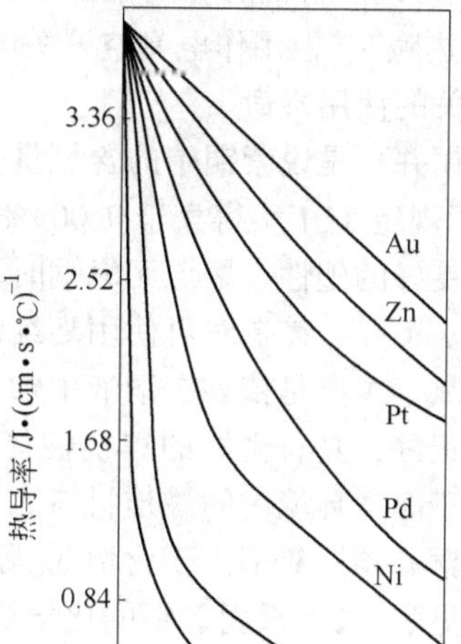

图 1-3　某些元素对紫铜导热性能的影响

（2）第二类是几乎不溶于铜，但可与铜形成低熔点共晶体的元素。如铋（Bi）、铅（Pb）等。这些元素对紫铜的导电性能影响不明显，主要危害是引起铜的“热脆”。铋（Bi）和铅（Pb）与铜形成铜-铋共晶（含 Bi 99.8%），共晶温度为 270.3℃；铜-铅共晶（含 Pb 99.7%），共晶温度为 326℃。这些共晶体在结晶的最后阶段形成，含铋共晶体以极薄层状分布在晶粒界面上，铋使紫铜的塑性变得极低，一般铜中的铋含量不得大于 0.002%。含铅共晶体以网状分布在晶粒晶界处，这种共晶体虽然在冷状态下塑性较高，但由于它的熔点很低（326℃），所以当金属的温度超过其熔点时，便熔化为液态，从而破坏了晶粒间界处的结合强度，这就是含铅的铜所表现出来的“热脆性”。

（3）第三类是与铜生成化合物的元素，例如氧（O）、硫（S）、磷（P）等。在熔态铜中，氧可以溶解一部分，但当铜冷凝时，氧几乎不溶解于铜中。熔态时所溶解的氧，以铜-氧化亚铜共晶体析出，分布在晶粒晶界处。铜-氧化亚铜共晶体的出现，显著地降低了铜的塑性。

含氧较多的铜材在含有氢的还原性气氛中退火时，氢可在高温下与 Cu_2O 反应，产生高压水蒸气使铜材破裂，这种现象称为“氢气病”。

硫可以溶解在熔体的铜中，但在室温下，其溶解度几乎降低到零，它以硫化亚铜（Cu_2S）的形式出现在晶粒晶界处，会显著降低铜的塑性，给冷加工增加了困难，但可改善铜的切削性能。硫对铜的导电性和导热性影响不大。

磷与铜可以生成稳定的化合物 Cu_3P，在固态的铜中，磷也有一定的溶解度。一般来讲，微量的磷对铜的塑性影响不大，但磷能极显著降低铜的导电性能和导热性能，所以用做导电元件的紫铜，对含磷量应严格控制。为了提高铜的焊接性能，可以在铜中加入 0.01% ~0.04% 的磷。对于真空元件用的无氧铜，含磷量要控制在小于 0.003%，否则经涂硼氧化处理后，生成的氧化膜极容易剥落，引起电子漏气。

1.2.3 无氧铜和磷脱氧铜的特性

杂质及微量元素对紫铜性能的影响具有两重性。如铅（Pb）元素可以使铜产生“热脆性”，但也可以改善铜的切削性能和提高铜的耐腐蚀性能。铋（Bi）元素可以使铜产生“冷脆”和“热脆”，但用作电真空开关时，在铜中加入 0.7% ~1% 的铋，则可以显著地防止黏结并延长开关的使用寿命。

无氧铜并不是说紫铜中的含氧量等于零，而是与一般紫铜比较起来，无氧铜的含氧量极微（我国国标规定 TU1 不得大于 0.003%），其他杂质含量也极少，故无氧铜具有更高的导电性、导热性和良好的塑性。熔炼无氧铜时，一定要求用精料，熔炼炉要密封良好，对熔体要使用煅烧后的木炭覆盖，铸造时可使用高纯煤气保护铜液。

磷脱氧铜主要是依靠在铜液中加入磷，磷与铜中的氧发生反应而将氧除掉。磷脱氧铜的耐腐蚀性能很好，具有良好的焊接性能，但导热性有所下降。磷脱氧铜具有优良的生物腐蚀抗力，是用于海洋环境中的最佳材料之一，主要是用于制造各种管材。

无氧铜和磷脱氧铜由于含氧量极微，一般条件下无“氢病”，或极少“氢病”。无氧铜的化学成分见表 1-2。磷脱氧铜的化学成分见表 1-3。

表 1-2 无氧铜的化学成分（质量分数/%）

牌 号	Cu + Ag	P	Bi	Sb	As	Fe	Ni	Pb	Sn	S	Zn	O	杂质总和
TU1	99.97	0.002	0.001	0.002	0.002	0.004	0.002	0.003	0.002	0.004	0.003	0.002	0.03
TU2	99.97	0.002	0.001	0.002	0.002	0.004	0.002	0.004	0.002	0.004	0.003	0.003	0.05

表 1-3 磷脱氧铜的化学成分（质量分数/%）

名 称	牌 号	Cu + Ag	P	杂质总和
一号脱氧铜	TP1（C12000）	99.90	0.004 ~ 0.012	0.10
二号脱氧铜	TP2（C12200）	99.90	0.015 ~ 0.040	0.10

1.3 黄铜

以铜和锌为主要成分的铜合金叫做黄铜。由铜和锌两种元素组成的二元铜合金称普通黄铜。在铜-锌二元合金中加入其他添加元素（如铝、锡、铅）就构成了复杂黄铜。

1.3.1 普通黄铜

工业用普通黄铜的含锌量一般在 50% 以下，其牌号用“黄铜”拼音字母的第一个字母“H”打头，其后面加铜含量表示。例如 H62 和 H68，表示两种不同的普通黄铜，H62 表示含铜量为 62%，余量为锌；H68 表示含铜量为 68%，余量为锌。

1.3.1.1 普通黄铜的组织与特性

普通黄铜的组织，可以从铜-锌（Cu、Zn）二元合金状态图中较清楚地表示出来。图 1-4 为铜

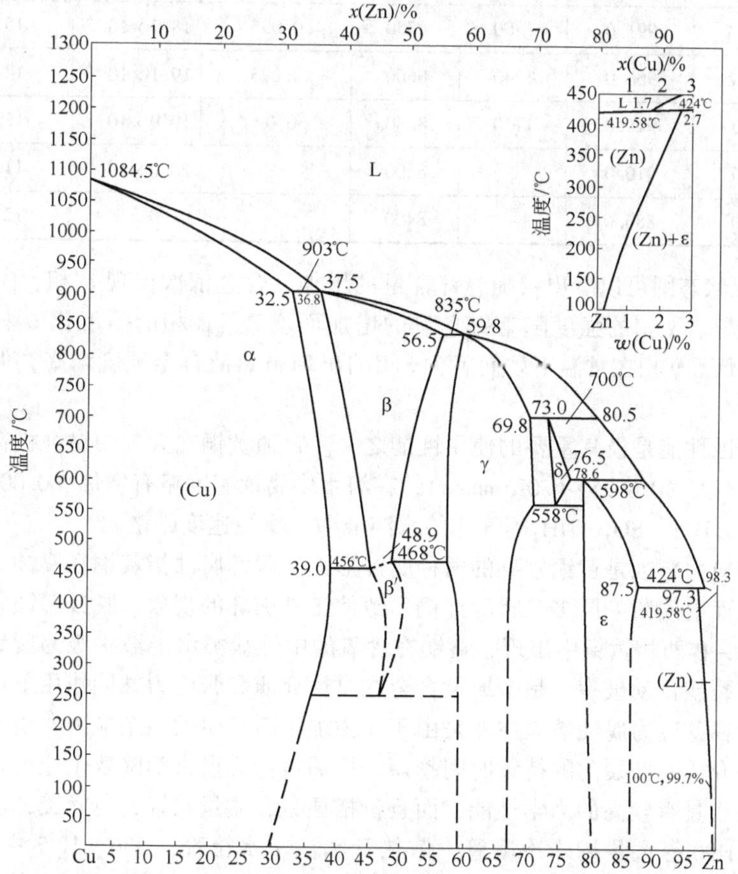

图 1-4 Cu-Zn 二元相图

-锌二元合金状态图。它由五个包晶反应、一个共析反应和一个有序—无序转变组成。五个包晶点是903℃、835℃、700℃、598℃和424℃，共析点是558℃，456~468℃间的虚线连线是有序转变。

根据含锌量和常温下的组织状态，普通黄铜又可以分为单相（α相）黄铜和两相（α+β相）黄铜。α相是锌溶解于铜中的固溶体，其晶格与紫铜相同，都是面心立方晶格，塑性优良。β相是以电子化合物CuZn为基的固溶体，它是体心立方晶格，室温塑性差但高温延伸性较好。单相黄铜的含锌量在36%以下，H96~H65均属单相黄铜，两相黄铜的含锌量在36%~46.5%之间，H63~H59均属两相黄铜，高温下的压力加工性能甚至优于单相黄铜。

普通黄铜的性质与其成分、组织有密切关系。黄铜的密度随含锌量增加而下降，线膨胀系数随含锌量的增加而上升，电导率、热导率在α单相区内随着含锌量的增加而下降。普通黄铜的物理性能见表1-4。

表1-4 普通黄铜的物理性能

合金牌号	熔化温度/℃		沸点/℃	密度 /kg·m^{-3}	比热容 /J·(kg·℃)$^{-1}$	线膨胀系数 /℃$^{-1}$	热导率 /W·(m·K)$^{-1}$	电导率 /%
	液相线温度	固相线温度						
H96	1071.4	1056.4	1600	8850	0.093	18.0×10^{-6}	243.9	57
H90	1046.4	1026.3	1400	8800	0.095	18.4×10^{-6}	187.6	44
H85	1026.3	991.0	1300	8750	0.095	18.7×10^{-6}	151.7	37
H80	1001.2	966.0	1240	8660	0.093	19.1×10^{-6}	141.7	32
H70	951.0	916.0	1150	8530	0.09	19.9×10^{-6}	120.9	28
H68	939.0	910.0		8500		20.0×10^{-6}	116.7	27
H59	896.0	886.0		8400		21.0×10^{-6}	125.1	

从铜-锌二元状态图可以看出：随着锌含量的增加，合金依次出现α相、β相、γ相……。其中α相塑性最好，α相的强度随着锌含量的增加而增高。β相的强度比α相高，但在室温下，它的塑性很低。γ相在常温下硬而脆，γ相的出现虽然使合金硬度增高，但是强度和塑性却同时剧烈下降。

黄铜的耐腐蚀性能是极其重要的使用性能之一。普通黄铜在大气中腐蚀极微，在纯净的淡水中腐蚀速度也不大（0.0025~0.025mm/a），在海水中腐蚀速度略有增加（0.0075~0.1mm/a），但在含O_2、CO_2、H_2S、SO_2、NH_3等气体的水溶液中，腐蚀速度剧增。

脱锌腐蚀和应力腐蚀是黄铜常见的两种腐蚀形式。脱锌腐蚀指黄铜在腐蚀介质中，锌优先溶解而在工件表面上残留一层多孔状的纯铜，致使工件破坏的现象。脱锌腐蚀常在含锌量较高的α相黄铜和α+β两相黄铜中出现，黄铜在含氧的中性盐类水溶液中极易脱锌腐蚀。应力腐蚀又称季节性破裂或自动破裂，是金属及合金在腐蚀介质和张应力共同作用下产生的一种低应力腐蚀断裂。黄铜的应力腐蚀破裂主要是由于压力加工时产生的残余应力所引起的，残余应力越严重，在不利介质中破裂前的持续时间越短，可通过低温退火消除残余应力。

普通黄铜由于具有较高的力学性能，而且价格便宜，质量较轻，色泽美，所以应用比较广泛。例如H96、H90等大量用作冷凝管、散热管和汽车水箱管，H80、H85主要用作波纹管；H70主要用作弹壳、雷管等深冲元件，H62、H68应用最广泛，用作各种管路、深冲件等；H59较便宜，它的强度也较高，但塑性较低，多用作一般零件和焊料。

1.3.1.2 杂质对普通黄铜性能的影响

普通黄铜中的杂质主要有铁（Fe）、铅（Pb）、铋（Bi）、磷（P）等元素。单相黄铜在加热时由于没有相转变，所以对杂质的总含量要求控制在小于0.3%，两相黄铜在加热时由于有两相变成单相的转变，如H62在常温下为α+β两相黄铜，当加热到780℃时，有相转变发生（α+β→β），故可使部分杂质转入晶内，所以两相黄铜的杂质总含量比单相黄铜中可以高一些，一般要求不大于0.9%。

（1）铁。铁在普通黄铜中的溶解度极小，它在黄铜中常以富铁相质点存在于基体中，有细化晶粒的作用。在单相黄铜中含铁量允许不大于0.1%，在两相黄铜中含铁量允许不大于0.15%，抗磁黄铜中含铁量要求小于0.03%。

（2）铅。由于铅在黄铜中呈颗粒状分布在晶粒晶界处，所以在单相黄铜中含铅量大于0.03%时，就产生"热脆"，但不产生"冷脆"。在两相黄铜中，因为加热时产生相转变，可以使部分分布在晶粒晶界处的颗粒状态的铅转入晶内，所以允许的含铅量略有提高（H62的含铅量允许0.08%）。

（3）铋。由于铋在黄铜中呈连续地脆性薄膜分布在晶粒界面上，而造成黄铜既"热脆"又"冷脆"。所以，对铋的含量要严格控制，一般在黄铜中铋的含量不得大于0.002%。

（4）磷。磷在固体黄铜中的溶解度很小，如果黄铜熔体中含有磷，在黄铜冷凝时，磷呈单独组分Cu_3P（熔点约为700℃）析出。因而，提高了合金的硬度，但显著地降低了合金的塑性。在普通黄铜中允许含有0.01%以下的磷。普通黄铜的化学成分见表1-5。

表1-5 普通黄铜的化学成分（质量分数/%）

合金牌号	Cu	Fe	Pb	Ni	Zn	杂质总和
H96	95.0~97.0	0.10	0.03	0.5	余量	0.2
H90	88.0~91.0	0.10	0.03	0.5		0.2
H85	84.0~86.0	0.10	0.03	0.5		0.3
H80	79.0~81.0	0.10	0.03	0.5		0.3
H70	68.5~71.5	0.10	0.03	0.5		0.3
H68	67.0~70.0	0.10	0.03	0.5		0.3
H65	63.5~68.0	0.10	0.03	0.5		0.3
H63	62.0~65.0	0.15	0.03	0.5		0.5
H62	60.5~63.5	0.15	0.08	0.5		0.5
H59	57.0~60.0	0.30	0.50	0.5		1.0

1.3.2 复杂黄铜

1.3.2.1 概念和牌号

复杂黄铜中的合金元素铅、锡、铝等都是为了改善黄铜的某些性能而人为加入的。由于在普通黄铜中添加了一些元素，便构成了三元、四元或五元合金，这就是复杂黄铜。复杂黄铜的牌号表示方法是"H"打头，然后写出主要添加元素的符号，并在符号后面依次写出铜含量及主要添加元素的含量，中间用一短线隔开。例如HPb63-3（三元合金）表示含铜63%，含铅

3%，余量为锌的铅黄铜；HMn57-3-1（四元合金）表示含铜57%，含锰3%，含铝1%，余量为锌的锰黄铜；HAl66-6-3-2（五元合金）表示含铜66%，含铝6%，含铁3%，含锰2%，余量为锌的铝黄铜。

1.3.2.2 合金元素在复杂黄铜中的作用

复杂黄铜中添加的元素不同，它们的作用也各不相同。

A 铅的作用和铅黄铜

铅在黄铜中的溶解度极小，在α相黄铜中，铅的溶解度小于0.03%，在α+β两相黄铜中溶解度最大也不高于0.3%。铅在黄铜中主要以游离质点存在，既有润滑作用，又能改善黄铜的耐磨性能和切削性能，但降低黄铜的高温塑性。如果在铅黄铜HPb59-1中加入少量的铝（含Al 0.1%），不但可以改善铸造时铸锭的表面质量，而且还可以显著地改善铅黄铜的热加工性能。

铅黄铜主要用于精密仪器制造业，如HPb63-3就曾以“钟表黄铜”而著称。铅黄铜还有良好的减磨性能，可用来制造各种减磨零件，如有些航空轴承的支承零件就是用HPb59-1制造的。铅黄铜的化学成分见表1-6。

表1-6 铅黄铜的化学成分（质量分数/%）

合金牌号	Cu	Pb	Fe	Ni	Zn	杂质总和
HPb63-3	62.0~65.0	2.4~3.0	0.10	0.5	余量	0.75
HPb63-0.1	61.5~63.5	0.05~0.3	0.15	0.5	余量	0.50
HPb62-0.8	60.0~63.0	0.5~1.2	0.20	0.5	余量	0.75
HPb59-3	57.5~59.5	2.0~3.0	0.50	0.5	余量	1.2
HPb59-1	57.0~60.0	0.8~1.9	0.50	0.1	余量	1.0

B 锡的作用和锡黄铜

锡在黄铜中的作用是提高黄铜的机械强度和抑制黄铜的脱锌腐蚀，使黄铜具有更高的强度和耐腐蚀性能。锡黄铜在淡水及海水中均耐腐蚀，称为“海军黄铜”。在含铜85%~90%的黄铜中加入1%~2%的锡，还可以显著地提高黄铜的耐酸性能。在HSn70-1中加入少量的砷，可以进一步提高合金的耐蚀性能，延长HSn70-1冷凝管的使用寿命。

锡黄铜能较好地承受冷、热加工，锡黄铜主要被用来制造海船及内陆热电厂用的冷凝管及其他有关部件。锡黄铜的化学成分见表1-7。

表1-7 锡黄铜的化学成分（质量分数/%）

合金牌号	Cu	Sn	Fe	Pb	Ni	As	Zn	杂质总和
HSn90-1	88.0~91.0	0.25~0.75	0.10	0.03	0.5		余量	0.2
HSn70-1	69.0~71.0	0.8~1.3	0.10	0.05	0.5	0.02~0.06	余量	0.3
HSn62-1	61.0~63.0	0.7~1.1	0.10	0.10	0.5		余量	0.3
HSn60-1	59.0~61.0	1.0~1.5	0.10	0.30	0.5		余量	0.1

C 铝的作用和铝黄铜

铝在黄铜中的作用和锡类似，但铝比锡价格低廉，是提高黄铜的强度和耐腐蚀性能的有效元素。铝在铝黄铜表面的离子化倾向比锌大，优先与腐蚀性气体或溶液中的氧结合成坚固的氧化膜，提高对气体、溶液、特别是高速海水的耐蚀性。但是铝使黄铜的铸造组织粗化，当铝含量过高时，使黄铜的韧性和塑性显著降低。含铝2%，含锌22%的HAl77-2合金，热塑性最好。在HAl77-2合金中加入0.03%～0.05%的砷（As），既可以有效地抑制HAl77-2脱锌，又能使HAl77-2避免产生晶间腐蚀，通常表示为HAl77-2A。

铝黄铜的特点是具有很高的强度和耐腐蚀性能，可以替代锡黄铜做造船、发电、化工等装备所需的冷凝器及其他高强、耐蚀零件。铝黄铜的化学成分见表1-8。

表1-8 铝黄铜的化学成分（质量分数/%）

合金牌号	Cu	Al	Fe	Pb	Mn	Ni	Si	As	Zn	杂质总和
HAl77-2	76.0～79.0	1.8～2.5	0.06	0.07				0.02～0.06	余量	
HAl67-2.5	66.0～68.0	2.0～3.0	0.6	0.5		0.5				1.5
HAl66-6-3-2	64.0～68.0	6.0～7.0	2.0～4.0	0.5	1.5～2.5	0.5				1.5
HAl61-4-3-1	59.0～62.0	3.5～4.5	0.3～1.3			2.5～4.0	0.5～1.5	Co 0.5～1.0		1.0
HAl60-1-1	58.0～61.0	0.7～1.5	0.7～1.5	0.40	0.1～0.6	0.5				0.7
HAl59-3-2	57.0～60.0	2.5～3.5	0.50	0.10		2.0～3.0				0.7

D 锰的作用和锰黄铜

锰能够提高黄铜在海水、氧化物和过热蒸气中的耐腐蚀性能。锰黄铜具有较高的力学性能和高温强度。锰黄铜，特别是含有一定数量的铝、铁等元素的锰黄铜，广泛应用在军工及造船工业等部门。最近出现了用作焊料的锰黄铜。

E 硅的作用和硅黄铜

硅能抑制黄铜脱锌，提高黄铜在海水中的耐腐蚀性能。硅黄铜比一般黄铜抗应力腐蚀破裂的性能要好得多，硅黄铜有较高的力学性能、铸造性能、耐寒、可焊，能很好地承受压力加工。一般压力加工用的硅黄铜的含硅量小于4%。杂质对硅黄铜的影响很大，铝使硅黄铜铸锭疏松和结疤，铁使硅黄铜降低耐磨性，含铅的硅黄铜有较好的切削性能和减磨性能。在硅黄铜生成中，要严格控制废料。硅黄铜可以代替锡黄铜在船舶制造业中做一些高强度、耐腐蚀零件。

另外，还有铁黄铜、镍黄铜等复杂黄铜。锰、硅、镍黄铜的化学成分见表1-9。

表1-9 锰、硅、镍黄铜的化学成分（质量分数/%）

合金牌号	Cu	Mn	Si	Ni	Fe	Pb	Al	P	Zn	杂质总和
HMn58-2	57.0～60.0	1.0～2.0		0.5	1.0	0.1			余量	1.2
HMn57-3-1	55.0～58.5	2.5～3.5		0.5	1.0	0.2	0.5～1.5		余量	1.3
HMn55-3-1	53.0～58.0	3.0～4.0		0.5	0.5～1.5	0.5			余量	1.5
HSi80-3	79.0～81.0		2.5～4.0	0.5	0.6	0.1			余量	1.5
HNi65-5	64.0～67.0			5.0～6.5	0.15	0.03		0.01	余量	0.3

1.4 白铜

以铜、镍为主要合金元素的铜合金称为白铜。铜和镍的二元合金称为普通白铜，加有锰、锌、铁和铝等元素的铜镍合金称为复杂白铜。

1.4.1　普通白铜

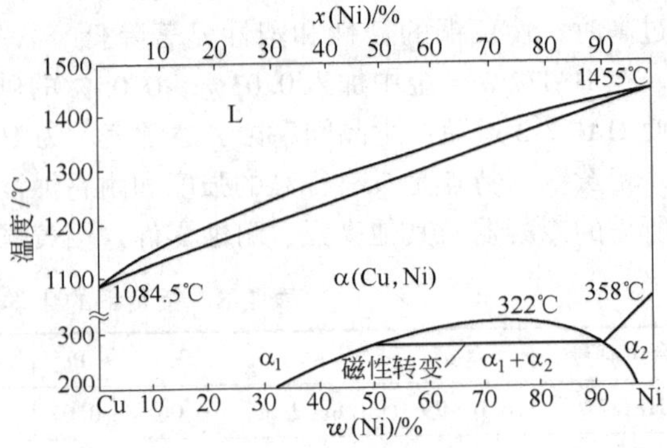

图 1-5　铜-镍二元相图

普通白铜指的是铜-镍二元合金，白铜的牌号都是“白铜”拼音字母的第一个字母“B”打头，后面加上镍的含量。如 B19，表示含镍 19%，余量为铜的普通白铜。铜-镍二元合金状态图如图 1-5 所示。

普通白铜组织均为单相固溶体。在 320℃ 以下，连续固溶体产生亚分解，结果形成高度弥散、均匀细致的两相混合物。因此，压力加工性能优良，并且具有很高的强度和很好的塑性，还具有较高的耐腐蚀性能，焊接性能也很好。是不可多得的高强、耐蚀材料，广泛用于制造舰艇、海滨电站的热交换器和冷凝管。

铜-镍合金的物理、力学性能与成分的关系如图 1-6 和图 1-7 所示。

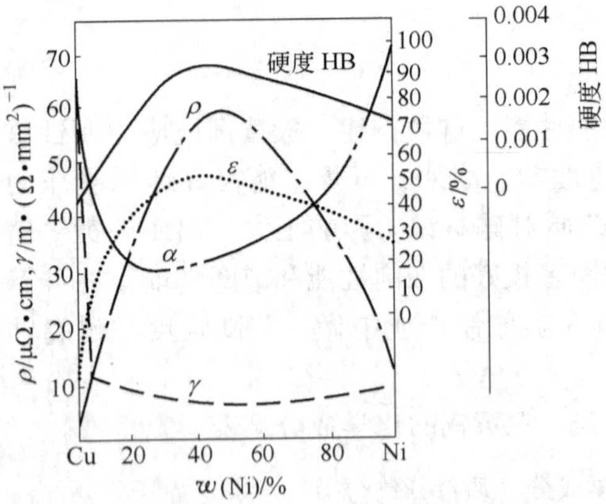

图 1-6　铜-镍合金的物理性能与成分的关系

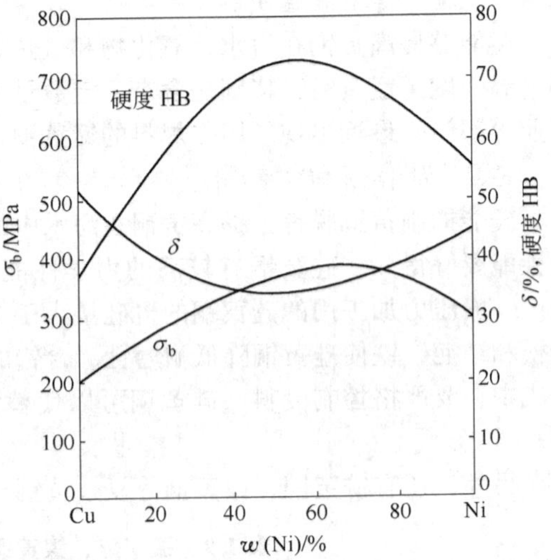

图 1-7　铜-镍合金的力学性能与成分的关系

1.4.2　复杂白铜

复杂白铜是在普通白铜中加入锰、锌等元素的铜镍合金。复杂白铜的牌号是“B”打头，然后写出主要添加元素的符号，并在符号后面依次写出镍含量及主要添加元素的含量，中间用一短线隔开。如 BZn15-20 表示含 Ni 15%、Zn 20%，余量为铜。

1.4.2.1　铁白铜

白铜中加铁就构成了铁白铜。铁在铜-镍合金中的固溶度较小，950℃ 时可固溶 4.8%，300℃ 时则降到 0.1%，它能提高 Cu-Ni 合金的抗蚀性与力学性能，特别能大幅度提高 Cu-Ni 合金抗海水冲击腐蚀的能力。广泛用于冷凝管、热交换器管等。

1.4.2.2 锰白铜

白铜中加锰就构成了锰白铜。少量的锰（通常不超过2%）可以对铜-镍合金固溶强化。当含镍量达40%时，该合金的热电势最大，适于做热电偶材料。康铜（BMn40-1.5含Ni 40%，含Mn 1.5%，余量为Cu）就是在含镍40%的铜-镍二元合金中加入1.0%～2.0%的锰，锰可以降低铜-镍合金热电势的绝对值，用以调整所制热电偶的热电势-温度曲线的特性，提高热电偶的灵敏度。锰白铜是一类精密电阻合金。

1.4.2.3 锌白铜

白铜中加锌就构成了锌白铜。锌能够大量固溶于铜-镍二元合金中，从而提高了合金的强度、硬度和耐腐蚀性能，并且具有银白色外观。如BZn15-20（含Ni 15%，含Zn 20%，余量为Cu）是单一的固溶体合金，可以良好地承受冷态和热态压力加工。锌白铜主要用于海轮制造、医疗器械以及艺术装饰品等方面。含铅的锌白铜切削性能好，用来制造精密的钟表和仪表等零件。

1.4.2.4 铝白铜

白铜中加铝就构成了铝白铜。（BAl6-1.5，含Ni 6%，Al 1.5%，余量为Cu）具有良好的常温和低温力学性能，耐蚀性能和弹性也很好，主要用来制造精密仪器中的弹性元件。白铜的化学成分见表1-10。

表 1-10 白铜的化学成分（质量分数/%）

合金牌号	Ni + Co	Fe	Mn	Zn	Pb	Al	Si	P	S	C	Mg	Sn	Cu	杂质总和
B25	24.0～26.0	0.5	0.5	0.3	0.005		0.15	0.01	0.01	0.05	0.05	0.03	余量	0.1
B30	29～33	0.9	1.2		0.05		0.15	0.006	0.01	0.05			余量	
BFe10-1-1	9.0～11.0	1.0～1.5	0.5～1.5	0.3	0.02		0.15	0.006	0.01	0.05		0.03	余量	0.7
BFe30-1-1	29.0～30.2	0.5～1.0	0.5～1.2	0.3	0.02		0.15	0.005	0.01	0.05		0.03	余量	0.7
BMn40-1.5	39.0～41.0	0.50	1.0～2.0		0.005		0.10	0.005	0.02	0.10	0.05		余量	0.9
BZn15-20	13.5～16.5	0.5	0.3	余量	0.02		0.15	0.005	0.01	0.03	0.05		62.5～65.0	0.9
BAl13-3	12.0～15.0	1.0	0.50		0.003	2.3～3.0		0.01					余量	1.9

1.5 青铜

除黄铜和白铜（以锌、镍为主要合金元素的铜合金）之外的所有铜合金，均可称为青铜。青铜的牌号是以“青铜”拼音字母的第一个字母“Q”打头，后面加上主要成分的元素符号和含量来表示。例如：QSn6.5-0.1表示主要添加元素为Sn，含量为6.5%，还含0.1%的磷，余量为铜的锡青铜。QAl10-4-4表示主要添加元素为Al、含量为10%，还含Fe 4%，含Ni 4%，余量为铜的复杂铝青铜。

青铜中常用的第一添加元素是锡、铝、铍、硅等，分别称之为锡青铜、铝青铜、铍青铜和硅青铜。

1.5.1　锡磷青铜

工业锡青铜一般含锡量在10%以下，锡青铜在空气中，表面形成一层极致密的薄膜，因而在空气中有良好的耐腐蚀性能，锡青铜在海水中的耐腐蚀性能也很好。

锡磷青铜的结晶温度范围很宽，铸锭容易出现反偏析（中心富高熔点元素而边缘富低熔点元素的成分不均匀现象），给铸造和压力加工带来困难。

第三组元对锡磷青铜的影响：

（1）磷的作用。磷在锡青铜中有脱氧、增加熔体流动性的作用，在固态锡青铜中主要以 Cu_3P 化合物形式存在，固溶强化，能增加合金的硬度和耐磨性。锡磷青铜具有较高的机械性能、高的弹性极限和疲劳极限，主要牌号是QSn6.5-0.1，常用来做弹性元件。

（2）铅的作用。铅几乎不溶于锡青铜中，而以纯组元形式存在，能改善合金的耐磨性能和切削性能。主要牌号是QSn4-4-4和QSn4-4-2.5，因含铅较高（3%～4%），具有 $\alpha + Pb$ 的组织，可降低摩擦系数，只能冷轧，用作耐腐蚀、易切削零件。通常用作轴衬、轴瓦等滑动轴承材料。锡磷青铜的化学成分见表1-11。

表1-11　锡磷青铜的化学成分（质量分数/%）

合金牌号	Sn	Al	Zn	Fe	Pb	Ni	P	Cu	杂质总和
QSn6.5-0.1	6.0～7.0	0.002	0.3	0.05	0.2	0.2	0.10～0.25	余量	0.10
QSn6.5-0.4	6.0～7.0	0.002	0.3	0.02	0.2	0.2	0.26～0.40	余量	0.10
QSn7-0.2	6.0～8.0	0.01	0.3	0.05	0.2	0.2	0.10～0.25	余量	0.15
QSn8-0.3 (C52100)	7.0～9.0		0.2	0.1	0.05	0.2	0.03～0.35	余量	

1.5.2　铝青铜

铝青铜具有很高的强度和高的冲击韧性、高的疲劳强度，耐腐蚀、耐磨、耐寒，冲击不产生火花，熔态时流动性能好，可以得到致密组织等一系列特性。它是一种应用很广的轴承材料和弹性元件。

第三组元对铝青铜的影响：

（1）铁的作用和铝铁青铜。少量的铁溶于固态铝青铜中，能促使晶粒细化，铁在铝青铜中能抑制引起合金脆性的“自发退火”现象。铝铁青铜的主要牌号是QAl9-4。

（2）镍的作用和铝铁镍青铜。镍可以有限地溶于固态铝铁青铜中，能显著地提高铝青铜的强度、硬度、热稳定性和耐蚀性，含镍的铝铁青铜能很好地承受压力加工。铝铁镍青铜的主要牌号是QAl10-4-4和QAl11-6-6。

（3）锰的作用和铝锰青铜。锰能大量地溶于固态铝青铜中，它能显著地提高铝青铜的耐腐蚀性能、耐寒性，使铝青铜能够良好地承受冷态和热态压力加工。铝锰青铜的主要牌号是QAl9-2。铝青铜的化学成分见表1-12。

表 1-12 铝青铜的化学成分（质量分数/%）

合金牌号	主要成分					杂质（不大于）							
	Al	Fe	Mn	Ni	Cu	Sn	Zn	Mn	Pb	Fe	Si	P	总和
QAl9-2	8.0~10.0		1.5~2.5		余量	0.1	1.0		0.03	0.5	0.1	0.01	1.7
QAl9-4	8.0~10.0	2.0~4.0			余量	0.1	1.0	0.5	0.01		0.1	0.01	1.7
QAl10-3-1.5	8.5~10.0	2.0~4.0	1.0~2.0		余量	0.1	0.5		0.03		0.1	0.01	0.75
QAl10-4-4	9.5~11.0	3.5~5.5		3.5~5.5	余量	0.1	0.5	0.3	0.02		0.1	0.01	1.0
QAl11-6-6	10.0~11.5	5.0~6.5		5.0~6.5	余量	0.1	0.6	0.5	0.05		0.2	0.1	1.5

1.5.3 硅青铜

硅青铜的强度可以与软钢媲美，同时硅青铜还具有较好的弹性、耐腐蚀性、焊接性，无铁磁性、冲击时不产生火花，能够有良好地承受冷态和热态压力加工等一系列特点。含有锰和镍的硅青铜使用范围很广。

第三组元对硅青铜的影响：

（1）锰的作用和硅锰青铜。锰可以提高硅青铜的力学性能和耐腐蚀性能。如 QSi3-1 为 α 相固溶体合金，硅和锰都有固溶强化和脱氧的作用。一般来说，硅含量应取合格成分的下限，否则在消除冷加工内应力的低温退火时，由于 Mn_3Si 析出，引起相变应力，使材料易腐蚀和破裂。杂质铁可以减少裂纹倾向。硅锰青铜的主要牌号是 QSi3-1，主要用于仪表制造业中的弹性元件。

（2）镍的作用和硅镍青铜。镍能显著地提高硅青铜的力学性能。镍硅青铜中的硅和镍，可以强化 α 相固溶体，当镍含量超过溶解度时，会生成 Ni_2Si，起时效强化作用。由于含镍硅青铜的强度高、导电性能也较好，故常用作高强导电材料。硅镍青铜的主要牌号是 QSi1-3。

1.5.4 铍青铜

铍青铜是典型的沉淀强化型高传导、高弹性铜合金，经过时效强化处理后，具有高强度、高硬度，高弹性极限，并且弹性稳定性能好，具有耐腐蚀、耐磨、耐疲劳、无磁性，冲击时不产生火花等一系列特殊性能，因此广泛用来制造有重要用途的弹性元件。

另外，还有锰青铜、铬青铜、镉青铜、锆青铜等。大多数青铜都具有高强度、高硬度、高弹性极限和疲劳极限，耐腐蚀、耐磨等特性。因此，大多数青铜都用于做弹性元件和耐磨元件。硅青铜、铍青铜的化学成分见表 1-13。

表 1-13 铍青铜、硅青铜的化学成分（质量分数/%）

合金牌号	主要成分						杂质（不大于）					
	Be	Ni	Ti	Si	Mn	Cu	Al	Pb	Fe	Sn	Zn	总和
QBe2	1.80~2.1	0.2~0.5		0.15		余量	0.15	0.005	0.15			0.5
QBe1.9	1.85~2.1	0.2~0.4	0.1~0.25	0.15		余量	0.15	0.005	0.15			0.5
QBe1.7	1.6~1.85	0.2~0.4	0.1~0.25	0.15		余量	0.15	0.005	0.15			0.5
QSn1-3		2.4~3.4		0.6~1.1	0.1~0.4	余量	0.02	0.15	0.1	0.1	0.2	0.5
QSn3-1		0.2		2.75~3.5	1.5	余量		0.03	0.3	0.25	0.5	1.1

其他青铜的化学成分见表 1-14。

表 1-14 镉青铜、铬青铜、锆青铜的化学成分（质量分数/%）

合金牌号	主要成分				杂质（不大于）							
	Cd	Cr	Zr	Cu	Pb	Fe	Sn	S	Bi	Ni	Sb	总和
QCd1	0.8~1.3			余量								0.3
QCr0.5		0.4~1.1		余量		0.1				0.05		0.5
QZr0.2			0.15~0.30	余量	0.01	0.05	0.05	0.01	0.002	0.2	0.005	0.5
QZr0.4			0.30~0.50	余量	0.01	0.05	0.05	0.01	0.002	0.2	0.005	0.5

总的来说，铜及其合金是最主要的有色金属材料之一，但是储量和产量均比铁和铝低，价格较贵，应尽量节约使用。

1.6 镍及镍合金

1.6.1 加工用纯镍

纯镍是银白色的，熔点高，耐腐蚀性能优良，强度和硬度高，塑性优良，还具有铁磁性和磁伸缩性。镍不仅可以以纯态金属直接加工成板带管棒材使用，而且还是某些特殊钢和有色合金的重要组成元素。

加工用纯镍的牌号用“N”打头，后面加顺序号来表示，顺序号越大其纯度越低。常用加工纯镍的牌号有 N2（表示含 Ni + Co≥99.98%）、N4（表示含 Ni + Co≥99.9%）和 N6（表示含 Ni + Co≥99.5%），主要用作无线电设备、电子管设备、某些精密仪器和化工设备及医疗设备中的重要零件。

1.6.1.1 纯镍的性质

A 物理性质

加工用纯镍具有面心立方晶格，密度约为 $8.9\times10^3 kg/m^3$，熔点约为 1455℃，在 360℃左右有磁性转变。

B 化学性质

纯镍在大气条件下，耐腐蚀性能极强，这是由于在镍的表面形成一层极致密和坚强保护膜层的作用。纯镍在海水中较稳定，其腐蚀速度平均为 0.13mm/a。硝酸、亚硝酸及盐酸对纯镍的腐蚀作用极强，但是在浓度小于 0.5%，温度低于 20℃的稀硝酸中，纯镍较稳定。在苛性碱溶液中，即使在高温下，镍也极其稳定。

1.6.1.2 杂质对纯镍塑性的影响

加工用纯镍从矿石、冶炼、熔炼等过程中带来了多种微量元素，其中钴（Co）、铁（Fe）、铜（Cu）、锰（Mn）等元素能够与镍形成固溶体，稍微提高纯镍的强度、硬度和电阻率，对纯镍的塑性影响不大。

对纯镍有害的杂质有：

（1）硫。硫极少固溶于镍中，硫与镍形成熔点为 644℃的共晶体，$\alpha+\beta(Ni_3S_2)$ 分布在晶粒间界上。当热加工时，随着温度的升高，分布在晶粒间界上的低熔点共晶体熔化，从而严重地降低了镍的高温塑性，引起“热脆”。

（2）氧。氧对纯镍有极坏的影响，脱氧不彻底的镍，在晶粒间界上出现 $\alpha+\beta(NiO)$ 共晶体，NiO 很脆，NiO 的存在严重地降低了纯镍的冷加工塑性，引起“冷脆”。含氧的镍在还原气氛中退火时，容易出现晶间裂纹，即出现“氢气病”。

(3) 碳。含碳量小于0.15%时，碳可固溶于镍，能提高镍的强度、硬度和再结晶温度。但含碳量高于0.2%时退火，碳以石墨状态出现，沿纯镍晶粒间界析出，引起“冷脆”。因此，高塑性的镍要求含碳量小于0.2%。

1.6.2 镍合金

为了提高和改善镍材的性能，常在镍中加入适量的铬、锰、铜等合金元素构成镍合金。镍合金的牌号表示方法是“N”打头，然后写出主要添加元素的符号，并在符号后面依次写出主要添加元素的含量，中间用一短线隔开，余量为镍含量。如NCu28-2.5-1.5表示含Cu 28%、Fe 2.5%、Mn 1.5%，余量为Ni。

镍硅合金（NSi0.19）含硅很少，其性能与纯镍接近，常加工成带、棒、线材用于电子管和电真空仪器中；镍锰合金（NMn3）耐热和耐蚀性均好，在航空、汽车、拖拉机和无线电工业中做火花塞电极和接受放大电子管用；镍铬合金（NCr20）有较高的耐热性和较高的电阻率，常用作加热元件（如电阻丝）；以铝、钛及铌等为主要合金元素构成的“尼木尼克”合金是重要的耐热合金，主要用作涡轮发动机的涡轮盘、燃烧室和涡轮叶片等。

工业上应用广泛的镍铜合金主要有两个牌号：NCu28-2.5-1.5（又称蒙乃尔合金）和NCu40-2-1（含Cu 40%、Mn 2%、Fe≤1%、余量为Ni，又称抗磁蒙乃尔合金）。它们具有较高的力学性能、焊接性能和耐腐蚀性能，所以用于造船工业制造螺旋桨轴、叶轮和泵轴等重要部件，也可用于制作测量仪表、精密机械和化工设备等方面的关键零件。

部分纯镍和镍合金的化学成分见表1-15。

表1-15 部分纯镍和镍合金的化学成分（质量分数/%）

合金牌号	主要成分				杂质（不大于）						
	Ni + Co	Cu	Mn	Fe	Fe	Si	Mg	Mn	Cu	Pb	S
N2	≥99.98				0.007	0.003	0.003	0.002	0.001	0.0003	0.001
N4	≥99.9				0.04	0.03	0.01	0.002	0.015	0.001	0.001
N6	≥99.93				0.10	0.15	0.10	0.05	0.10	0.002	0.005
NCu40-2-1	余量	38~42	1.25~2.25	≤1.0		0.75					
NCu28-2.5-1.5	余量	27~29	1.20~1.80	2.0~3.0		0.05	0.10			0.002	0.02

合金牌号	杂质（不大于）								
	C	P	Bi	As	Sb	Zn	Ca	Sn	总和
N2	0.005	0.001	0.0003	0.001	0.0003	0.002	0.0003	0.001	0.02
N4	0.01	0.001	0.001	0.001	0.001	0.005	0.001	0.001	0.1
N6	0.1	0.002	0.002	0.002	0.002	0.007	0.002	0.002	0.5
NCu40-2-1	0.3	0.005							
NCu28-2.5-1.5	0.2	0.005	0.002	0.01	0.002				0.6

1.7 铅、锌、锡、镉及其合金

1.7.1 铅及铅合金

铅是青灰色的，熔点低，为327.5℃，密度大，为$11.34\times10^3 kg/m^3$，属于面心立方晶格，塑性良好，有利于进行压力加工。

铅不但耐腐蚀性能特别好，而且还能够吸收 X 射线和 γ 射线。不仅是医药及国防上的良好防护材料，还能制造印刷用铅合金、蓄电池等。但铅的强度和硬度太低，一般不用作受力构件。

铅具有特别优良的耐腐蚀性能，对硫酸有极好的抗腐蚀性，不耐硝酸和盐酸的腐蚀。铅在海水和空气中均能生成致密的保护膜，有良好的耐蚀性。铅对人体有害，长期接触能使人中毒，生产时必须注意保护。

锑是铅的重要合金元素，在常温下，锑固溶于铅的固溶度极低，故能用时效析出的方法提高合金的强度和硬度。锑同时也能提高铅对硫酸的耐蚀性能，但含量太高会使铅变脆。所以用作化工设备及管道以抗腐蚀为主时，含锑量为 6% 的铅合金较好；当作结构件时以含锑量为 8% ~10% 的铅合金为宜。部分铅和铅合金的化学成分见表 1-16。

表 1-16　部分铅和铅合金的化学成分（质量分数/%）

合金牌号	主要成分		杂质（不大于）									
	Pb	Sb	Ag	Cu	Sn	As	Bi	Fe	Zn	Sb	Na + Ca	总和
Pb1	≥99. 994		0. 0005	0. 001	0. 001	0. 0005	0. 003	0. 0005	0. 0005	0. 001		0. 006
Pb2	≥99. 90		0. 002	0. 01	0. 01	0. 01	0. 03	0. 002	0. 002	0. 05		0. 1
Pb3	≥99. 00		0. 003	0. 10	0. 2	0. 2	0. 20	0. 01	0. 01	0. 5		1. 0
PbSb2	余量	1. 5 ~2. 5	0. 0015	0. 005	0. 008	0. 01	0. 06	0. 005	0. 005		0. 03	0. 2
PbSb4	余量	3. 5 ~4. 5	0. 0015	0. 005	0. 008	0. 01	0. 06	0. 005	0. 005		0. 03	0. 2
PbSb6	余量	5. 0 ~7. 0	0. 01	0. 1	0. 01	0. 015	0. 08	0. 01	0. 1		0. 05	0. 3
PbSb8	余量	7. 2 ~9. 2	0. 02	0. 1	0. 01	0. 015	0. 08	0. 01	0. 1		0. 05	0. 3

1. 7. 2　锌及锌合金

锌是蓝白色的，熔点为 419. 6℃，密度为 $7.13 \times 10^3 kg/m^3$，属于密排六方晶格。具有较好的耐腐蚀性和较高的力学性能，但压力加工时的塑性低，当出现变形双晶时塑性增加，在一定条件下锌合金具有超塑性。锌的主要用途是制造电池、印刷制板以及日用五金、冲裁模具等。锌的耐腐蚀性较好，常用来制造镀锌铁板，保护铁板不锈蚀。

为提高锌板的性能，常加入的合金元素有铅、铁、镉、铜、铝、镁、钛等。在电池锌板和印刷锌板中加入 0. 3% ~0. 8% 的铅，可使锌板的均匀酸蚀速度加快。印刷锌板常将含铁量控制在 0. 01% ~0. 015% 范围内，使再结晶温度在 100℃ 以上，防止锌板自行退火软化而报废；调整微量的含铁量可控制锌板的加工硬化，使锌板获得不同的硬度。少量的镉可提高锌的抗拉强度，屈服极限和再结晶温度，防止锌在浇铸时产生粗大的粒状晶；含镉量达 0. 3% 即可降低锌的热轧性能，产生热裂及斑点。铜的加入可提高锌的硬度、强度和冲击韧性，但降低锌的耐腐蚀性能、塑性和浇铸时的流动性。锌中加入少量的铝即可提高强度，细化晶粒；加入 0. 02% 的铝即可减少锌的氧化，提高铸锭表面质量；加入 0. 1% 的铝足以抑制脆性化合物 $FeZn_7$ 的形成，改善塑性，并减轻锌对铁模的侵蚀；锌中加入较多的铝可以使锌的强度和冲击韧性明显提高。少量的镁加入到锌铝合金中可抵消铅对锌铝合金的有害影响，使晶间腐蚀减缓。钛的加入可使锌的晶粒细化，并生成 $TiZn_{15}$ 弥散细粒，使合金的硬度、强度、蠕变强度和再结晶温度明显提高。

超塑性锌铝合金具有加工时软，使用时硬的特点。微晶锌铝合金在250℃时的变形抗力极低（$\sigma_b < 9.8MPa$），即只需要很小的外力就可以使它变形；此时伸长率很高，可达1000%以上，即可延伸到原来长度的10倍以上。合金的这种超塑性使材料极易加工，即使形状复杂的零件也能一次成形。合金加工完毕后，室温下具有较高的强度和硬度（$\sigma_b = 411.9 \sim 451MPa$），通过强化处理，可进一步提高合金的强度和硬度（$\sigma_b = 519.8MPa$）。因此超塑性锌铝合金成为一种新型工业材料，可作各种中等强度的零件，冲模的凹模，塑料模及板、棒等。超塑性锌铝合金一般含有20%左右的铝，少量的铜和镁。部分锌和锌合金的化学成分见表1-17和表1-18。

表1-17 部分锌的化学成分（质量分数/%）

名称	牌号	Zn	杂质（不大于）							
		不小于	Pb	Fe	Cd	Cu	As	Sb	Sn	总和
特一号锌	Zn01	99.995	0.003	0.001	0.001	0.0001				0.005
一号锌	Zn1	99.99	0.005	0.003	0.002	0.001				0.010
二号锌	Zn2	99.96	0.015	0.010	0.010	0.001				0.040
三号锌	Zn3	99.90	0.05	0.02	0.02	0.002				0.10
四号锌	Zn4	99.50	0.3	0.03	0.07	0.002	0.005	0.01	0.002	0.5
五号锌	Zn5	98.70	1.0	0.07	0.2	0.005	0.02	0.02	0.002	1.3

表1-18 部分锌合金的化学成分（质量分数/%）

合金牌号	主要成分						杂质（不大于）							
	Al	Cu	Mg	Fe	Pb	Cd	Zn	Fe	Sn	Cu	Pb	Cd	Al	总和
XD1					0.3～0.5	0.2～0.35	余量	0.015	0.002	0.002				0.05
XD2				0.008～0.015	0.35～0.8	0.03～0.06	余量		0.003	0.002				0.03
XI1				0.012～0.2	0.2～0.5	0.12～0.35	余量		0.004	0.003				0.05
XI2	0.02～0.1		0.08～0.15				余量	0.015		0.0015	0.015	0.010		0.05
XJ				0.008～0.02	0.3～0.5	0.09～0.14	余量		0.003	0.005			0.03	0.05
ZnCu1.5		1.2～1.7					余量	0.04	0.002		0.15	0.02		0.3
ZnCu0.3		0.2～0.4					余量							
ZnAl15	14.0～16.0		0.02～0.04				余量							
Zn4-1	3.7～4.3	0.6～1.0	0.02～0.05				余量							

1.7.3 锡及锡合金

锡是银白色的，熔点为232℃，密度为$7.298\times10^3kg/m^3$，是一种强度很低，塑性很好的金属，极易加工成锡箔，有广泛的用途。锡的再结晶温度范围为10～25℃。室温下轧制锡不产生加工硬化。

纯锡有同素异晶转变，即锡在13℃以上为体心立方晶格的β锡，呈白色，称为“白锡”；在13℃以下为钻石立方晶格的α锡，呈灰色，称为“灰锡”。白锡转变为灰锡时，体积急剧增大约27%，在金属内部产生巨大的应力，可使整块白锡变成灰色粉末，由于这一过程像瘟疫一样传播迅速，所以称为“锡疫”。在锡中加入0.5%的铋可以有效地防止“锡疫”；锑、铅、镉也能阻止“锡疫”发生，但能力较弱；而锌、铝、镁、钴、锰、碲等杂质可促使“锡疫”的发生。

为了防止“锡疫”，应在10℃以上贮存、运输锡锭。在室温下白锡块若与灰锡接触也会受到传染，从接触部分开始逐渐向金属内部自发地破裂。但锡具有良好的耐蚀性，大气、淡水对锡的侵蚀很弱。因锡不会使食物产生毒性，可用镀锡铁板做罐头盒。

铅的加入可使锡的熔点降低，改善锡的浇铸性能，减少铸件气孔，细化晶粒；含铅4%～6%的锡，强度与硬度均达到最大值；若继续增加铅含量则会使其强度及硬度值下降。铅与锡各百分之五十的合金是最常用的焊料。锑的加入能显著提高锡的强度。

铁、锌、铝对锡的流动性都有不利影响，铋和砷使合金变脆，都是锡的有害杂质。部分锡的化学成分见表1-19。

表1-19 部分锡的化学成分（质量分数/%）

名称	牌号	Sn（不小于）	杂质（不大于）							
			As	Fe	Cu	Pb	Bi	Sb	S	总和
特一号锡	Sn01	99.95	0.003	0.004	0.004	0.03	0.003	0.005	0.001	0.05
一号锡	Sn1	99.90	0.015	0.007	0.01	0.05	0.015	0.015	0.001	0.10
二号锡	Sn2	99.75	0.02	0.01	0.03	0.08	0.05	0.05	0.01	0.25
三号锡	Sn3	99.56	0.02	0.02	0.03	0.30	0.05	0.05	0.01	0.44
四号锡	Sn4	99.00	0.10	0.05	0.10	0.66	0.06	0.15	0.02	1.00

1.7.4 镉

镉是白色金属，熔点为321℃，密度为$8.65\times10^3kg/m^3$，属于密排六方晶格。镉的强度和硬度很低，塑性良好，可以进行冷、热加工。镉的沸点为767.6℃，容易挥发，熔炼时冒红褐色烟，其蒸气有毒。人在镉中毒后症状危急，应注意严密防护。

镉能在表面生成致密的保护层，主要用于制造低熔点焊料和耐磨的轴承合金。在印刷用合金、低熔点合金、铅锡焊料和铜合金中都需要用镉；在原子能反应堆、无线电工业中，镉都是不可缺少的原料。镉的化学成分见表1-20。

表 1-20　部分镉的化学成分（质量分数/%）

名　称	牌　号	Cd（不小于）	杂质（不大于）							
			Pb	Zn	Cu	Fe	As	Sb	Sn	总和
精制二号镉	Cd02	99.998	0.001	0.0003	0.0001	0.0006	0.001	0.0002	0.0002	0.002
精制一号镉	Cd01	99.995	0.002	0.001	0.0005	0.001	0.002	0.0002	0.0002	0.005
一号镉	Cd1	99.99	0.004	0.002	0.001	0.002	0.002	0.002	0.002	0.01
二号镉	Cd2	99.95	0.02	0.005	0.01	0.003	0.002	0.002	0.002	0.05
三号镉	Cd3	99.9	0.05	0.02	0.02	0.004	0.002	0.002	0.002	0.1

复习思考题

基本概念：紫铜、黄铜、白铜、青铜、应力腐蚀、脱锌腐蚀、氢气病、锡疫

思考题：1. 杂质元素对铜及其合金性能的影响。

　　　　2. 杂质元素对镍及其合金性能的影响。

2 熔　炼　炉

从有色金属及其合金的熔炼设备发展历史来看，熔炼用炉的发展大致可分为三个阶段：坩锅炉、火焰反射炉、各种电炉。其中电炉的种类较多，有感应电炉（包括有铁芯感应电炉和无铁芯感应电炉）、电弧炉、电渣炉等。

本章主要介绍铜、镍及其合金熔炼时，常用熔炼炉的工作原理、结构和使用、维护的基本知识。

2.1　筑炉用耐火材料

2.1.1　熔铜炉用耐火材料

2.1.1.1　耐火材料分类

A　耐火材料的基本条件

耐火材料，一般指耐火度在1580℃以上的无机非金属材料。它包括天然矿石及按照要求经过一定工艺制成的各种产品。

耐火材料应该满足以下要求：

（1）较高的耐火度和荷重软化温度。工业上常用耐火砖的耐火度为：黏土砖1580～1770℃，硅砖1710～1730℃，铝砖1750～2000℃，镁砖2000℃。

（2）化学稳定性和抗渣性好，高温下不与合金元素发生化学反应。抗渣性能就是耐火材料在高温下抵抗炉渣侵蚀的能力。

（3）体积稳定，膨胀系数小，耐急冷急热冲击。

（4）高温力学性能和耐磨性好，抗断裂和抗熔体冲刷性能好。

（5）不粘挂熔渣，热导率小。热导率小就意味着耐火材料的导热性能差，这样炉料在被加热的过程中，才会尽可能减少通过炉衬散失热量，从而保证热量的有效利用，加快熔炼速度。

B　耐火材料分类

耐火材料有不同的分类方法，例如：

按化学性质分类：酸性、中性和碱性；

按化学-矿物组成分类：硅质、硅酸铝质、镁质、碳质、锆质等；

按材料状态和外观分类：耐火制品、耐火泥和不定形耐火材料。

表2-1所示的是常用耐火材料的基本性质。

表2-1　常用耐火材料的基本性质

名　称	密度 /g·cm^{-3}	氧化气氛下最高使用温度/℃	20～100℃平均线膨胀系数/℃$^{-1}$	热导率 /W·(m·K)$^{-1}$	气孔率/%	抗热震性
硅　砂	2.45	1600	13.5×10^{-6}	(1.2～1.7)×1.163	18～25	优
镁　砂	3.58	2000	$(13.5\sim14.0)\times10^{-6}$	(2.6～3.2)×1.163	12～28	差

续表 2-1

名 称	密度 /g·cm^{-3}	氧化气氛下最高使用温度/℃	20~100℃平均线膨胀系数/℃$^{-1}$	热导率 /W·(m·K)$^{-1}$	气孔率/%	抗热震性
刚 玉	3.9	1900	$(7.0\sim8.5)\times10^{-6}$	$(3.0\sim3.5)\times1.163$	15~20	良
莫来石	3.16	1800	$(4.3\sim7.5)\times10^{-6}$	$(1.5\sim3.0)\times1.163$	12~20	尚可
锆英石	4.6	1870	5.5×10^{-6}	—	—	良

熔铜感应电炉筑炉时，比较广泛地采用了不定形耐火材料。

不定形耐火材料，是指由一定化学组成、粒度配比与结合剂共同组成的、未经成型和烧成而直接使用的一种耐火材料；呈散状，可以构成无接缝的整体构筑物，故亦称为整体性耐火材料。不定形耐火材料，通常有以下几种不同的分类方法：

按工艺特性分类：干式捣打料（或称干式振动料）、浇注料、可塑料等；

按原料材质分类：硅质、高铝质、镁质等；

按结合剂方式分类：水化结合、化学结合、聚合结合、陶瓷结合等。

2.1.1.2 干式捣打料

干式捣打料，是指以粒状和粉状料耐火材料为主，不加水和其他液体结合剂，而以少量结合剂或其他组分配置而成的，经过强力捣打（或振动）方式进行施工，并通过加热使热固性结合剂或陶瓷烧结剂产生强度的一种不定形耐火材料。

干式捣打料的主要特点是：施工过程中，干式捣打料易于流动，粉料易于充填颗粒堆积间的极小孔隙，易于获得高充填密度的致密体；干式捣打料有助于抵抗因膨胀或收缩产生的应力，有助于克服阻碍裂纹的扩展和延伸，有助于防止金属熔体侵入；便于结构复杂的炉衬施工，包括拆炉和清理。

A 硅质捣打料

硅质捣打料，通常指石英砂，属耐酸性耐火材料，在高温下具有较好的抵抗酸性熔渣侵蚀的性质。我国河南铁门产的石英岩 SiO_2 含量在 95% 以上，并且含有微量的 Fe_2O_3，即含有可以构成促进鳞石英生成的天然矿化剂。硅质捣打料配料中的细微颗粒 35%～40% 小于 0.008mm，有利于捣实获得较高的密度，也有利于烧结过程中向鳞石英转化。

B 高铝质和镁质干式捣打料

高铝质和镁质耐火材料，具有比硅质耐火材料较高的耐火度。高铝矾土熟料、硅线石、蓝晶石和红柱石以及人工合成的莫来石、天然的或电熔的刚玉等，都可用来作为熔铜感应电炉炉衬的耐火材料。

通常，高铝矾土熟料中的 Al_2O_3 含量大于 50%，电熔棕刚玉的 Al_2O_3 大于 94.5%，电熔白刚玉的 Al_2O_3 含量大于 98%。三石与高铝矾土相比，其杂质含量少一半，并在一定温度下将分解成莫来石和熔融状游离的 SiO_2，具有耐火度高，抗化学腐蚀性好，热膨胀性低等特点。

高铝质捣打料，更适宜作铝青铜和白铜熔炼炉的筑炉材料。

原苏联有些工厂采用蓝晶石-硅线石和电熔刚玉作配料，蓝晶石-硅线石中含 60% 的 Al_2O_3 和 38% 的 SiO_2。蓝晶石-硅线石的粉状料粒度为 0.05mm 以下，颗粒状粒度为 0.1～0.16mm。电熔刚玉粒度大于 1mm。配料中，粉状蓝晶石-硅线石占 5%～10%，颗粒状蓝晶石-硅线石占 40%～45%，电熔刚玉颗粒占 40%～42%。

我国有丰富的高铝耐火材料资源，并早已将其作为各式熔铜感应电炉的炉衬耐火材料，只是由于开发深度不够，迟迟未能形成系列标准。各种莫来石、刚玉、铝硅碳（含碳化硅）等系列产品的应用潜力很大，其中后者作为熔炼铜的炉底石材料的寿命已经达到一年以上，熔炼白铜时寿命也达三个月以上。

冶金镁砂适合于熔点较高的白铜熔化炉筑炉时采用。虽然镁质耐火材料耐火度高，但是其抗热震性等不如硅质和高铝质耐火材料好。

2.1.1.3 半干式捣打料

半干式捣打料，适合于感应体的线外成型、干燥和烧结。半干式高铝质捣打料中，通常含5%左右的水，故亦称为半干法成型捣打料。按规定比例配制的半干式捣打料，需要经过混练和困料才能使用。混练，即通过搅拌机使混合料中的粒度和水的湿润度均匀，得到具有一定可塑性的泥料。困料，即将混碾的泥料于一定的湿度和温度下贮存一定的时间。困料，可以使结合剂充分分散和散布均匀，充分发挥结合黏土的可塑性能和结合性能。半干式捣打料的施工，通常采用风动捣固机进行。捣固过程中，应该注意避免弹性后效和层密度不均匀现象。

耐火材料捣固成型后，根据不同耐火材料各自的特点，采用适当的温升曲线进行干燥和烧结。半干式高铝质捣打料中，按一定比例配入某种结合剂，例如采用高铝矾土微粉作结合剂，在烧结过程中，高铝矾土微粉中游离的 SiO_2 可与高铝料中游离的 Al_2O_3 发生二次莫来石化反应。

2.1.1.4 耐火浇注料

耐火浇注料，是指按一定比例配制的由粒状、粉状耐火物料，以及结合剂和水共同组成的、具有较高流动性而适用于以浇注方式成型的不定形耐火材料。耐火浇注料通常按照不同的材质和结合剂进行分类。高铝刚玉质浇注料，是熔铜炉用得比较多的一种耐火浇注料。

2.1.1.5 耐火可塑料

耐火可塑料，是指由70% ~80%粒状和粉状物料与10% ~20%可塑性黏土等结合剂，以及适量增塑剂配制而成的，呈硬泥膏状态的、能够在一定时间内始终保持较高塑性的一种不定形耐火材料。

耐火可塑料主要用于不容易砌筑，而且可能直接与熔融物接触的部位。材质可为黏土质或高铝质，结合剂有黏土、水玻璃、磷酸盐等。

耐火可塑料应具备以下性能：

（1）耐火可塑料具有一定的可塑性，便于施工；

（2）耐火可塑料具有一定的保存期，以保证在规定存放期内成型性能不变；

（3）该料常温养护后具有一定强度，以利于施工结束时能拆除框架或搬运；

（4）该料具有一定的高温体积稳定性，以防因变形过大而造成炉衬结构破坏。

2.1.1.6 耐火制品和耐火泥

A　耐火砖制品

耐火砖制品，包括黏土制品、硅质制品，高铝质制品、莫来石质制品，以及含炭制品、含锆制品和隔热制品等不同品种。

耐火砖制品是砌筑炉衬的主要材料。除应具备上述耐火材料的基本条件外，还要求其外形规整、尺寸准确。

耐火黏土砖是采用 $Al_2O_3 + TiO_2$ 含量不小于30%的耐火黏土作原料，以熟料作瘠化剂，以软质黏土作结合剂，在1300～1400℃温度下烧成的制品。黏土砖的组成为：Al_2O_3 30%～46%，TiO_2 50%～65%。属弱酸性耐火材料，耐火度为1580～1750℃。

高铝砖是含 Al_2O_3 大于48%的耐火材料烧成制品。

制造普通高铝砖的主要原料是高铝矾土。更高品质的高铝砖，有的是以莫来石、电熔刚玉等为原料，制成莫来石砖、刚玉砖、莫来石刚玉砖等。

B 轻质耐火砖制品

熔铜炉用轻质耐火砖的主要品种有黏土隔热砖、轻质高铝砖和轻质刚玉砖，主要用于砌筑各种熔化炉炉衬的保温层。

C 耐火泥

耐火泥，是由一定颗粒配比的耐火粉状物料和结合剂、外加剂组成的，用水或液态结合剂调成浆体，用作耐火砖砌体的接缝材料，亦称接缝料。

耐火泥应具备以下特性：

(1) 耐火泥有良好的涂抹性，泥浆易于在砖面铺展而不黏滞；

(2) 耐火泥砌筑时具有一定的保水性，以使灰缝饱满；

(3) 耐火泥具有与砌体材料相同，或相近的化学组成和热膨胀性、抗渣性；

(4) 耐火泥具有一定的黏结强度和黏结时间，以保证施工正常进行及砌体的整体性。

2.2 反射炉

火焰反射炉熔炼就是利用燃烧着的火焰和所产生高温气体的热，直接从炉顶反射到被熔炼的金属上而产生加热作用的熔炼方法。这种熔炼方法不仅被用来熔炼矿石、冰铜以获得粗铜，而且也是熔炼紫铜、铝及铝合金的重要设备之一。

反射炉的主要优点是结构简单、操作方便、容易控制，对原料及燃料的适应性强。反射炉生产成本低，可以通过氧化、还原等精炼方法除掉部分杂质；适于大量生产铜、锌等有色金属。反射炉的缺点是热效率低，无法严格控制温度；不易控制合金成分，不能用于熔炼合金；金属易受燃料中杂质（如硫）的污染；且金属熔炼损耗大，劳动环境差，占地面积大、耐火材料消耗量大等。

2.2.1 炉体结构

反射炉由炉基、炉底、炉墙、炉顶、加料口、产品放出口、炉门和烟道等部分构成。其附属设施有加料装置、鼓风装置、排烟装置和余热利用装置等。

常见的反射炉，按炉体结构特点可分为固定式和可倾动式；按热量的来源可分为燃煤式、燃油式和燃气式。

2.2.2 反射炉的炉型

反射炉是火焰式炉，主要利用炉壁和炉顶的辐射热，以及炙热气体火焰的辐射将热能传到炉料上，使炉料熔化。为了充分利用炉壁、炉顶、炙热气流和火焰的辐射热，炉膛不能太高。为使燃料在炉膛内充分燃烧，炉膛应稍长。否则，燃料尚未燃烧完毕就进入烟道，造成能源浪费。

反射炉一般使用重油、煤气或天然气作燃料，也可用块煤或煤粉作燃料。用煤作燃料，劳动强度大，工作条件恶劣，已很少采用。

2.3 竖式炉

竖式炉与反射炉相比，其最大优点在于熔炼速度快，并且可以实现连续熔炼。

图 2-1 是竖式炉结构的示意图。竖式炉由炉基、炉体、烟囱、加料车、烧嘴和燃烧系统等部分组成。炉体内部衬有耐火材料，可分为炉身、熔化室、炉缸 、炉底等不同的工作区。

竖式炉通常以天然气或煤气为燃料以阴极铜为原料，熔炼过程属于逆流方式作业。

竖式炉的加料口在顶部，炉料在下降过程中被燃烧火焰预热和熔化。炉料熔化首先从表面开始，熔化的液滴自然下落。实际上炉料熔化主要是在炉膛底部，即在烧嘴喷射火焰区域进行，形成所谓的铅笔形锥体，熔炼过程中，通过对整个燃烧系统的调整和控制，可以稳定地维持这种形状。铜液落入带斜坡的炉缸（炉底）并在形成液流后经出铜槽流出。

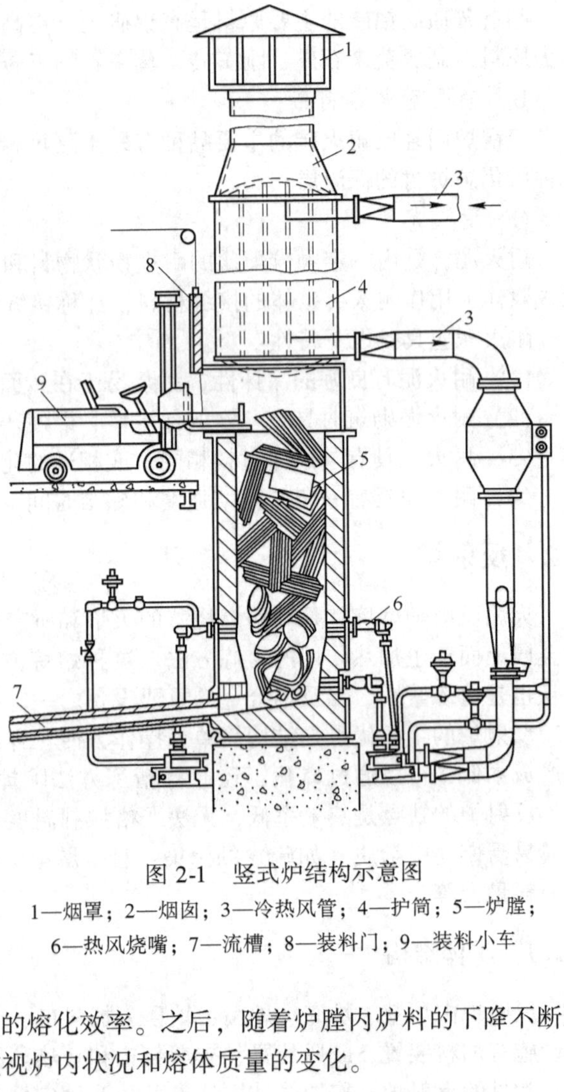

图 2-1 竖式炉结构示意图

1—烟罩；2—烟囱；3—冷热风管；4—护筒；5—炉膛；6—热风烧嘴；7—流槽；8—装料门；9—装料小车

竖式炉炉温比较高，各种化学反应，包括与炉衬耐火材料之间的化学反应都比较容易进行，因此应该比较准确地控制熔炼温度。实际上，控制燃烧速率就可控制炉区各段的温度。

开炉时，先经过 15 ~ 30min 的低效率燃烧，预热炉衬和炉料。当炉料被加热到熔化温度之前的炽热状态时，即可转换成高负荷燃烧以加快熔化速度。随着熔化过程的进行，大约经过 30min 就可以达到正常的熔化效率。之后，随着炉膛内炉料的下降不断地补加炉料，应同时调整各个烧嘴，并密切监视炉内状况和熔体质量的变化。

竖式炉比较适合于韧铜熔炼。

2.4 有芯工频感应电炉

2.4.1 工作原理

A 感应加热

图 2-2 所示的是工频有铁芯感应电炉的原理图。

工频有铁芯感应电炉主要由感应体、上炉体、倾动装置、电源和控制系统等部分组成。

感应体工作原理与降压变压器相似，一次线圈和二次线圈都绕在同一磁导体即铁芯上，感应体耐火材料沟槽中的环状金属熔沟，相当于短路的二次线圈。

感应加热的基本原理，可以通过电磁感应定律和焦耳-楞次定律理解。

电磁感应定律为：当穿过一闭合回路所限定的磁通量随时间改变时，无论改变的原因如何，在回路上总会产生感应电动势，即：

$$e = -\mathrm{d}\Phi/\mathrm{d}t \tag{2-1}$$

式中，$\mathrm{d}\Phi/\mathrm{d}t$ 为闭合回路所限定的磁通量变化率；前面的负号表示：新的感应电动势具有产生感应电流的倾向，以感应电流产生的新磁通量来补偿原磁通量的变化。

焦耳-楞次定律的表达式为：

$$Q = 0.24I^2Rt \tag{2-2}$$

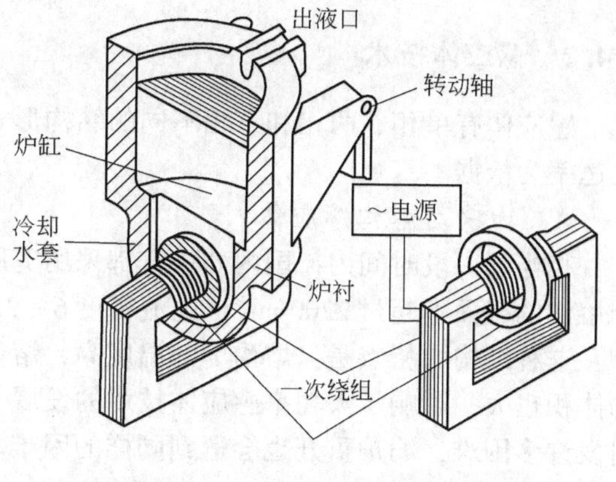

图 2-2 工频有铁芯感应炉原理图

式中 Q——当电流流过具有电阻 R 的回路时，由零到 t 一段时间内，电阻所消耗的功率转变成的热量，J；

I——流过电阻 R 的电流，A；

R——回路电阻，Ω；

t——时间，s。

作为短路熔沟中的金属导体，在感应电动势作用下产生电流或称涡流。涡流产生的磁通量，总是力图阻止感应线圈内磁通量发生变化。施于线圈的交变电流不止，熔沟金属中产生的涡流也不会停止。涡流在具有一定电阻的熔沟金属中的流动而产生热量，因此金属被加热以至熔化。

B 电磁现象和热现象

感应电炉最大特点是炉内熔体具有较强的自搅拌作用。

电流通过导体时，围绕导体将产生磁场。一次线圈和二次线圈即熔沟金属中的磁力线之间的相互排斥作用，在熔沟金属中产生了一种电磁力，即原动力。

熔沟中金属除本身重力 G 以外，同时受到上述原动力作用，二作用力之和应该具有 K 的方向。

熔沟中金属只有在喉口部有两个通往熔池的通道，因此熔沟金属中产生相斥力的部位应该在最底部。此相斥力沿环沟高度不均等的性质，促进了金属在熔沟中运动的一种动力。

熔沟中金属承受的第二种动力来自于压缩效应。熔沟中金属可以看作是若干个同一方向的导电体，平行即通有同方向电流的导线之间具有彼此相吸的力量，即熔沟中金属在环沟内承受由外缘向环沟断面中心方向的压缩应力。同时，环沟垂直段内的液体金属有静压力与此压缩重力抗争。当压缩应力大于静压力时，熔沟中金属熔体会发生喷流现象。

熔沟中金属承受的第三种动力是涡流效应。涡流效应，是由于环沟中金属和熔池中金属电流密度不相等而产生的。熔沟断面比较小，熔池断面比较大。截面小的熔沟内磁感应强度大，电磁力大，熔体受到的压缩力大，即在熔沟出口，即与熔池交汇处发生熔体向上鼓动的现象。

上述电磁力效应、压缩效应和涡流效应，构成了熔沟中金属和熔池中金属热能传递的一种综合动力。

其实，构成炉内熔体热传递的还有一种自然动力，即熔体自身的热对流作用。

熔沟底部的熔体温度高而密度小，而熔池中的熔体温度低却密度大，密度小的高温熔体可以自然地向熔池中流动。

2.4.2 感应体技术

感应体有单相、两相和三相不同的结构形式。感应体设计，通常是以炉子的有效容量和熔化速率为依据。

A 大截面熔沟感应体

相当长一段时间内，国内外一直都采用宽厚比比较大的熔沟断面。例如 22mm × 90mm，单个熔沟的截面不超过 $2200mm^2$，电流密度 6 ~ 9A/mm^2。大功率感应体，采用双熔沟的方式。

这种结构的特点是：熔沟下部温度高，熔沟中金属流动性差，炉衬寿命低。大功率感应体的体积也大，影响了大功率感应体技术的发展。而且，小断面熔沟在起熔过程中常常因为断沟引发许多困难，旧炉重开也会遇到同样的困难。

瑞典 ABB 公司首先扩大了熔沟截面，突破了传统的截面厚度小于电流透入深度的理论界限，厚度达两倍于电流透入深度。熔铜的 1000kW 感应体的熔沟截面达到了 75mm × 245mm。由于加大了熔沟的厚度和截面，加大了熔沟中金属对流热交换的空间，因而减少了局部过热的倾向。

采用大断面熔沟以后，对于同等体积的感应体来说可以输入更大的功率，因此大功率感应体设计不再困难。ABB 公司最大的单相感应体功率已经达到 3000kW。

大断面熔沟对于熔炼黄铜，特别是熔炼铝青铜时熔沟的有效寿命方面也有优势。熔体中的氧化铝（Al_2O_3）在熔沟耐火材料壁上的不断积结，是熔炼铝青铜的难题。一旦溶沟的断面全部被积渣堵死，就得被迫停炉，尽管耐火材料尚未损坏。

大断面熔沟使炉子的自然功率因数大大降低，通过增加补偿电容器的数量可以得到改善，相应增大了设备造价。如果从生产的综合效益方面评价，一般情况下利大于弊。

B 喷流感应体

感应体的熔沟设计是从等断面熔沟开始的。美国 Ajax 磁热公司“喷流感应体”制造成功，显著降低了熔沟中熔体的温差，单个感应体的功率达到了 3000kW。目前，“W”形熔沟“喷流”感应体技术已经日趋成熟，并在世界范围内得到了广泛推广。

单向流动指的是，感应体内熔沟槽中的熔体是按照单一方向有序流动，而不再是紊流运动。不过，有关单向流动的理论研究似乎滞后于实践。

图 2-3 是熔沟变断面与温度分布示意图。

仅仅改变熔沟形状，熔沟中金属过热温度并没有大的改变。

当把熔沟的形状改变扩大到熔沟各处截面积的改变，即通过熔沟截面相对于感应线圈轴向、径向尺寸即厚度的变化，使两侧熔沟口截面小于中间熔沟口截面时，温差大幅度降低。除Ⅰ以外，Ⅱ和Ⅲ的温差均小于30℃。显然，实现了单向流动。这种流动的形成，主要是中间熔沟厚度与两侧熔沟厚度之比有关。在金属流动过程中，侧熔沟起主导作用。

由于熔沟中的金属具有一种潜在的电磁力，并在变断面熔沟中的侧出口处感应电流的突然散流，从而造成了熔体在此处的射流状态。电流突然散流的强度和量，以及与熔体各部位潜在的电磁力共同作用的结果，造成了熔体流动的动力，此动力克服涡流阻力即可产生熔体的流动。

熔沟中金属在电流线弯曲的部位，发生较大的电磁力，而且电磁力随着曲率增大而加大。电流线的松散度，与熔沟和熔池交汇处截面的突然增大有关。与中间熔沟相比，若两个侧熔沟截面积小，则两个侧熔沟口与熔池交汇处可能成为引发熔体流动的起点。变断面熔沟试验表

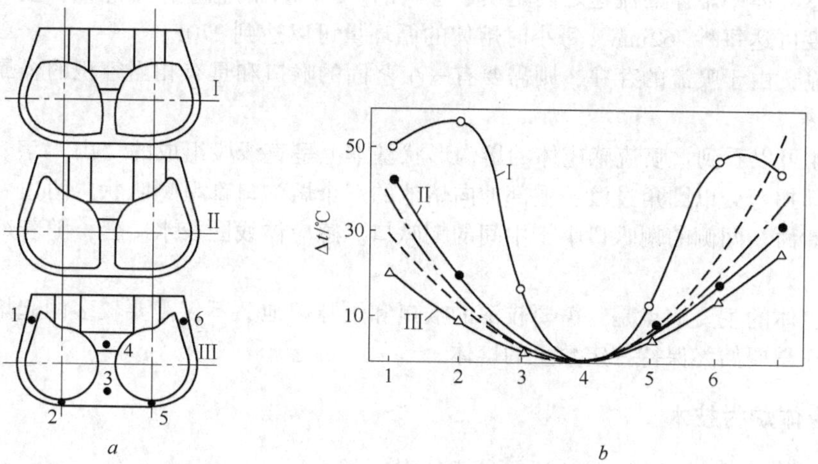

图 2-3　熔沟变断面与温度分布

a—Ⅰ、Ⅱ、Ⅲ为不同形状的变断面的熔沟；

b—熔沟中温度分布（金属最冷点 4，位于中间沟的吸入口）；

1～6—温度测量点

明：单向流动不仅与侧熔沟出口处熔沟曲率形状有关，更主要与熔沟断面的厚度变化有关，即与中间熔沟断面厚度与侧熔沟断面厚度之比有关。抛物线形状分布的温度曲线表明，不仅熔沟底部与熔池中的温差比较大，而且与输入的功率有关，功率越高温差越大。当输入功率为 250kW 时，沟底与沟口温差将近 70℃，而输入功率为 500kW 时温差增加到将近 140℃，相当于功率每提高 100kW 温差扩大近 30℃。

图 2-4 所示为喷射流感应体熔沟内金属温度分布及搅动方向。由于熔沟内的熔体是单向流动，温度较高的熔体从两边的侧熔沟中喷出，温度较低的熔体从中间熔沟口进入。

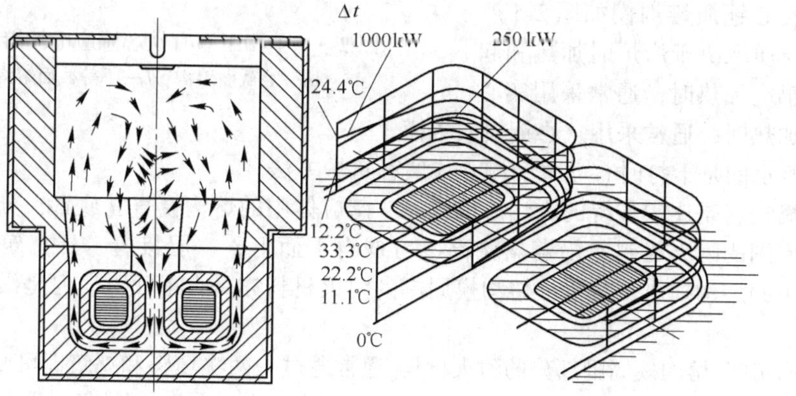

图 2-4　喷射流感应体熔沟内金属温度分布及搅动方向

实践证明，喷射流感应体中熔沟中熔体流动的速度和温度梯度的变化，都与输入功率的平方根成比例。熔体温差最大只有 20℃左右，有利于输入功率的提高，可以做成大功率的感应体。

喷射流感应体中熔体的流速之高是出乎意料的。800kW 的感应体熔炼铜合金时，熔沟中熔体的喷流速度可达每秒 762mm，每小时熔体的循环量可以达到 270t。

不言而喻，由于喷流的存在，则需要有一个坚固的喉口和具有相当容积的金属熔池，否则熔体容易过热。

从图 2-4 可以看到：喷流感应体的熔沟形状基本上呈直线段组成的“山”字。熔沟环呈矩形，熔沟下部拐弯处以圆角过渡，上部伸向熔池的三个熔沟口都呈喇叭状。两边侧熔沟断面小于中间熔沟断面，两侧的喇叭口小于中间的喇叭口。感应体线圈及水冷套，随着熔沟形状亦呈矩形线形状。

喷流感应体的主要缺点是：需要较深的喉口和炉膛熔池，不仅需要较多的起熔体，正常作业时炉膛内亦需要始终保持一定数量的熔体。

2.4.3 感应体炉衬技术

感应体炉衬烧成后成为坚固整体，俗称炉底石。

感应体中的耐火炉衬具有复杂的形状结构，感应线圈、铁芯和金属熔沟都贯穿其中，尺寸要求精确。炉底石是炉子电热交换的中心，熔沟中熔体温度最高，感应线圈的绝缘却不能破坏。最薄位置，即厚度仅为 50 ~ 100mm 左右的熔沟内侧的环状耐火材料层，一边承受着高温熔体的冲刷、侵蚀，另一边承受着强烈冷却，工作环境十分恶劣。

A　耐火材料捣筑

感应体耐火材料捣筑，分为干打和湿打两种不同方式：干打，即使用干散的耐火材料捣筑；半干打，即使用含有少量水分的所谓潮料进行捣筑。干打，可以人工进行，亦可采用震动器进行捣筑。半干打，通常通过捣固机进行捣筑。

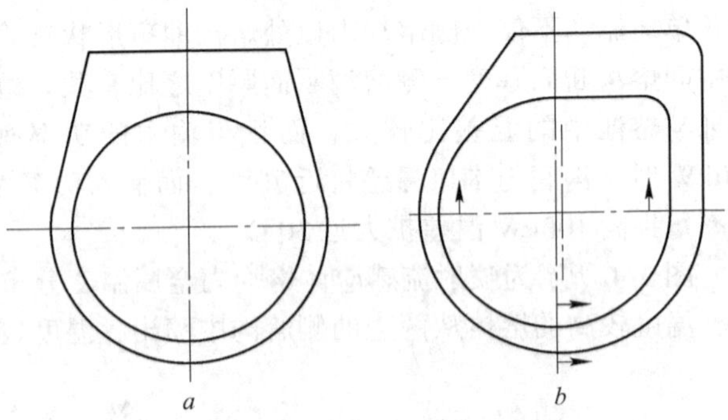

图 2-5　单相工频有铁芯感应电炉熔沟模板

a—等截面熔沟；*b*—不等截面熔沟

筑炉用实心铜质熔沟模如图 2-5 所示。熔沟模材质取决于烤炉时加热和起熔方式。电感应加热时，通常采用实心铜模。火焰加热时，通常采用空心铜模或木模。

图 2-6 所示的是干打时直立式和侧立式两种筑炉方法。

直立式捣筑，是比较传统的方法。捣筑时，感应体中的熔沟模直立放置，分层次填料和捣筑，熔沟模周围的耐火材料是沿着熔沟高度方向自下而上，一层接着一层捣筑。侧立式捣筑时，感应体中的熔沟模水平放置，熔沟模周围的耐火材料亦是自下而上，但是沿着熔沟壁厚方向分层捣筑。

侧立式捣筑时，熔沟模周围部分的耐火材料，通常通过一两次填料和捣筑即可全部完成。而直立式捣筑时，由于捣筑方向需要不断地适应熔沟模曲面的变化而变化，容易出现受力不均匀现象。

为了防止分层，在每次填料前，都需要把上次的捣固层表面划松。如果是多人手工捣筑，应该每隔一定时间轮换一次工人站位，以求捣筑均匀。为了捣实，每层加料厚度 100 ~ 120mm 左右为宜。

B　烧结与起熔

捣打料成型后，必须经过烘烤和烧结（烧成）才能投入使用。

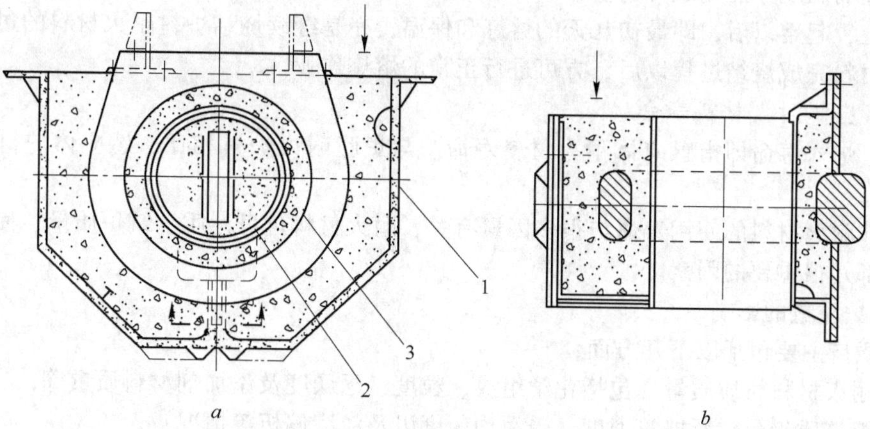

图 2-6 感应体耐火材料的捣筑方式
a—直立式捣筑；*b*—侧立式捣筑
1—感应体外壳；2—水冷套；3—熔沟模
（图中箭头方向，代表填料和捣筑方向）

根据捣打混合料材料的特点，应采取不同的加热方式促其硬化和烧结，即应该按照不同的炉温升温曲线进行烘炉。

起熔，即开始熔化。工频有铁芯感应电炉起熔，意味着感应体内金属模板已经完全熔化，熔沟中金属已经能够流动，即能够送电进行正常运行。

采用实心金属熔沟模板筑炉时，直接向感应体送电即可完成起熔过程。

感应线圈通以电流时，相当于二次回路金属模板内侧有感应电流产生，并且此感应电流足以将金属模板加热直至熔化，并在起熔过程中完成耐火材料的干燥、硬化和初步烧结。当然，完全的烧结，需要经过一段时间的实际运行以后才能完成。

表 2-2 所示的是 1000kW 感应器耐火材料（石英砂干打方式筑炉）烘炉升温程序。

表 2-2 1000kW 感应器耐火材料烘炉升温程序

序号	温度区间/℃	温升速度/℃·h^{-1}	温升时间/h	序号	温度区间/℃	温升速度/℃·h^{-1}	温升时间/h
1	室 温		8	5	150～1150	20	100
2	20～150	10	10	6	1150	0	至熔沟模板熔化
3	150	0	19				

采用木质熔沟模或空心铜管做熔沟模板筑炉时，通常采用另外的烘烤和加热方式烧结耐火材料。

例如：预先进行感应体耐火材料的干燥和预烧结，当空心的熔沟槽内耐火材料达到规定温度时，直接向空心的熔沟槽中浇注高温熔体，并同时送电以完成起熔过程。

实心熔沟模板，通常采用纯铜制造。如果采用黄铜或者其他铜合金材料，如果其熔点比较低，则不利于耐火材料的烧结。尚未烧结好的耐火材料过早的接触高温金属熔体，容易引起渗漏现象。采用空心熔沟模时，燃气可使熔沟槽内温度升高到 1200℃，而许多高铝质耐火材料，需要这样高的温度才能完成烧结。显然，这对提高炉衬的使用寿命无疑是有益的。

实际上，起熔以后，即最初几天的熔炼和保温，亦是继续烧结炉衬耐火材料的过程。当感应体耐火材料完成烧结过程以后，方可进行正常的熔炼作业。

C 感应体耐火材料寿命

通常，炉衬寿命即指感应体耐火材料寿命。与炉膛耐火炉衬相比，感应体炉衬寿命低得多。

感应体耐火材料的使用寿命与很多因素有关，耐火材料自身性质、筑炉质量、使用过程中的维护等都是很重要的因素。

a 筑炉质量的影响

筑炉质量主要包括以下几方面：

（1）耐火材料材质质量，包括化学组成、粒度、干燥度及添加剂材料质量等；

（2）捣筑质量，包括捣筑力度，受力均匀度以及粒度偏析等情况；

（3）安装及维护质量，包括搬运，与上炉体对接以及日常维护工作质量。例如：熔体温度的稳定性，通风或通水冷却系统的可靠运行等。

熔炼铝青铜时，有时采用一种主要以石墨粉为主要成分的熔沟模涂料，涂料依附在耐火材料烧结层表面，有利于阻止熔体中的氧和耐火材料中的三氧化二铝（Al_2O_3）或二氧化硅（SiO_2）等发生化学反应，即避免合金熔体中增硅，及减缓在熔沟壁上结渣的保护作用。

b 合金熔体质量的影响

合金对感应体耐火材料寿命的影响来自两方面：

（1）合金的熔化温度；

（2）合金中组成及某些元素氧化物的性质。

熔化温度越高，或者熔化过程中产生的氧化物与炉衬耐火材料之间发生化学反应，都会加速耐火材料的熔蚀和破坏。

例如：CuO 和 SiO_2 在 1050℃时可能形成一种低熔点混合物，CuO 和 Al_2O_3 在 1150℃时可能生成低熔点混合物，发生化学反应的同时，耐火材料遭到熔蚀和破坏。铜液中氧含量的增加，都可能促使上述反应发生。显然，熔炼过程中应尽可能在无氧或者低氧的条件下进行。

在生产作业安排上，先熔炼纯铜，然后再熔炼 H90、H80、H70、H60，最后生产 HPb59-1 等低熔点黄铜，不仅有利于耐火材料的烧结，同时可以避免化学成分污染。

D 感应体热更换技术

热更换感应体应具备以下条件：

（1）同一台炉至少装有两个以上感应体。拆掉其中的一个或多个感应体时，另外的一个或多个感应体能够正常工作；

（2）感应体和上炉体是可以分离的；

（3）有备用的感应器，即可以替换的感应器；

（4）成熟的感应体与上炉体对接技术。

感应体与上炉体对接时，主要需要以下两方面的技术和材料：首先，如果采用干料捣打感应体耐火材料，应该具有硬化对接表面耐火材料的技术。因为对接感应体时，对接面通常呈垂直方向，耐火材料不能倾倒出来。其次，感应体耐火材料上表面和上炉体喉口下对接表面对接时，对接面上应该敷以必要厚度的既能够密封但不烧结，即可以顺利分离特种耐火材料层。

作为密封和分离材料料，高温下应该具有较好的稳定性能，保证铜熔体不能从结合处渗漏，又能在需要更换感应体时轻易的与喉口分离，并且保证喉口的结合面毫不损坏，以方便感应体的拆卸与安装。

更换感应体的一般程序是：

（1）首先将炉内多余熔体倒出，只保留另外感应体进行保温所需要的熔体数量；

（2）炉体倾斜，使将要更换的感应体与上炉体喉口对接面呈垂直位置，并使另外感应体能够正常送电，熔体保温；

（3）拆除需要更换的感应体；

（4）对接新的感应体；

（5）如果新的感应体的耐火材料尚未进行烧结，则应在对接后按照一定的程序进行烘烤烧结。

如果是感应体的耐火材料已经在结合前进行了烧结，则可随即投入熔炼作业。

通常，热更换一个感应体，一两个小时即可完成。

2.4.4　上炉体炉衬技术

工频有铁芯感应电炉的上炉体主要有坩埚形、箱形、鼓形等几种结构，其中坩埚形和箱形通常为立式结构，鼓形为卧式结构。

上炉体炉衬一般由以下几部分组成：

（1）最外层是隔热层。紧贴钢壳铺以石棉板或硅酸铝纤维毡之类，由于此层材料通常都具有一定的可塑性，亦有的称之为缓冲层或滑动层；

（2）次层为保温层。该层由轻质保温耐火材料构成；

（3）最里层系耐火层。耐火层直接与高温熔体、熔渣接触，亦称为热面层或工作层。

上炉体耐火材料总厚度，根据炉子容量大小及熔炼温度不同，一般为200～400mm。

耐火材料厚度不够，热损失大。保温层材料与热面耐火层材料，应该具有相同或者相近的组成及物理性质，例如热膨胀系数。否则，反复的加热与冷却将造成较大的裂纹。

热面耐火材料层，除必须具有一定的耐火度和强度外，同时应具有较稳定的热膨胀系数，以及耐冲击、耐侵蚀等性质。

工作层可以用优质黏土砖或高铝砖等砌筑，也可以用类似组成的不定形耐火材料在现场进行浇注。

某些大、中型工频有铁芯感应电炉上炉体耐火材料构成见表2-3。

表2-3　大、中型工频有铁芯感应电炉上炉体耐火材料构成

序号	炉　型（总容量/有效容量）/t	炉膛形状及尺寸（断面×高或长）/mm×mm	保温及耐火材料名称及厚度/mm				熔炼合金
			隔热层	保温层	耐火层	总厚度	
1	3.5/2.3（立式熔化炉）	1140×590×1200（椭圆断面）	65 轻质高铝保温砖	65 轻质高铝保温砖	235 高铝质捣打料	365	锡磷青铜
2	3.0/1.5（立式保温炉）	1300×410×1300（椭圆断面）	—	65 轻质高铝保温砖	130 高铝质浇注料	175	锡磷青铜
3	8.0/5.0（卧式熔化炉）	ϕ1000×2390（圆桶断面）	178 硅质轻质保温砖	59 硅砂	113 硅质耐火砖	350	铜及黄铜
4	8.0/5.0（卧式保温炉）	ϕ890×2600（圆桶断面）	113 硅质轻质保温砖	110 硅砂	113 硅质耐火砖	288	铜及黄铜

续表 2-3

序号	炉　型（总容量/有效容量）/t	炉膛形状及尺寸（断面×高或长）/mm×mm	保温及耐火材料名称及厚度/mm				熔炼合金
			隔热层	保温层	耐火层	总厚度	
5	29/16（立式熔化炉）	2000×1500×1715（矩形断面）	65 轻质高铝保温砖	65 轻质高铝砖和高铝耐火砖混砌	230 高铝质耐火砖	400	黄　铜
6	22/16（立式保温炉）	ϕ1800×1990（圆桶断面）	硅　砂	硅　砂	硅　砂	230	黄　铜
7	38/7.5（卧式熔化炉）	ϕ1000×2390（圆桶断面）	—	115 轻质保温砖	295 高铝质耐火砖	410	纯　铜
8	17/10（立式保温炉）	ϕ1600×2110（圆桶断面）	—	76 轻质保温砖	295 高铝质浇注料	370	纯　铜

注：炉子容量栏中，“/”上、下数据分别指总的容量和有效容量。

2.4.5　温度控制及出铜方式

A　温度控制

铜及其合金熔炼温度通常在1000℃以上，采用热电偶测温比较合适。铜及低于1200℃熔炼温度的铜合金，可使用镍铬-镍铝或镍铬-镍硅配对的热电偶，高于1200℃的铜合金可使用铂铑-铂合金热电偶。

热电偶可以从水平方向穿过炉衬安装，或者沿炉壁从上至下垂直安装。热电偶的安装位置，应能保证连续测温，包括炉内只留少量熔体保温时的测温。

热电偶应该可以方便更换。其实热电偶本身不容易损坏，容易损坏的主要是热电偶保护套管。安装在炉体耐火衬中，即工作端始终埋在铜熔体中的热电偶的保护管，需要具有比较高的安全性和可靠性。

作为热电偶保护套管的材料有：石英玻璃、陶瓷、石墨、碳化硅和特种金属。特种金属材料制成的保护套管，是最近几年才开始被采用的新型产品。

B　出铜方式

传统的出铜方式是倾动炉体，熔体通过出铜口（炉嘴）倾倒方式浇注。

现代工频有铁芯感应电炉，出铜方式已经成为一种技术，不断推陈出新。

溢流转注方式，适宜在炉组之间连续不断地转注金属熔体。通过前室和施以气压的浇注方式，适宜半连续和连续铸造方式时的浇注。

溢流出铜方式最大的优点，一是密封了出铜口，防止了空气进入炉膛；二是熔体温度非常稳定，有利于熔体质量的保证，也有利于对炉衬耐火材料的保护。

瑞典ABB公司的气压式浇注炉，适于作铸造保温和浇注炉。气压炉所需的压力一般20～75kPa。

由于炉室是密封的，对炉室施加压力时，两侧的受料口和出料口中的熔体液面同时升高。出料口与前室相通，熔体便进入了前室。

对铸造黄铜的保温炉来讲，采用氮气充压是非常合适的。熔室中充满氮气，可抑制锌的挥发和氧化，可以减少熔炼过程中的金属因氧化而造成的损失。

2.4.6 潜流式连铸炉体技术

潜流式水平连铸炉实际上是一炉双炉膛结构，两个炉膛通过中间耐火隔墙下面的通道相连，一个炉膛为熔炼加料所用，一个炉膛为保温铸造所用，两个炉膛都有相应的熔炼和保温感应器。潜流式水平连铸炉中的铜液没有经过传统的中间流槽转炉，避免了与空气接触，铜液质量有了较大的提高，但是停炉、开炉以及更换炉子感应器比较困难。

2.4.7 炉子的使用及维护

2.4.7.1 烤炉

烤炉的目的就是使捣筑成的炉底石烧结，同时将熔沟样板熔化以构成炉子所需要的最低限量的起熔体。

在烤炉前，应首先在炉膛内点燃煤气或生起木炭烘烤炉膛一定时间，然后送电烤炉。烤炉期间，必须保证炉温缓慢上升。当熔沟刚开始熔化时，特别要认真观察电器以及温度指示仪表的变化情况。从熔沟局部开始熔化到全部化通的过程叫起熔过程。在起熔过程中应注意以下几点：

（1）在起熔过程中，若电流表指针摆动或电流突然下降，这表明将有断熔沟的现象发生，此时应稍微倾动炉体（例如15°），直到电流指针恢复正常为止。

（2）熔沟刚化通时，遇到“穿铜水”现象应立即停电，将电压倒回一级并向“穿铜水”处插入预热过的铜棒或浇入高温铜液，然后才能倒回到原级电压继续送电。

（3）起熔过程中，熔池表面应始终用烧红的木炭覆盖。刚开始加入的起熔料应以细铜管、细铜棒或电解铜切条等为宜。

（4）起熔后，头几炉投料量不要过多，更不允许加大料，以防砸坏尚未烧结好的炉底石。

2.4.7.2 炉子使用及维护

炉子工作期间，应注意维护好线圈、铁芯和炉底石。否则，一旦线圈损坏或熔沟中液体金属环凝固断裂，炉底石损坏等现象出现时，都可能导致停炉。

有铁芯工频感应电炉，在使用上的一个重要特点是，炉内始终留有一定数量的起熔体。根据需要，可以随时停炉或重开炉。不过停炉时应使之缓慢冷却，重开炉时，使炉温缓慢上升，以防熔沟中金属环发生断裂。

有铁芯工频感应电炉常见的损坏方式、原因及防止办法如下：

（1）漏炉。漏炉就是指铜液从炉底石中漏出，轻微的漏炉就是炉底石的渗铜，漏炉多发生在金属熔沟环周围。

产生漏炉的主要原因是：

1）筑炉时炉底石没有捣筑结实或者耐火材料不合格，炉底石的烧结不好；

2）炉内金属熔体的温度过高，熔体中的某些元素与炉衬材料发生化学反应，如碱性的金属氧化物与酸性的二氧化硅（炉衬材料组成物）结成低熔点物，就可导致炉衬严重受到侵蚀；

3）加料时不注意，大块的铜料砸坏了炉底石；

4）炉底石中部的水冷套或风冷却系统的冷却效果不好，造成水冷套周围的耐火材料温度过高；

5）停、开炉时，降温、升温太快，由于热胀冷缩不均而使炉底石产生裂缝。

漏炉的防止办法：

1）保证筑炉耐火材料的质量，筑炉时必须按操作规程操作，确保筑炉质量；

2）生产中，特别是由于某些原因而使炉子处于较长时间的保温状态时，要严格控制熔体温度，不可使熔体温度偏高；

3）装料时，一定先加小块料后加大块料，如果料块过大，必须用天车吊着慢慢加入炉膛；

4）在生产中注意观察水冷套周围的情况，要采取有效措施加强炉底石的冷却；

5）停、开炉时，应该使炉温缓慢地下降和升高。

（2）断熔沟。如果炉子发生断熔沟的现象，马上就可以看到指示仪表的电流急剧下降，功率因数表指示超前。

产生断熔沟的主要原因有：

1）熔沟样板的质量不好，内部（特别是金属环部位）有夹渣或气孔等缺陷，在熔沟开始熔化时容易断开；

2）起熔过程中熔沟样板圆环部分的温度严重不均，有的部位温度很低，有的部位开始熔化，这时炉温稍有降低就可能出现断熔沟的现象；

3）铜液中的氧化物（如 Al_2O_3）或熔渣过多，当其落入熔沟又不能上浮时，就会将熔沟堵断；

4）如果停电时间过长发生凝炉，有时会将熔沟拉断。停、开炉温度变化剧烈，也会使熔沟断开。

防止断熔沟的办法有：

1）铸造熔沟样板时，一定要保证质量，在圆环部位，不允许有夹渣或气孔等缺陷；

2）起熔过程中，应保证熔沟样板圆环部分温度均匀；

3）发现熔沟堵塞时，可用扁钢条捅熔沟，并适当启动炉体，力争使断开部位重新结合上。

（3）感应器线圈损坏。线圈损坏主要现象是匝间短路现象，严重者线圈被击穿漏水。

线圈损坏的原因有：

1）如果发生漏炉，从炉底石漏出的高温金属熔体将线圈绝缘烧坏；

2）线圈和炉底石的冷却不好，由于炉底石温度过高，加上线圈本身的发热，可能将线圈的绝缘烧坏，造成匝间短路；

3）由于线圈或铁芯安装不正、固定不牢，当炉体倾动时，线圈或铁芯发生错动、摩擦，破坏了线圈的绝缘，造成匝间短路。

防止线圈损坏的办法有：

1）发现漏炉应立即停电；

2）加强线圈和水冷套的水冷却效果，防止炉底石温度过高；

3）安装线圈、铁芯时，都要与水冷套筒对正中心，线圈和铁芯必须固定牢，防止炉体倾动时线圈或铁芯发生错动。

2.5　无铁芯感应电炉

2.5.1　工作原理

无铁芯感应电炉的炉体，主要由耐火材料坩埚（即炉衬）及环绕其周围的感应器组成，它相当于一台变压器。感应器相当于变压器的一次线圈，坩埚内金属炉料相当于短路的二次线圈。电流通过感应器产生交变磁场，在金属炉料中产生感应电动势，因其短路便在炉料中产生强大电流，结果使金属炉料被加热和熔化。

按照使用电流频率不同，可将无铁芯感应电炉分为：

（1）工频无铁芯感应电炉，直接使用频率50Hz的工频电源；

（2）中频无铁芯感应电炉，使用频率高于50Hz，但低于10000Hz；

（3）高频无铁芯感应电炉，使用频率高于10000Hz。

无铁芯感应电炉内液体金属的强烈搅拌现象，为加速熔化过程和合金化学成分的均匀创造了有利条件。强烈搅拌的副作用是，金属熔池表面涌起的驼峰不利于熔体的保护。为控制熔体搅拌强度，可以通过变换线圈匝数等设计进行调整。

无铁芯感应电炉的另一个特点是电流在炉料中的分布不均匀，靠近坩埚壁的炉料层中电流密度最大。电流密度由靠近炉壁向中心减小到表面密度的63.2%的距离，称为穿透深度。炉料的加热和熔化，主要是通过在穿透深度内获得的热量实现。

无铁芯感应电炉与有铁芯感应电炉相比，有以下优点：

（1）功率密度和熔化效率比较高，起熔方便；

（2）铜液可以倒空，变换合金品种方便；

（3）搅拌能力强，有利于熔体化学成分的均匀性；

（4）尤其适合熔炼细碎炉料，如机加工产生的各种车屑、锯屑、铣屑等；

（5）不需要起熔体，停、开炉比较方便，适于间断性作业。

表2-4所列的是无铁芯感应炉与工频有铁芯感应炉，在熔铜时的功能及经济技术指标等方面的详细比较。

表2-4 无铁芯感应炉与有铁芯感应炉在熔铜时的比较

项 目	有铁芯感应炉	无铁芯感应炉	项 目	有铁芯感应炉	无铁芯感应炉
能耗(1200℃)/kW·h·t^{-1}	250~280	340~380	温度均匀性	好	非常好
效率/%	73~82	54~60	连续作业	非常好	中等
功率密度	中	高	非连续作业	不合适	非常合适
熔炼损失（碎屑）	低	非常低	变换合金	复杂	简单
熔化时搅拌力（碎屑）	中等	非常低	筑炉作业	复杂	简单
熔化块状料的效果	非常好	中等			

2.5.2 炉体结构

无铁芯感应电炉主要由炉体和倾动、电源和控制、液压和控制、水冷却等系统组成。

炉体及其倾动系统包括：固定支架、炉体框架、感应器、磁轭、炉衬（坩埚）、炉盖以及炉体倾动液压缸、输电母线、冷却水输送管等。

传统的中、高频无铁芯感应电炉的电源设备，通常是发电机组。

现代的中频无铁芯感应电炉中，已经普遍采用了变频电源技术。

IGBT串联逆变中频电源，主要有以下优点：

（1）功率因数始终保持最佳；

（2）比较高的过载保护，安全可靠；

（3）恒功率输出。

中、高频无铁芯感应电炉电气设备中，包括了相当数量的补偿电容器，以提高功率因数。

表 2-5 所示的是 JUNKER 的熔铜中频感应电炉系列。

表 2-5　JUNKER 熔铜中频感应电炉系列

容量/kg	熔炼铜		熔炼黄铜	
	功率/kW	熔化率①/kg·h⁻¹	功率/kW	熔化率②/t·h⁻¹
600	400	1000	400	1400
900	500	1200	500	1700
1200	600	1500	600	2100
1800	900	2300	900	3100
2400	1200	3000	1100	3800
3600	1800	4700	1400	4800
4800	2400	6200	1600	5500
6000	2800	7400	1800	6200
7200	3200	8500	2000	7000
9600	4000	10800	2500	8800
12000	4500	12200	2900	10500
14400	5000	13600	3300	12000
16000	5500	14800	3600	13300
20000	6300	17100	4300	15600
30000	8000	21000	6000	21800

①此值用于 120Hz 以及块状炉料；

②此值用于 120Hz 以及块状炉料，在熔化碎料的情况下此表按 80% ~85% 计算。

图 2-7 所示的是绕制无铁芯感应电炉感应器线圈用的不同断面的铜管。

传统的匝间绝缘方法是：用云母或玻璃丝布包扎后，涂以绝缘漆。当匝数不多，即匝间距离较大时，有的可利用空气间隙绝缘。新的线圈绝缘技术中，有的感应器线圈外层采用静电喷

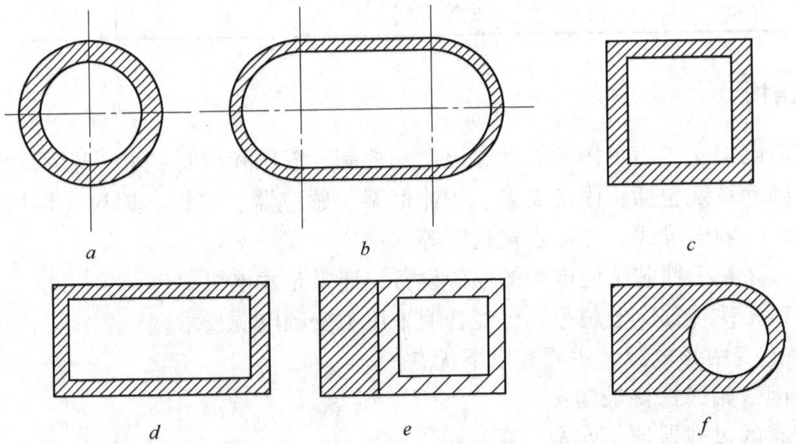

图 2-7　感应器用铜管形状

a—圆管；*b*—扁圆管；*c*—方形管；*d*—长方形管；*e*—偏心方空管；*f*—偏心圆空管

涂热固化工艺，在线圈外表面涂上一层特殊的绝缘材料，其耐压大于5000V。与传统的涂绝缘漆相比，新的绝缘材料与线圈结合比较牢固，并且不怕潮湿。

大型无铁芯感应电炉的感应器线圈，通常由焊接在其外圆周的数列支持螺栓，并通过螺栓和线圈外侧的硬木质或其他类似材料制成的绝缘支撑条固定。感应线圈的外表面上，有的还设有若干个用于安装测温探头，以对感应线圈的工作温度进行连续监测。

感应器线圈通常用水冷却，以排出线圈自身以及通过炉衬传导出的热量。在感应器线圈的上部和下部，都应当另外设有几匝与感应器线圈尺寸相近似的不锈钢质的水冷圈，以使炉衬材料在轴向方向上受热均匀。

磁轭通常由0.3mm左右的高导磁率冷轧取向硅钢片叠制而成，主要起磁屏蔽作用，改善炉子的电效率和功率因数。磁轭同时具有支撑和固定感应器的作用，因此应该采用仿形结构，当其紧贴感应线圈外侧时，可以最大限度地约束线圈向外散发的磁场，减少外磁路磁阻。比较大的磁轭，应该考虑通水冷却。

炉衬，即坩埚，略呈圆锥形，上口直径大于平均直径。熔炼作业时，液体金属上表面不应超过水冷圈上的平面。

除了通过炉嘴向外倾倒铜液方式以外，无芯中频感应电炉中的铜液也可以通过炉体倾转枢轴中心的出铜管道向外注铜，即液体金属通过枢轴中心的出铜管道直接注入铸造机的中间包中，这样可以避免熔体飞溅，同时有利于减少熔体吸气的机会。

2.5.3　短线圈保温炉

短线圈炉可用作保温炉与浇注炉，用于间断性或不间断性的半连续或连续浇注，该炉型已成为铸造复杂合金时比较经济和实用的保温单元。

短线圈保温炉主要有以下优点：

（1）可以倒空熔体，变换合金品种方便；

（2）熔体化学成分调整方便；

（3）可以间断运行，方便生产管理；

（4）坩埚耐火材料的砌筑和烧结周期性短，减少停机时间，节省开支。

2.5.4　炉衬技术

A　石墨坩埚

中、小型容量的中、高频无铁芯感应电炉，可以采用黏土石墨坩埚。小型真空感应炉，通常采用的是纯石墨质坩埚。

B　捣打坩埚

a　耐火材料选择

中、高频无铁芯感应电炉的坩埚，通常都采用干式振动料，并在现场通过捣打的方式进行施工。干式振动料的品种有硅质、镁质、镁铝质、刚玉碳化硅质、铝镁质等。根据熔炼铜合金的种类不同，可分别选择如下：

（1）熔炼紫铜、黄铜，可选用硅质干式振动料；

（2）熔炼铝青铜、锡青铜，可选用硅质干式振动料；

（3）熔炼铬青铜、铁青铜，可选用刚玉碳化硅质、铝镁质干式振动料；

（4）熔炼白铜，可选用铝镁质干式振动料。

b　捣打坩埚技术

（1）线圈浆料施工。开始捣打坩埚之前，应该首先进行线圈浆料的涂抹施工及其干燥。

线圈浆料，或称耐火胶泥是用于感应线圈匝间及内表面的一种耐火涂抹材料，可以代替传统的铺衬石棉板材料。

线圈浆料通常采用刚玉基材料，涂抹层为 6 ~ 10mm 左右，匝间涂料同时起到绝缘作用。新线圈或较大的修补施工，施工结束后，首先在环境温度下自然养护，然后按照规定的加热程序进行充分干燥。

（2）捣打坩埚。首先，在干燥的线圈浆料内表面，均匀地铺一层石棉布或硅酸铝纤维布。隔热层不能有横向接缝，尽量减少纵向接缝，接头处必须搭接，并贴紧线圈上。

1）坩埚底部捣打。捣打炉底时，加料厚度不宜过厚。从炉底中心开始，采用圆头或平头工具以螺旋线底形式向外圆周捣打。每层加料厚度和捣打次数依照材料性质而定。通常，加料厚度 120mm 左右，捣打次数应不少于三到四次。每层加料捣实后，都需用叉子把表面刮松，再加入下一层料和进行捣打；炉底料打结厚度应比规定高 30mm 左右，刮回到规定高度后再安放坩埚模具。

2）坩埚壁捣打。首先，放置坩埚模胎具。放置时，一定注意其与感应器线圈的同心度，并固定牢靠。

开始捣打坩埚壁之前，需将底部耐火材料暴露部分的表层划松。捣打时，每层加料亦不超过 120mm。先用叉子轻插除气，然后用平头工具捣打。以此类推，直到将坩埚壁捣打至高出渣线以上 20 ~ 25mm 的位置。

3）炉口。采用湿料封顶的方式施工。

c　烘炉技术

采用耐火材料及捣打坩埚时，由于采用模板材质不同，因此烘炉即坩埚的预热和烧结工艺亦应不同。

熔炼铜合金的炉子，可采用铜质坩埚模胎具，亦称消失模。铜质坩埚模胎具，可采用 6 ~ 8mm 厚度的紫铜板制造。

采用铜质坩埚模胎具捣打坩埚时，可将铜原料直接加入炉内并送电，按照规定的温升曲线烘炉，烘炉后期铜坩埚模胎具将被熔化。

铸铁和钢的熔点都比铜高，制造坩埚模胎具也容易，因此在实际生产中应用的比较普遍。

采用厚壁铸铁坩埚模胎具时，可在烘炉后期即当耐火材料具有一定强度时脱模，铸铁坩埚模胎具可重复使用，亦称重复模。

铸铁坩埚模，适用于含低温黏结剂的耐火材料施工。模具外表面平整均匀且应具有一定的倒锥度，施工时模具外表面亦须贴一定厚度的纸板，以利于烘烤后期方便脱模。

采用普通钢板焊接时，可在其内加入电极石墨块或焦炭块的情况下，送电进行烘炉。烤炉后期，即在坩埚模胎具未熔化之前及时将其取出，以防铁质污染合金熔体。

根据筑炉用耐火材料的材质不同，应该采用不同的温升制度进行烘炉。

（1）采用钢板焊接坩埚胎具和某种高铝质耐火材料捣打坩埚时的烘炉工艺实例：

1）以不大于 110℃/h 的升温速度，升至 600 ~ 800℃；

2）在 600 ~ 800℃时，最少保温 6h；

3）通过鼓风机或压缩空气，迅速冷却模具到可以脱出的温度，进行脱模；

4）加入金属炉料。加料时，注意不能砸伤耐火材料。炉料应尽可能装的致密，并须装满坩埚；

5）以不大于 220℃/h 的升温速度，升至最高出炉温度；

6）在最高出炉温度下保温 1h，然后开始正常生产。

（2）采用熔化消失模捣打坩埚时的烘炉工艺实例：

1）以不大于 110℃/h 的升温速度，升温至最高出炉温度；

2）在最高出炉温度至少保温 1h；

3）降到正常出炉温度开始生产。

d　振打坩埚用工具

捣打无芯感应电炉坩埚的工具，分为手工捣打工具和机械振打工具两种。

（1）手工捣打工具，通常是具有扁而尖钎头的捣插钎和具有小平头的捣固锤。每层加料都是先用钎子插捣，然后用小平头锤捣打。

现代工厂中，特别是大容量感应炉坩埚施工，已经普遍采用机械化振动工具了。机械化振动器中，有的与坩埚模胎具紧固在一起振动，有的作为手提式振动工具使用，工作时可以根据需要更换不同形状的振动头。

（2）机械化振动工具与传统的手工捣打施工相比，具有捣固力量较强、施工速度快和节省人力等一系列优点。

以下介绍的是几种常见的振动工具：

（1）博士振动器。博士振动器采用三相、50Hz 电源连续输出功率的装置，它直接把振动传递给耐火材料，以使之得到均匀的高密度，它有四个电源接线柱，采用三角形接法。工作时离心块的转速达到 3600r/min，产生的离心力大约 2kN。

（2）马丁振动器。马丁振动器有 CV2.8-3-2A 或 CCV4-6-2A 不同机型。需要的空气压力约为 420kPa。施工时振动器固定在金属支架上，四个方向的每个方向各振动 10min。如炉子较大，可分两层或多层进行施工。

（3）十字交叉振动器。十字交叉振动器使用 MARTIN CCR-6500 振动器，将振动器固定在支架上，与模具接触部分使用木垫。利用液压机构使振动支架与模具之间紧密接触。施工时在每个方向上振动 15min 左右。

（4）气动锤敲击式振动器。气动锤敲击式振动器以压缩空气为动力，通过对称配置的两个或三个锤头敲击坩埚模具的底部和侧面壁，以达到紧实耐火材料的目的。敲击模具振动器，有多种不同的结构形式。

（5）EVS 电动振动器。EVS 电动振动器采用工频 220V 或 380V 交流电源。炉衬施工可分为两个步骤：第一步微振动除去炉衬材料中夹带的气体；第二步振实炉衬材料。在加料过程中不使用叉子对材料进行除气，可以一次将炉衬材料加满，然后直接振动，节省时间和人力。

C　复合坩埚

复合坩埚指坩埚的内层用耐火砖砌筑，外层用干式振动料打结。砌筑用耐火砖和捣打用干式振动料，应该采用同种性质的材料。

以容量为 1.5t 的工频无芯感应电炉的高铝复合坩埚的施工方案：

（1）坩埚的有效工作尺寸为 $\phi580mm \times 1040mm$。坩埚壁总厚度为 110mm，其中内层材料采用 75mm 厚的异型高铝耐火砖砌筑，外层材料为捣打的 35mm 厚的高铝砂。

（2）异型砖的设计，既要考虑到其自身强度，同时要考虑到整体的对称性。

（3）整个坩埚内层，用四层异型高铝耐火砖拼砌。采用大块的异型砖砌筑，比用普通的标准砖砌筑减少了 85% 的灰缝。灰缝材料为高强度磷酸盐泥浆。高强度磷酸盐泥浆，抗渣性好。水平接缝和垂直接缝均采用 Z 字形形状，这不仅有利于增加砌筑坩埚整体的强度，同时有利于减少砌体间隙的不利影响，增加了金属漏出时的阻力。

(4) 砌体外侧的干打耐火材料层，成为坩埚的最后防线。一旦从砖缝漏出铜液，捣打的耐火材料层可以进行阻挡。捣打耐火材料不仅有固定砌体的作用，同时有利于加强所有砖体朝着圆心方向的挤压力，即有利于减小灰缝和灰浆饱满。此外，捣打的耐火材料层亦有阻热和隔热的作用。

2.5.5 炉子的使用与维护

2.5.5.1 烤炉

烧结坩埚的过程称之为烤炉。炉子的坩埚捣筑完毕后，接通电源线、冷却水系统，经过检查各部分绝缘情况符合要求后，即可开始烤炉。

烤炉有两种方法：空炉烤炉和用炭精块烤炉。无论采用哪种方法烤炉，炉温都必须缓慢上升，以防坩埚发生裂纹。坩埚的烧结温度与捣筑坩埚的耐火材料有关，如用硅砂捣筑的坩埚，烧结的最终温度应达到1350℃。用镁砂捣筑的坩埚，烧结的最终温度应达到1500℃。用高铝砂捣筑的坩埚，烧结的最终温度应达到1450℃。

(1) 空炉烤炉，即烤炉期间坩埚内不装金属料，也不装炭精块。空炉烤炉，实际上是以坩埚样板作为负载，坩埚样板一般是用2～3mm厚的钢板焊接而成的，靠样板本身的发热来烧结坩埚。烤炉后期，样板熔化在坩埚中。空炉烤炉的主要缺点是炉温往往达不到预定的温度，使坩埚烧结得不够，而且炉温也不容易控制。

(2) 炭精块烤炉。在实际生产中，用炭精块烤炉的方法最常见。采用这种方法烤炉时，坩埚内的炭精块应装得较致密，中间留出插测温热电偶的空隙。烤炉期间通过逐步提高炉子的功率不断提高炉温。高温时样板发红，炭精块燃烧使坩埚烧结。

2.5.5.2 炉子的使用与维护

为了提高熔化速度，应使炉内的装料致密，特别是靠近坩埚壁的地方，但必须注意避免炉料出现搭桥现象。每次出炉后，炉内都应留有一定数量的起熔体，以提高熔化效率。

生产中，应十分注意维护坩埚，以延长其使用寿命。若发现坩埚有局部脱落，侵蚀等损坏情况时，应及时进行修补。为保证坩埚的正常容量，在熔炼黄铜和铝青铜时，应定期地将粘在坩埚壁上的熔渣等物清除，但必须注意不要弄坏坩埚。此外，在电炉运转期间，也应对感应器线圈进行认真维护。无铁芯感应电炉坩埚损坏的方式、常见原因及其防止办法如下：

(1) 侵蚀。在熔炼生产中，由于熔体温度很高，有时金属会与炉衬发生化学反应等原因，使炉衬较快减薄，这种现象称之为侵蚀。

产生侵蚀的主要原因有：

1) 熔炼时熔体的温度过高，保温时间过长等，都能加速炉衬的侵蚀；

2) 由于耐火材料选择不适当，在熔炼时，金属熔体或熔渣与炉衬之间发生化学反应；

3) 炉衬烧结得不好，熔炼时，炉衬发生片状剥落。

防止炉衬侵蚀的办法有：

1) 熔炼时，特别是在较长时间保温时，要严格控制熔体温度；

2) 筑炉用的耐火材料选择要恰当，易与炉衬发生化学反应的炉渣应及时捞出；

3) 确保炉衬的捣筑和烧结质量。

(2) 渗铜。铜液钻入炉衬中去的现象叫渗铜。产生渗铜的主要原因有：

1）由于炉衬的烧结质量不好，炉衬产生裂纹、疏松和分层等缺陷时，铜液就从裂纹、孔洞等地方钻入炉衬；

2）耐火材料的粒度配比不合适，如果粒度过小，烧结后容易产生裂纹；如果粒度偏大，烧结层不容易致密。上述缺陷都可造成炉衬渗铜；

3）在炉衬口干打和湿打接口处，如果接合不好，也容易从这个接口处渗铜。

防止渗铜的措施有：

1）保证炉衬的捣筑和烧结质量；

2）耐火材料的粒度配比要符合要求；

3）炉衬如果发生微小的裂纹要及时修衬，防止裂纹的扩大；

4）在一般情况下，金属熔体表面不要超过干打和湿打接口处。

（3）裂缝。裂缝产生的主要原因有：

1）大块炉料冲砸，把炉衬砸裂；

2）停、开炉时炉温变化得过快，由于冷缩、热胀不均使炉衬产生裂缝。

防止产生裂缝的办法有：

1）在加料时，一定要避免炉衬受到大块料的剧烈冲击；

2）停、开炉时，应使炉温缓慢地下降和上升，尽量防止由于体积变化不均而使炉衬产生裂缝。

2.6 真空炉

难熔金属和高活性金属都不能在大气中熔炼。因为它们的化学活性强，而且熔炼温度高，在大气下熔炼时，会急剧地氧化、吸气、吸炭，而形成氧化物、氮化物、炭化物及氢化物等，使金属及合金的性能变坏，以致没有办法加工成材和使用。在熔剂保护下熔炼也有困难，即缺少合适的熔剂，又不能完全除气和防止氧化。在惰性气体保护下熔炼，虽然可以防止氧化，但是除气的要求还没法实现。所以，只有在真空条件下熔炼，才能保证金属及合金的质量，消除或尽量减少氧、氮、炭、氢的危害。

真空熔炼，实际上是在相对大气压小得多的压力条件下所进行的熔炼。真空程度也叫真空度，是直接以空气中气体的实际压力表示的，单位为帕斯卡（Pa）。一个大气压，相当于760mmHg高，1mmHg相当于133.3224Pa。按照真空程度不同，一般把$133\times760\sim1.33\times10^3$Pa称为粗真空；$1.33\times10^3\sim1.33$Pa称为低真空；$1.33\sim1.33\times10^{-2}$Pa称为中真空；$1.33\times10^{-2}\sim1.33\times10^{-6}$Pa称为高真空；$1.33\times10^{-6}$Pa以下称为超真空。

真空熔炼炉有真空自耗电极电弧炉、真空非自耗电极电弧炉、真空感应炉、电子束炉、真空电渣炉及等离子炉等多种形式。在铜、镍及其合金熔炼生产中应用最广泛的是真空感应炉。

2.6.1 真空感应炉的组成

真空感应电炉实际上就是中频感应电炉和真空系统的组合。真空感应炉一般是由一台中频感应电炉、真空熔室及真空系统等部分组成。图2-8是容量为200kg的真空感应电炉示意图。真空熔室为一卧式圆筒，它由双层壁水套冷却的固定炉体和可动炉体两部分组成。中频感应电炉及铸模等都安装在真空熔室里。真空系统由机械泵、油增压泵、油扩散泵以及密封管道和若干个真空阀所构成。常见的真空感应电炉的容量有10kg、50kg和200kg。

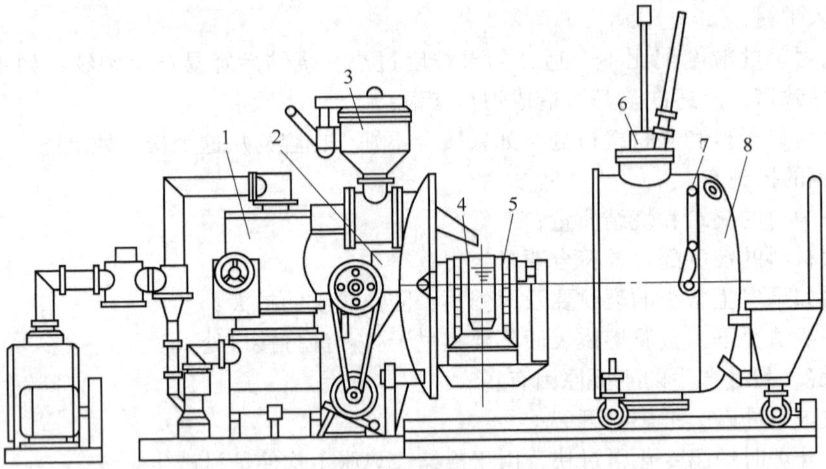

图 2-8　卧式真空感应电炉示意图

1—真空系统；2—转轴；3—加料装置；4—坩埚；5—感应器；
6—取样和捣料装置；7—测温装置；8—可动炉壳

2.6.2　真空系统操作

2.6.2.1　抽真空

利用真空泵对熔室进行排气的过程，称为抽真空。启动机械泵对熔室进行排气，称为抽低真空。机械泵、油增压泵和扩散泵都启动，即机械泵通过增压泵和扩散泵对熔室进行排气时，称为抽高真空。

2.6.2.2　测漏

为了保证熔炼过程中所需要的真空度，在设备检修后或在坩埚捣筑以前，应利用真空计对真空熔室及真空管道系统的极限真空、漏气度进行检查和测定。

检漏方法，在全闭状态下，每隔一定时间测定一次真空熔室的真空度，连续测定几次，然后求平均值。漏气度可按下式计算：

$$E = (P_2 - P_1)/t \tag{2-3}$$

式中　E——漏气度；

P_2——t 时间后熔室的真空度；

P_1——t 时间前熔室的真空度；

t——时间，min。

2.7　电渣炉

电渣熔炼是有色金属及其合金熔炼铸造的又一特种技术，它是将用普通方法生产出来的铸锭进行重新熔铸，因此一般又称为电渣重熔。由于电渣熔炼较普通熔炼能够获得质量更为优良的铸锭，因而被用于生产要求较高的合金。在钢铁上许多特殊钢都是用电渣熔炼法生产出来的，而在有色金属生产中，目前应用电渣重熔的合金数量还不很多，主要有 NCu28-2. 5-1. 5，但是国外也曾使用这种方法熔炼锡磷青铜和阳极铜，因为发现电渣重熔对防止锡磷青铜中锡的反偏析及提高阳极铜的纯度都可以得到满意的结果。

2.7.1 电渣熔炼的工作原理

电渣熔炼的工作原理如图 2-9 所示，电渣重熔的原料是普通熔炼方法生产出来的铸锭，将这种铸锭作为自耗电极，在熔炼过程中自耗电极的熔化、精炼和铸造均在水冷的结晶器里进行。结晶器内装有熔渣，自耗电极插入熔渣内，由变压器输出的低电压、高电流，经过自耗电极、熔渣、金属熔池、铸锭、底水箱，再返回电网形成回路。由于熔渣的电阻热使自耗电极熔化，熔化的金属液体经过熔渣汇集在底水箱上，由于受到底水箱和结晶器的冷却作用，使金属熔体被冷却结晶凝固形成铸锭。

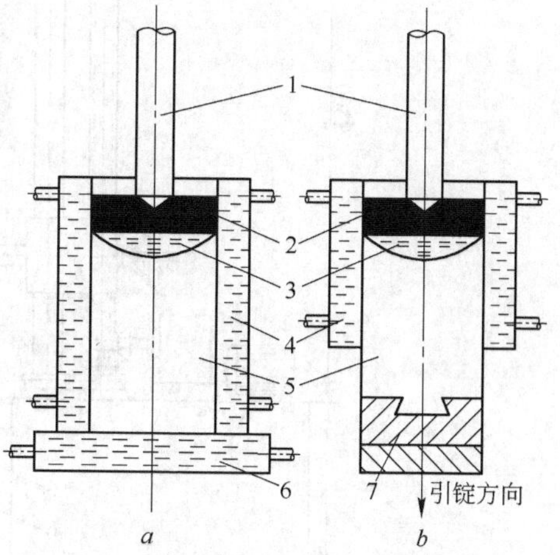

图 2-9 电渣熔炼原理图

a—充填式；b—抽锭式

1—自耗电极；2—渣池；3—熔池；4—水冷结晶器；5—铸锭；6—底水箱；7—引锭器

电渣熔炼与其他熔炼方法相比有以下特点：

（1）电渣熔炼时，金属的熔化和精炼是在熔渣中进行的，熔化的金属受到了熔渣的精炼和过滤作用，因此能够很好地去除硫、磷等有害杂质，而且可以大大地减少氧化物夹杂。

（2）电渣熔炼时，金属熔体的结晶凝固因受底水箱的冷却作用，使其轴向结晶的趋势加强，因而在熔体结晶凝固时呈定向结晶，结晶致密，减少了铸锭的组织疏松。同时，由于铸锭上部存在高温熔体，有利于熔体内气体的排出和夹杂上浮，也有利于补缩，从而减少了铸锭内部的气孔和铸锭的缩孔。

（3）由于电渣熔炼必须先用其他方法生产自耗电极作为重熔的原料，因此工序比较长，所需要的生产费用较高。这种熔铸方法只有在生产要求特别严格的合金品种时才应用。

2.7.2 电渣炉的设备构成

电渣炉有许多种结构形式。图 2-10 所示的是双臂抽锭式电渣炉，在熔炼过程中，电极送进机构交替工作，同时由抽锭装置将铸锭由结晶器下方匀速引出。

电渣炉的整个组成可分为三大部分：熔铸部分、机械传动部分和供电部分。

2.7.2.1 熔铸部分

熔铸部分是电渣炉的主体，它又分为两部分：结晶器和底水箱。

电渣炉使用的结晶器与一般半连续铸造所使用的结晶器不同。

首先，它没有二次直接水冷，冷却水在结晶器内沿铜套的螺旋线流动带走热量，使熔体冷却凝固。同时，为了使铸锭保证得到自下而上的定向结晶组织，加大了结晶器下部的冷却强度，冷却水是从结晶器的下部进入，从结晶器的上部出口流出。

另外，为避免铸锭表面包渣和脱锭操作方便，电渣炉结晶器铜工作腔设计成正锥度即上小下大的结构。结晶器的高度一般为直径的 2.5 ~ 4 倍。

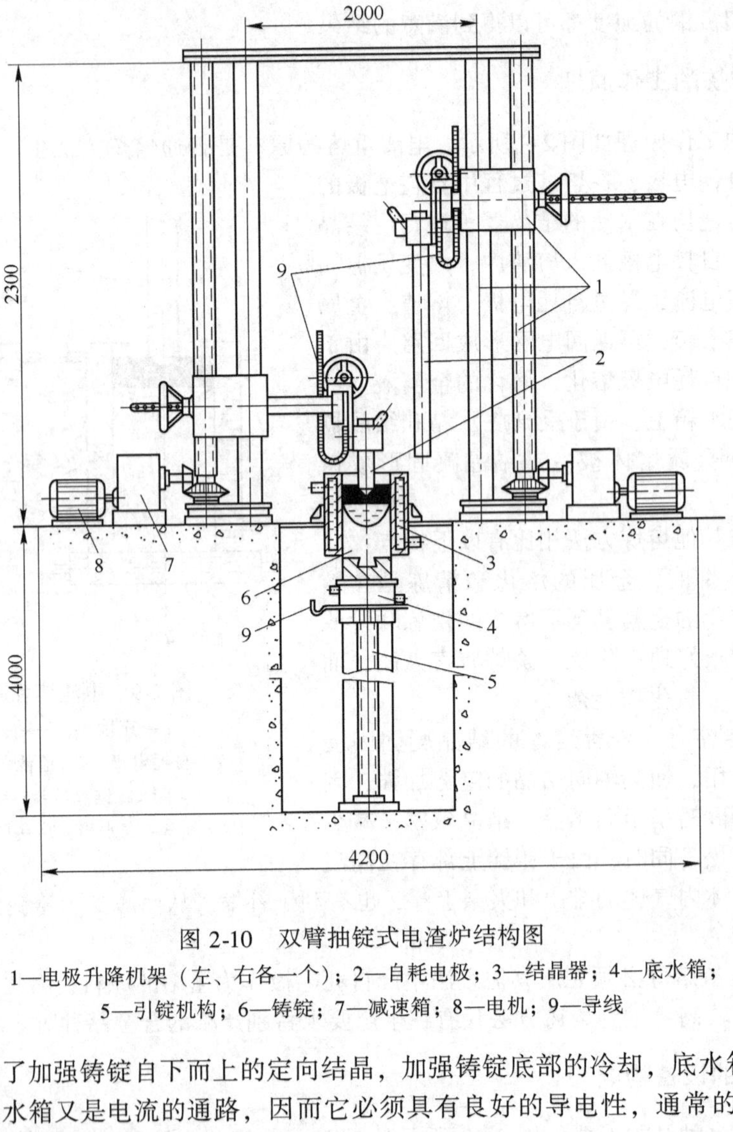

图 2-10　双臂抽锭式电渣炉结构图

1—电极升降机架（左、右各一个）；2—自耗电极；3—结晶器；4—底水箱；
5—引锭机构；6—铸锭；7—减速箱；8—电机；9—导线

底水箱：为了加强铸锭自下而上的定向结晶，加强铸锭底部的冷却，底水箱都设计成通水冷却的。同时底水箱又是电流的通路，因而它必须具有良好的导电性，通常的盖板用紫铜板，外壳用铸铁制成。

2.7.2.2　机械传动部分

机械传动部分，由于铸造方法的不同而有区别，充填式铸造法时，金属熔体充满结晶器后，则该熔次便告完成。待铸锭全部凝固后，吊起结晶器脱锭，将铸锭从底水箱上取走，然后清扫底水箱，重新安放结晶器，开始下一熔次熔炼。抽锭式铸造法时，重熔过程是在结晶器内连续进行，而凝固的铸锭由引锭机构从结晶器下部抽出，和半连续铸造一样，可获得较长的铸锭。

当使用充填式铸锭法时，机械传动部分就很简单了，此时底水箱放在铸造平台上不动，仅需要一个支架夹持自耗电极并控制电极的下降速度，这时支架多采用丝杠式，为了获得比较宽的调速范围，常采用直流电机来带动。

当使用抽锭式铸造法时，两个夹持电极的支臂是丝杠传动，每个支臂由一台直流电机带动，两个支臂交替使用。当一根电极熔化完毕，迅速将电极剩头提升并旋出结晶器，另一支臂夹持把电极送进结晶器，接替上一根电极继续进行正常的熔炼。

底水箱放在铸造平台上，铸造中底水箱与铸造平台一起下降，并将铸锭从结晶器中引出。

电极的升降机构与铸锭的引锭机构，有丝杠、齿条及钢丝绳等多种传动方式，但以丝杠式为多。在生产中，为了使电极的下降速度与铸锭的引锭速度相匹配，通常采用直流电机放大机组，使整个熔炼过程自动化。

2.7.2.3 供电部分

电渣炉采用低电压，高电流的供电方式。因此，电渣炉必须专门配有变压器。因为熔炼时使用的电压为30～80V，但电流却高达3000～10000A。

复习思考题

基本概念：真空熔炼、电渣重熔、火法熔炼设备 、电热熔炼设备 、耐火材料

思考题：1. 工频有铁芯感应电炉的工作原理、炉衬施工方法。

2. 工频有铁芯感应电炉炉衬的损坏原因及防止办法。
3. 工频无铁芯感应电炉的工作原理、炉衬施工方法。
4. 无铁芯感应电炉坩埚的损坏原因及防止办法。
5. 电渣熔炼的工作原理。

3 合金的成分控制

合金材料的组织和性能，除了工艺条件的影响外，首先要靠化学成分来保证。铸锭的某一成分或杂质一旦超出标准，就已经失去了成为加工生产所需坯料的基本条件。因此，合金成分的控制是保证铸锭质量的首要任务之一。造成化学废品的原因，主要是管理不善，因混料造成的。有时则是因计算错误或因某些元素在熔炼过程中熔损变化太大造成的。控制合金成分在生产上的经济意义是很大的，比如在保证合金材料性能的前提下，对贵重金属采用中下限成分配料，便可节约贵重金属和降低成本。

本章主要叙述控制合金成分的配料计算和合金成分在熔炼过程中发生变化的一般规律，如金属的氧化、挥发和降低熔损的方法。

3.1 配料及化学成分调整

炉料是熔炼合金时所用的各种原材料的总称，包括新金属、中间合金、旧料和化学成分废料。各种原料的合理搭配使用，即准备炉料的作业称为配料。

3.1.1 原料准备

3.1.1.1 原料的种类

在熔铸车间，配料时大量使用的原料主要是新金属、旧料、化学成分废料和中间合金。

（1）新金属。新金属是指由冶炼厂供给的那些纯金属。某些非金属元素硅、磷等，亦常被用作合金原料。

用不同方法制得的金属其品位不同，一般用电解法制得的金属，如阴极铜、电解镍、电解锰等，具有较高的品位，而火法冶炼得到的金属，品位较低。每种纯金属，根据它的纯度和用途，国家标准规定了级别和牌号。

（2）旧料。旧料指厂内在熔炼及加工过程中所产生的金属及合金的废料，其化学成分符合相应牌号的标准规定。

旧料的来源主要是：熔铸车间的铸锭切头、切尾、锯屑及化学成分废品以外的所有废锭。加工车间的制品的边角料、加工废品以及压余、缩尾及锯屑等。从厂外收集起来的废零件、弹壳等，当其牌号能辨认清楚时，也可以作旧料使用。

如果旧料中含有油泥、乳液、水分等物，在配料前必须对这样的旧料进行处理。

（3）化学成分废料。化学成分废料是指那些化学成分不符合金属及合金成分标准规定的不合格的废料。所有的化学成分废料都必须在得到正确的化学成分分析数据后，才允许使用。

（4）中间合金。中间合金是指预先制好的，以便在熔炼合金时带入某些成分而加入炉内的合金半成品，也称母合金。

3.1.1.2 中间合金的使用条件及制备方法

熔炼铜及铜合金时，合金元素的加入方法有两种：一种方法是将合金元素（纯金属）直接加入到熔炼炉中；另一种方法是预制成中间合金，再加入到熔炼炉中。是采用纯金属配料，还是采用中间合金配料，应按金属元素的性质而定。

中间合金的使用条件：

（1）合金元素的熔点远远高于基体金属的熔点时，应将合金元素制成中间合金以降低其熔化温度。如镍（Ni）作为合金元素加入铝（Al）中，因为镍的熔点为1455℃，而铝的熔点为660℃，在铝的熔点上，镍并不熔化，如果将铝的温度加热到镍的熔点，铝熔体就会严重过热。如果制成含 Ni 20%～28%，余量为 Al 的中间合金，其熔点仅为800～854℃，将这样的中间合金加入到纯铝中，就可以避免熔体的过热。

（2）合金元素本身极易氧化烧损和挥发时，应先制成不易氧化烧损的中间合金，以防止该元素加入熔体时的严重烧损。如磷（P）作为合金元素加入铜熔体中时，由于磷的燃点很低，而且密度又轻，所以会从铜熔体表面迅速燃烧掉。一般熔铸车间都不是直接使用赤磷作为合金元素直接加入到铜熔体中，而是制成铜-磷中间合金。这种铜-磷中间合金的燃点为714～900℃。

（3）合金元素在基体金属中溶解很慢或不溶时，应把这些合金元素配制成中间合金，以利于加入炉中熔炼。

（4）对于成分要求精确的合金，也采用中间合金进行熔炼。

在熔炼铜、镍及其合金时，经常使用的中间合金见表3-1。

表 3-1　常用中间合金的成分与性质

名　称	符　号	化学成分(质量分数)/%	熔点/℃	物理性质
铜-磷	Cu-P	8～15 磷，余量为铜	780～840	脆
铜-镁	Cu-Mg	9.5～15 镁，余量为铜	722～819	脆
铜-锰	Cu-Mn	27 锰，余量为铜	860	韧
铜-铁	Cu-Fe	3.8～20 铁，余量为铜	1091～1390	韧
铜-镉	Cu-Cd	50 镉，余量为铜	780	脆
铜-铬	Cu-Cr	3～5 铬，余量为铜	1150～1180	韧
铜-钛	Cu-Ti	28 钛，余量为铜	875	韧
铜-铍	Cu-Be	4～4.5 铍，余量为铜	900～1050	韧
铜-锆	Cu-Zr	8～15 锆，余量为铜	965～1050	韧
铜-砷	Cu-As	30 砷，余量为铜	770	脆
铜-钴	Cu-Co	10 钴，余量为铜	1110～1240	韧
铜-硅	Cu-Si	15～25 硅，余量为铜	800～1000	脆
铜-铈	Cu-Ce	15 铈，余量为铜	875～880	脆
铜-锑	Cu-Sb	50 锑，余量为铜	680	脆
镍-镁	Ni-Mg	20 镁，余量为镍	520	脆
镍-铌	Ni-Nb	15 铌，余量为镍		韧
铝-铁	Al-Fe	59 铁，余量为铝	1165～1175	脆
锌-钛	Zn-Ti	5 钛，余量为锌		韧
锌-铁	Zn-Fe	1～4 铁，余量为锌	420～530	韧
锌-铜	Zn-Cu	20 铜，余量为锌	1000	韧

中间合金应满足的要求：

（1）熔化温度低于或者接近于合金基体的熔化温度。

（2）应采用较纯金属或非金属元素作原料，尽量提高添加元素的含量。

（3）化学成分均匀，添加元素和杂质含量都应符合相应的标准。

（4）中间合金铸块应松脆、易破碎成小块。

（5）长期存放不发生化学反应，不应在大气的侵蚀下变成粉末。

中间合金的配制方法有熔合法、热还原法、熔盐电解法和粉末法。下面介绍两种常用的方法：

(1) 熔合法。熔合法是将一种金属溶于另一种金属中或将两种金属同时熔化的一种直接配制法。熔合时一般采用坩锅炉或中频炉。

(2) 热还原法。此法是在熔融金属（Me）中加入金属氧化物（MeO）或金属盐类（氯盐或氟盐），并加入在该温度下与氧、氯、氟的亲和力较大的活性元素（R）作还原剂，使氧化物或盐类中的金属被还原或置换出来，溶入基体金属而成中间合金。其反应式可表示为：

$$Me'O + R = RO + Me'$$

$$Me + Me' = Me - Me' \text{中间合金}$$

某些常用中间合金在熔铸车间的配制方法见表3-2。

表 3-2　中间合金的熔制方法

名称	熔炼用炉	覆盖剂或熔剂	制作方法
铜-磷	坩埚炉	木炭或木炭粉、焦炭粉等	方法一：采用赤磷为原料，需用两个坩埚。 1. 在第一个坩埚内先熔化铜，熔体表面用木炭覆盖； 2. 在第二个坩埚（预热至60～80℃）内装入赤磷粉，并用木槌捣实，赤磷粉上面盖上50mm左右厚的木炭或焦炭粉； 3. 当第一个坩埚内的铜液温度达到1250～1300℃时，将其浇入第二个盛有赤磷的坩埚中； 4. 将盛有磷和铜的坩埚继续加热15～20min，直到成分均匀； 5. 捞渣后，将铜-磷合金熔体浇入模中。 方法二：采用赤磷为原料，需用两个坩埚。 1. 在第一个坩埚内化铜，在第二个坩埚内放入赤磷； 2. 将铜液缓慢浇入盛赤磷的坩埚中，边浇注边搅拌，直至赤磷全部熔化； 3. 捞渣后，将铜-磷合金熔体浇入模中。 其他方法： 1. 铜和赤磷同时装埚一次熔化法； 2. 气化磷和铜液混合法
铜-镁	坩埚炉	32%～40% KCl， 38%～46% $MgCl_2$， 5%～8% $BaCl_2$， 3%～6% CaF_2	1. 先在坩埚炉内熔化镁，熔体表面用熔剂覆盖； 2. 分批把预热了的小块铜加入镁中并继续加热，直至铜全部熔化； 3. 搅拌熔体使其成分均匀，然后浇入模中
铜-锰	坩埚炉或中频炉	木炭、冰晶石等	1. 在木炭覆盖下，先将铜熔化； 2. 分批向铜液中加入锰，并使其迅速熔化； 3. 搅拌熔体，用冰晶石清渣，然后将熔体浇入模中
铜-铁	坩埚炉或中频炉	木炭、冰晶石等	1. 在木炭覆盖下，先将铜熔化； 2. 提高铜液温度后，分批加入铁并使其迅速熔化； 3. 搅拌熔体，用冰晶石清渣，然后将熔体浇入模中
铜-镉	坩埚炉	木　炭	需用两个坩埚： 1. 在第一个坩埚内先熔化铜，熔体表面用木炭覆盖； 2. 在第二个坩埚（预热至120～180℃）内加入小块镉，上面盖50mm厚的碎木炭； 3. 当第一个坩埚内的铜液温度达到1250℃时，将其浇入盛有镉的第二个坩埚中； 4. 搅拌熔体，成分均匀后即可浇入模中
铜-铬	中频炉 真空炉	木　炭	1. 在木炭覆盖下，先将铜熔化； 2. 当铜液温度达到1400℃左右时，把铬加入并使其迅速熔化； 3. 搅拌熔体，成分均匀后即可浇入模中 （在真空炉内熔炼最好，且熔炼时可不加木炭）

续表 3-2

名称	熔炼用炉	覆盖剂或熔剂	制作方法
铜-锆 铜-钛	真空炉		铜和锆、钛同时装入电炉的坩埚内熔化，两种金属都熔化完毕且又搅拌均匀时，可浇入模中
铜-砷	坩埚炉	木炭	需用两个坩埚： 1. 预热坩埚1→铜+木炭→熔化→升温至1250℃； 2. 预热坩埚2至100℃→砷+木炭→将坩埚1铜水浇入→搅拌→浇注
铜-铍	电弧炉	炭粉	炭热还原法： 10%～13% BeO+3%～7%炭粉于球磨机中混匀并磨碎，一层铜一层BeO与炭粉混合料分批装入电弧炉→通电熔化→化完后停电搅拌→扒渣→冷却到950℃→浇注
铜-硅	坩埚炉或中频炉	木炭	铜+木炭→熔化→硅→搅拌→浇注
铜-锑	坩埚炉	木炭	铜+木炭→熔化→升温至1250℃→坩埚→锑→搅拌→浇注
铜-钴	中频炉 真空炉	木炭	铜+木炭→熔化→钴→搅拌→浇注 （真空炉内熔炼时不加木炭）
铜-铈	坩埚炉	木炭	铜+木炭→熔化→升温至1200～1250℃→铈（或混合稀土）→搅拌→浇注 （也可采用铜-镁中间合金的配制方法）
镍-铌	中频炉	玻璃	镍+玻璃→熔化→捞玻璃→逐根加铌→熔化后搅拌→浇注
镍-镁	坩埚炉或中频炉	氯化钾、氯化钠、氯化镁及氯化钙	1. 先在炉内先熔化镁，熔体表面用木炭盖； 2. 分批把预热了的小块镍加入镁熔体中，并使其很快彻底熔化； 3. 搅拌熔体，成分均匀后即可浇入模中
铝-铁	坩埚炉或中频炉	冰晶石	1. 铝和铁同时装炉熔化； 2. 铝、铁熔化后，搅拌熔体并用少量冰晶石清渣； 3. 将成分均匀的熔体浇入模中

3.1.2 配料

按照一定的原则，合理进行配料，不但可以确保熔体质量，而且对节约贵重金属，提高金属实收率，降低成本都具有重要的意义。

配料时要遵守下述原则：

（1）熔炼品位较高的金属及合金时，应该使用较高品位的金属做原料以保证合金的质量。熔炼一般品位的金属及合金时，在不影响产品质量的前提下，可以采用品位较低的金属做原料。例如，在熔炼无氧铜和镍时，不仅应该采用优质的电解铜和电解镍做原料，而且还必须将其挂耳、边角切除；熔炼一般黄铜时，应尽量多用本合金旧料或用旧料改制。

（2）正确地确定合金成分的配料比和易损成分的补偿量。例如：在熔炼含有镉、锌、铬等合金元素的合金时，配料时应适当提高其配料比；旧料重炼时，应该对某些容易熔损的合金元素进行适当的补偿。

（3）在合金化学成分允许范围内，可以适当地调整某些合金元素的配料比，以节约贵重金属。例如：将1000t H62黄铜的含铜量都控制在下限（60.5%～61%），结果要比含铜量都控制在上限（63%～63.5%）少用铜二十多吨。在熔炼铜-镍合金时，应该把镍的含量控制在合金化学成分允许的下限。

（4）根据经济性原则，在保证合金化学成分符合标准的前提下，应允许利用本合金旧料，少用新金属，或采用品位低的新金属。

（5）合金中某些难熔或易挥发、易氧化的元素，应制成中间合金进行配料。

（6）化学成分废料，应该按其实际化学成分，经严格计算后，才可以配到相应的合金中去。

3.1.3　配料计算

在实际配料中，可能会遇到各种不同情况，下面举例说明配料计算的具体方法。

3.1.3.1　确定配料比

这里以H68为例，介绍确定合金配料比的简单计算方法：

例：已知H68的标准化学成分为67.0%～70.0%铜，余量为锌。锌的熔损率为3%。试确定合金的配料比。

解：假设熔体的最终化学成分为67.5%铜，余量为锌。

（1）铜不熔损，因此，炼得100kg的H68，只需配铜67.5kg。

（2）考虑到锌的熔损率为3%时，为炼得100kg H68，需配锌$x$kg。以不熔损的元素为准列出方程式：

$$67.5 = 100 - x + 3\% x$$

整理得：

$$67.5 = 100 - x + 0.03x$$

$$x = 33.51(\text{kg})$$

即为炼得100kg含铜67.5%，余量为锌的熔体，实际需配铜67.5kg，配锌33.51kg。将此实际配料换算成百分比即为配料比。

铜：67.5 ÷ (67.5 + 33.51) × 100% = 66.83%

锌：33.51 ÷ (67.5 + 33.51) × 100% = 33.17%

合计　100%

应该指出，在实际生产中确定合金配料比时，并不一定进行这样的计算，而是根据经验暂定一个配料比，经炉前分析后，再进行修正。

3.1.3.2　全部使用新金属时的配料计算

当熔制某些化学成分要求比较严格的合金时，需要全部使用新金属做原料。

初步确定合金的配料比时，对那些不容易熔损的合金元素可取标准范围的中限，容易熔损的合金元素可取标准范围的上限，个别熔损特别严重的合金元素也可适当超出标准范围。

计算步骤：

（1）确定配料比；

（2）按配料比算出实际的配料量；

（3）列出配料比。

例：试计算出每炉投料量为500kg，并全部使用新金属时的NCu28-2.5-1.5合金配料。

解：假设NCu28-2.5-1.5合金的配料比为：

Cu 28%，Fe 2.5%，Mn 2%，Ni 67.5%

算出需新金属的量：

Cu，500 × 28% = 140kg

Fe，500 × 2.5% = 12.5kg

Mn，500 × 2% = 10kg

Ni，500 − 140 − 12.5 − 10 = 337.5kg

合计　500kg

3.1.3.3　新金属和旧料混合使用时的配料计算

计算步骤：

（1）确定配料比；
（2）计算出使用旧料的量；
（3）算出对旧料的补偿量；
（4）算出还需新金属的量；
（5）列出配料组成。

例：试计算出每炉投料为1500kg，配料中使用50%新金属，其余为本合金旧料时的H68的配料（对H68旧料应补锌1%）。

解：设H68的配料比为：Cu 67%，Zn 33%

使用H68旧料的量：$1500 \times 50\% = 750\text{kg}$

对H68旧料补Zn的量：$750 \times 1\% = 7.5\text{kg}$

还需配新金属的量：$1500 - 750 - 7.5 = 742.5\text{kg}$

其中Cu的量：$742.5 \times 67\% = 497.5\text{kg}$

Zn的量：$742.5 - 497.5 = 245\text{kg}$

配料组成为：
H68旧料 750kg
Cu497.5kg
Zn7.5 + 245 = 252.5kg

合计 1500kg

3.1.3.4 使用中间合金时的配料计算

计算步骤：
（1）确定配料比；
（2）算出需配中间合金的量；
（3）算出还需新金属的量；
（4）列出配料组成。

例：计算出每炉投料量为1000kg的QSn6.5-0.1合金配料。原料要求：磷以含磷13%的铜-磷中间合金形式使用，其余元素均用新金属。

解：设QSn6.5-0.1的配料比为：Sn 6.7%，P 0.22%，Cu 93.08%。

配料中使用Cu-P的量：$1000 \times 0.22\% \div 13\% = 16.92\text{kg}$

还需另配新金属的量：Sn：$1000 \times 6.7\% = 67\text{kg}$

Cu：$1000 - 16.92 - 67 = 916.08\text{kg}$

配料组成：
Cu-P16.92kg
Sn67kg
Cu916.08kg

合计 1000kg

3.1.3.5 由一种合金旧料改制另一种合金时的配料计算

改制原则：在熔制主要组成元素不相矛盾的同类型合金时，较高品位的合金旧料，可以改做较低品位的合金的配料。配料计算时，合金旧料按标准成分的中限近似计算。

计算步骤：
（1）设出改制后合金的配料比；
（2）算出使用旧料的最大量；
（3）算出还需另配新金属的量；

（4）算出旧料的补偿量；

（5）列出配料组成。

例 1：试算出每炉投料量为 500kg，以 H96 合金旧料改制成 H62 合金配料的配料量（H96 旧料重熔时，锌的熔损率为合金旧料总量的 1.5%）。

解：设 H62 的配料比为：Cu 61%，Zn 39%

H96 旧料的成分比为：Cu 96%，Zn 4%

算出配料中使用 H96 旧料的最大量：500 × 61% ÷ 96% = 317.7kg

还需另配 Zn 的量：500 − 317.7 = 182.3kg

H96 旧料补偿 Zn 的量：317.7 × 1.5% = 4.77kg

配料组成：H96 旧料 317.7kg

Zn182.3 + 4.77 = 187.07kg

合　计　504.77kg

例 2：欲将炉内 300kgH68 合金熔体变为 HPb59-1 时，试求出应补加的金属料的量。

解：设炉内 H68 合金熔体的平均含铜量为 68.5%，余量为锌；

HPb59-1 合金的配料比为铜 57.5%，锌 41.3%，铅 1.2%。

300kgH68 合金熔体铜的总含量是：300 × 68.5% = 205.5kg

205.5kg 铜可构成 HPb59-1 合金的重量：300 × 68.5% ÷ 57.5% = 357.4kg

为构成 357.4kgHPb59-1 合金熔体，应补加：

铅的量：357.4 × 1.2% = 4.3kg

锌的量：357.4 − 300 − 4.3 = 53.1kg

3.1.4　化学成分调整

即使配料计算及称量都比较准确，但由于熔炼过程中不可避免地总要发生一些损失。因此，仍有可能出现熔体的实际化学成分与规定的标准化学成分范围不相符的现象。遇此情况时，必须对熔体的化学成分进行调整。

3.1.4.1　计算炉内熔体总质量

进行炉前化学成分调整之前，首先必须知道炉内熔体总质量。通过炉前化学成分分析，求炉内熔体质量的方法如下。

例：已知炉内 H90 熔体原来的化学成分为：锌 10%，余量为铜。当向熔体中加入 50kg 铜熔化后，再取样分析熔体的成分为：锌 8%，余量为铜，试求出炉内原有熔体的质量。

解：炉内最初有熔体质量为 M，其含锌量为 $b\%$，加入质量为 N 的铜以后，熔体的含锌量变为 $a\%$，由于熔体中锌的总量并没有发生变化，因此，可得到下式：

$$M \times b\% = (M + N) \times a\% \tag{3-1}$$

将已知数据代入上式，整理后得到：

$$M = \frac{N \times a}{b - a} = \frac{50 \times 8}{10 - 8} = 200\text{kg}$$

答：炉内原有熔体的质量为 200kg。

3.1.4.2　补偿计算

当炉前分析的结果中，某元素的含量低于标准化学成分范围下限时，应向炉内加入该元素对其进行补偿：

根据上述例题知：$(M \times b\% + X) = (M + X) \times a\%$ 可以推出补偿公式：

$$X = \frac{a - b}{100 - a} \times M \tag{3-2}$$

式中 X——应补加该元素的质量，kg；

a——补偿后熔体中该元素的百分含量；

b——炉前分析时该元素的百分含量；

M——炉内原有熔体的质量，kg。

例：已知炉内有 H62 合金熔体 600kg，炉前分析结果为：Cu 59%，Zn 余量。试求出应补加铜的数量。

解：设调整后熔体的成分为：Cu 61%，Zn 余量，将有关数据代入补偿计算公式中：

$$X = \frac{61 - 59}{100 - 60} \times 600$$

$$X = 30.8\text{kg}$$

答：应向炉内补加铜 30.8kg。

3.1.4.3 冲淡计算

当炉前分析的结果中，某元素的含量超过了标准化学成分范围的上限时，应向炉内加入其他元素对该元素进行冲淡。

根据上述例题知：$M \times b\% = (M + X) \times a\%$ 可以推出冲淡公式：

$$X = \frac{b - a}{a} \times M \tag{3-3}$$

式中 X——为冲淡某元素，需要补加其他元素的质量，kg；

a——被冲淡元素，在冲淡后具有的百分含量；

b——被冲淡元素，在炉前分析时所具有的百分含量；

M——炉内原有熔体质量，kg。

例：已知炉内有 QAl9-2 熔体 1000kg，炉前分析结果为：Al 10.2%，Mn 2.1%，Cu 余量。试计算出将熔体化学成分调整到合格范围内，应补加各元素的质量。

解：设 QAl9-2 的合格成分为：Al 9.5%，Mn 2.1%，Cu 余量

将炉内熔体的铝含量由 10.2% 冲淡到 9.5%，将有关数据代入冲淡公式中：

$$X = \frac{10.2 - 9.5}{9.5} \times 1000 = 73.7\text{kg}$$

即为了冲淡铝,应向炉内熔体中补加其他元素 73.7kg。补加料应由铜和锰两种元素组成,其中

$$X_{Mn} = 73.7 \times 2.1\% = 1.5\text{kg}$$

$$X_{Cu} = 73.7 - 1.5 = 72.2\text{kg}$$

如果补加料中，锰是以含锰 30% 的 Cu-Mn 中间合金的形式使用时，补加料的组成应为：

Cu-Mn 中间合金的质量：　$73.7 \times 2.1\% \div 30\% = 5\text{kg}$

Cu 的质量：　$73.7 - 5 = 68.7\text{kg}$

答：将 QAl9-2 熔体的铝含量由 10.2% 冲淡到 9.5%，需向炉内补加锰 1.5kg、铜 72.2kg；或者向炉内补加铜-锰中间合金 5kg、铜 68.7kg。

3.1.4.4 查表法

熔炼二元合金时，如果能够把按补偿和冲淡公式计算而得到的若干数据汇列成表 3-3，则可省去重复的计算，直接查出补偿和冲淡料的数值。

表 3-3　调整 100kg 熔体的化学成分时需补加的金属

调整后应

		0.2	0.4	0.6	0.8	1.0	1.2	1.4	1.6	1.8	2.0	2.2	2.4	2.6	2.8	3.0	3.2	3.4	3.6
	0.2		0.2	0.4	0.61	0.8	1.01	1.22	1.42	1.63	1.84	2.04							
	0.4	100		0.2	0.4	0.61	0.81	1.01	1.22	1.43	1.63	1.84	2.05						
	0.6	200	50		0.2	0.4	0.61	0.81	1.02	1.22	1.43	1.64	1.84	2.05					
	0.8	300	100	33.3		0.2	0.41	0.61	0.81	1.02	1.22	1.43	1.64	1.85	2.06				
	1.0	400	150	66.7	25		0.2	0.41	0.61	0.81	1.02	1.23	1.43	1.64	1.85	2.06			
	1.2		200	100.0	50	20		0.2	0.41	0.61	0.82	1.02	1.23	1.44	1.65	1.86	2.07		
	1.4		250	133.3	75	40	16.7		0.2	0.41	0.61	0.82	1.03	1.23	1.44	1.65	1.86	2.07	
	1.6		300	166.7	100	60	33.3	14.3		0.2	0.41	0.61	0.82	1.03	1.23	1.44	1.65	1.86	2.07
	1.8		350	200.0	125	80	50.0	28.6	12.5		0.2	0.41	0.62	0.82	1.03	1.24	1.45	1.66	1.88
	2.0		400	233.3	150	100	66.6	42.9	25	11.1		0.2	0.41	0.62	0.82	1.03	1.24	1.45	1.66
	2.2			266.7	175	120	83.3	57.1	37.5	22.2	10		0.21	0.41	0.62	0.82	1.03	1.24	1.45
	2.4			300.0	200	140	100	71.4	50	33.3	20	9.1		0.21	0.41	0.62	0.83	1.04	1.24
	2.6				225	160	116.7	85.7	62.5	44.4	30	18.2	8.3		0.21	0.41	0.62	0.83	1.04
	2.8				250	180	133.3	100	75	55.6	40	27.3	16.7	7.7		0.21	0.41	0.62	0.83
	3.0					200	150.0	114.3	87.5	66.7	50	36.4	25	15.4	7.2		0.21	0.41	0.62
	3.2						166.6	128.6	100	77.8	60	45.5	33.3	23.1	14.4	5.7		0.21	0.42
	3.4						183.4	142.9	112.5	88.9	70	54.5	41.7	30.8	21.5	13.3	6.3		0.21
炉前分析结果/%	3.6						200.0	157.1	125	100	80	63.6	50	38.5	28.7	20	12.5	5.8	
	3.8							171.4	137.5	111.1	90	72.7	58.3	46.2	35.9	26.6	18.8	11.8	5.6
	4.0							185.7	150	122.2	100	81.8	66.6	53.8	43.1	33.3	25	17.6	11.1
	4.2							200.0	162.5	133.3	110	90.9	75	61.5	50.2	40	31.3	23.5	16.7
	4.4								175	144.4	120	100	83.3	69.2	57.4	46.6	37.5	29.4	22.2
	4.6								187.5	155.5	130	109.1	91.6	76.9	64.6	53.3	43.8	35.3	27.8
	4.8								200	166.1	140	118.2	100	84.6	71.8	59.9	50	41.2	33.3
	5.0																56.3	47	38.9
	5.5																71.9	61.8	52.8
	6.0																87.5	76.5	66.7
	6.5																	91.2	80.6
	7.0																		94.4
	7.5																		
	8.0																		
	8.5																		
	9.0																		
	9.5																		
	10.0																		
		0.2	0.4	6.6	0.8	1.0	1.2	1.4	1.6	1.8	2.0	2.2	2.4	2.6	2.8	3.0	3.2	3.4	3.6

调整后应

料量对照表（化学成分调整范围：0.2%~10%）

有含量/%																	
3.8	4.0	4.2	4.4	4.6	4.8	5.0	5.5	6.0	6.5	7.0	7.5	8.0	8.5	9.0	9.5	10	炉前分析结果/%
																	0.2
																	0.4
																	0.6
																	0.8
																	1.0
																	1.2
																	1.4
																	1.6
2.08																	1.8
1.87	2.08																2.0
1.66	1.88																2.2
1.46	1.67																2.4
1.25	1.46	1.67	1.88	2.1													2.6
1.04	1.25	1.46	1.67	1.89	2.1												2.8
0.83	1.04	1.25	1.46	1.68	1.89	2.11											3.0
0.62	0.83	1.04	1.26	1.47	1.68	1.9											3.2
0.42	0.63	0.84	1.05	1.26	1.47	1.68											3.4
0.21	0.42	0.63	0.84	1.05	1.26	1.47											3.6
	0.21	0.42	0.63	0.84	1.05	1.26											3.8
5.3		0.21	0.42	0.63	0.84	1.05	1.59										4.0
10.5	5		0.21	0.42	0.63	0.84	1.38	1.92									4.2
15.8	10	4.8		0.21	0.42	0.63	1.16	1.7	2.25								4.4
21.0	15	9.5	4.5		0.21	0.42	0.95	1.49	2.03	2.58							4.6
26.3	20	14.3	9.1	4.3		0.21	0.74	1.28	1.82	2.37	2.92						4.8
31.6	25	19	13.6	8.7	4.2		0.53	1.06	1.6	2.15	2.7	3.26	3.83	4.4	4.97	5.56	5.0
44.7	37.5	31	25	19.6	14.6	10		0.53	1.07	1.61	2.16	2.72	3.28	3.85	4.42	5	5.5
57.9	50	42.9	36.4	30.4	25.0	20	9.1		0.54	1.08	1.62	2.17	2.73	3.3	3.88	4.44	6.0
71.1	62.5	54.8	47.7	41.3	35.4	30	18.2	8.3		0.54	1.08	1.63	2.19	2.75	3.31	3.89	6.5
84.2	75	66.7	59.1	52.2	45.8	40	27.3	16.7	7.7		0.54	1.09	1.64	2.2	2.76	3.33	7.0
97.4	87.5	78.6	70.5	63.0	56.3	50	36.4	25	15.4	7.1		0.54	1.09	1.65	2.2	2.79	7.5
	100	90.5	81.8	73.9	66.7	60	45.5	33.3	23.1	14.3	6.7		0.55	1.1	1.66	2.22	8.0
			93.2	84.8	77.1	70	54.5	41.7	30.8	21.4	13.3	6.3		0.55	1.11	1.67	8.5
				95.7	87.5	80	63.6	50	38.5	28.6	20	12.5	5.9		0.55	1.11	9.0
					97.9	90	72.7	58.3	46.1	35.7	26.6	18.8	11.8	5.6		0.56	9.5
						100	81.8	66.6	53.8	42.9	33.3	25	17.6	11.1	5.3		10
3.8	4.0	4.2	4.4	4.6	4.8	5.0	5.5	6.0	6.5	7.0	7.5	8.0	8.5	9.0	9.5	10	
有含量/%																	

补偿值查表法是：在炉前分析中，如果某元素含量低于出炉范围的下限时，应对该元素进行补偿，其值在阶梯线上方查找。例如，炉前分析时，某元素含量为2.2%，欲将其补偿到3.4%时，每100kg熔体中，应补加该元素1.24kg。补加料1.24kg是这样查到的：在炉前分析结果栏中，查出2.2%并水平延伸，在调整后应从含量栏中，查到3.4%并垂直延伸，二者交点便是所求值。

冲淡值查表法是：在炉前分析中，如果某元素含量高于出炉范围的上限时，应加入其他元素，对该元素进行冲淡，其值在阶梯线下方查找。例如：炉前分析时某元素含量为3.8%，欲将其冲淡到2.0%时，每100kg熔体中应补加90kg另外一种元素。补加料90kg是这样查到的：在炉前分析结果栏中，查到3.8%并水平延伸，在调整后应从含量栏中，查到2.0%并垂直延伸，二者交点便是所求值。

3.2　装料与熔化顺序

在熔炼合金时，采用合理的装料与熔化顺序的目的。首先，是为了保证熔体质量；其次，是为了加快熔化速度、减少金属的熔炼损失、提高劳动生产率。

3.2.1　装料与熔化原则

（1）炉料中数量最多的金属，应首先装炉熔化。例如，在熔炼铜合金时，应首先将铜加入炉内熔化。

（2）炉料中易蒸发、易氧化的合金元素，应留到最后装炉和熔化。否则，会使其熔损率增加。如镉、锌、铬等一般应最后装炉熔化。

（3）合金化过程中有较大热效应的金属，不应单独加入到熔体中。如将铝单独加入到铜液中时，由于铜和铝熔合时放出大量热，可使熔体局部温度升高200℃以上，结果将会引起熔体的大量吸气和金属的严重烧损；若在向铜液中加铝的同时，加入一定数量预先留下的铜，使铜和铝熔合时放出来的热量大都消耗在后加入的固体料的熔化上，就可避免熔体的过热现象。

（4）熔点高于合金熔炼温度的某元素，应在其他低熔点元素熔化后，依靠溶解的办法使之熔化。如在熔炼熔点为1170～1230℃的B30时，若采用在铜液中溶解镍的办法，熔体温度只要1300℃左右就可以了。但是，若采用先熔化镍的办法，由于镍的熔点为1453℃，因此必须将炉温提高到1453℃以上才行。后一种装料和熔化办法，熔炼温度高，不仅造成熔体大量吸气，而且会减慢熔化速度，缩短炉衬寿命。同样，熔炼比铜熔点高的铁、锰、硅、铬等元素时，都应该采用此法。

（5）能够减少熔体大量吸气的合金元素，应先加入炉内熔化。如在熔炼硅锰青铜时，若将硅和锰两种元素先熔在起熔体中，所得合金熔体的含气量就可以大大降低。

3.2.2　装料与熔化操作要点

为了安全生产，装料和熔化时还应注意以下几点：

（1）熔炼黄铜时，应坚持“低温加锌”和“逐块加锌”的原则，否则将引起锌的剧烈沸腾和大量熔损。

（2）附有油、水和乳液的湿料，不能直接装炉熔化。因为，湿料会引起熔体大量吸气，严重的还会造成“放炮”事故。

（3）较大块炉料，应在先加入一定数量的小块料后再装炉，以防引起金属液的喷溅和砸坏炉衬。

（4）屑料应在炉内保持有一定数量熔体的情况下加料和熔化，并且在熔化过程中应及时搅拌、捞渣，以防炉料搭桥和损坏炉衬。

3.3　熔炼金属损耗

熔炼过程中，金属或合金长时间处于高温状态，因此不可避免地将要发生某些元素的挥发和氧化现象。挥发和氧化不仅造成金属的浪费，而且还会引起合金化学成分的变化。

3.3.1　金属的挥发

金属的挥发性，主要取决于其蒸气压的大小。在相同的熔炼条件下，蒸气压高的元素一般容易挥发。当熔炼温度超过金属的沸点时，由于在整个熔池内将会发生沸腾现象，因此金属的挥发熔损可以达到很高程度。一般来说，蒸发热小，沸点低，在合金中不易溶解且含量很高的元素，比较容易挥发。铜合金中的铜、镍、铁等元素几乎不产生挥发熔损；而那些沸点低于铜熔点的元素，如磷、锌、镉等元素，在熔炼过程中非常容易挥发。

3.3.2　金属的氧化

金属被氧化的程度，主要取决于它与氧结合能力的大小，并与温度有关。常见的合金元素，按其与氧结合能力的大小，一般可排成如下顺序：镁、铝、锆、钛、硅、锰、铬、锌、磷、铁、锡、镍、铅、铜，即排在前面的比排在后面的容易被氧化。显然，若在强氧化气氛下熔炼，或熔炼温度较高，或是合金中含有较多的易氧化元素时，氧化损失将增加。

当合金中含有一定数量的铝、硅等元素时，由于这些元素的氧化物能够在熔池表面上形成一层连续的、致密的氧化层保护膜，在某种程度上有阻碍或减少熔池内部金属继续挥发和氧化的作用，因而可使这些金属的挥发和氧化损失减少。

在大气下的熔炼过程中，随着温度的升高，与炉气或大气接触的金属表面将被氧化，在通常氧化性炉气中，尤其容易产生氧化反应，造成氧化熔损。

3.3.3　降低熔损途径

在熔炼过程中的金属损失，一般指金属的挥发、氧化以及扒渣过程中的机械损失的总和。为了尽量减少熔损，在熔炼过程中可以采用以下几种措施：

（1）选择合理的熔炼炉型。例如紫铜在有铁芯工频感应炉内熔炼时的熔炼损失约为0.4%～0.6%，而在反射炉内熔炼时，熔炼损失可达0.7%～0.9%。

（2）尽可能地实行快速熔炼。比如采取合理的装料和熔化顺序；熔化前预热炉料；在感应电炉内熔炼时，炉内始终留有适量的起熔体等，对加快熔化速度均有很实际的意义。

（3）严格控制熔炼气氛和对熔体进行适当的保护，在一定程度上可以减少某些元素的熔炼损失。如在铜液表面覆盖一层木炭，可以减少铜的熔损；在黄铜液表面覆盖一层木炭，可以减少锌的熔损；在铬青铜熔液表面覆盖一层熔融玻璃可以减少铬的熔损……。对某些含有极易氧化元素的合金，如锆青铜，则应采用真空熔炼。

（4）合理地控制炉温，避免频繁搅拌熔体。在保证金属熔体流动性及精炼工艺要求的条件下，应尽可能地采用较低的熔炼温度；避免熔体长时间在高温下保温等。

（5）尽量减少扒渣时的机械损失。一般应在熔体温度较高时扒渣。熔炼某些合金时，若在扒渣之前，先用适量的熔剂清一下渣，不仅可减少渣量，还会减少渣中裹卷金属量。若渣中裹卷金属时，应清拣出来及时回炉。

3.4　熔体中的气体

熔炼过程中，多数金属及合金，除了可能通过炉料带入一些气体外，还可能从炉气、辅助材料、炉衬、工具等各方面吸收一些气体，因此在出炉前需对熔体进行除气处理。

3.4.1　气体的来源

3.4.1.1　炉料本身的气体

在熔炼铜及其合金时，所使用的新金属铜、镍等，都含有一定量的气体。如电解铜含氧量一般在0.004%～0.0166%之间，在火法精炼的铜线锭中，有时氧的含量可高达0.1%。某些金属及合金的加工废料，如铸锭切头、切尾、锯屑、铣屑等，由于其表面附着油、乳液等，加入炉中也会产生气体。

3.4.1.2　来自炉气的气体

非真空熔炼时，炉气是金属中气体的主要来源之一。炉气中除含有氮和氧以外，还有一氧化碳、二氧化碳、二氧化硫、氢和水蒸气等，其中许多气体可以直接或间接地被金属吸收。金属吸收气体的能力叫做金属的吸气性，它主要是由金属与气体的结合力所决定。气体在某些纯金属中的平衡溶解度，见表3-4。

表3-4　气体在某些纯金属中的平衡溶解度（$cm^3/100g$）

合金	在熔点温度时		高于熔点温度时	合金	在熔点温度时		高于熔点温度时
	固 态	液 态			固 态	液 态	
Mg	18～20	26	30(900℃)	Al	0.034～0.05	0.6～0.77	1.15～1.67(750～800℃)
Cu	2.1	6.0	9.4～10.2(1300℃)	Mn	45.8	50	6(1300℃)
Ni	17	39	42(1550℃)	Fe	27	28.9	32.9(1654℃)

3.4.1.3　来自熔剂的气体

许多熔剂都带有水分，其中有些（如木炭、米糠等）含有吸附的水分，有些熔剂（如硼砂等）本身带有结晶水。这些水分在熔炼过程中都容易被熔体吸收。

3.4.1.4　来自其他方面的气体

若炉衬未经充分干燥，工具潮湿，覆盖剂没有充分干燥等，当其与熔体接触时，蒸气或分解出来的某些气体，均可能被熔体吸收。

熔炼过程中，熔化速度慢，熔炼温度过高，保温时间过长等，都可以造成某些金属或合金吸气量增加的现象。

3.4.2　除气的方法

当铜合金中含有一定数量的锌、铝、硅等对氧有较大亲和力的元素时，由于这些元素本身就是一种良好的脱氧剂，因此合金中可能存在的主要气体将是氢，而不可能是氧。因此，熔体除气主要是去除氢气，通过除气精炼来实现。

3.4.2.1 铜液中的氢及除氢方法

氢是最容易被铜大量吸收的一种气体，在不同温度下，氢在铜中的溶解度见表3-5。

表3-5 氢在铜中的溶解度与温度之间的关系

温度/℃	溶解度①/$cm^3 \cdot (100g)^{-1}$	温度/℃	溶解度①/$cm^3 \cdot (100g)^{-1}$
400	0.06	1083	2.10(固体)
500	0.16		6.0(液体)
600	0.30	1100	6.3
700	0.49	1200	8.1
800	0.72	1300	10.0
900	1.08	1400	11.8
1000	1.58	1500	13.6

① 0.1kPa条件下。

当温度不变时,氢在铜中的溶解度与压力的关系见表3-6。

表3-6 1200℃时氢在铜中的溶解度与压力之间的关系

压力/kPa	13.43	26.07	41.63	57.99	77.81	89.38	99.88
氢在铜中的溶解度/$cm^3 \cdot (100g)^{-1}$	2.62	3.66	4.62	5.52	6.40	7.01	7.46

当合金中含有锌、镉、磷等元素时，氢的溶解度将降低。例如高锌黄铜中就很少含氢。当合金中含有铁、镍等元素时，氢的溶解度将有所增加。例如白铜中氢的含量就随着含镍量的增加而增加，具体影响情况见表3-7。

表3-7 镍含量对白铜中氢的溶解度的影响

白铜中镍的含量/%	0	10	20
氢的溶解度/$cm^3 \cdot (100g)^{-1}$	8.8	14.7	21.8

从铜中除去氢的方法很多，常用的有：惰性气体除气法、熔剂除气法、沸腾除气法、氧化除气法、真空除气法、振荡除气法及直流电解除气法。

（1）惰性气体除气法。用钢管将氮气、氩气等通入金属熔体时，气泡内的氢气分压为零，而溶于气泡附近熔体中氢气分压远大于零，由于氢气在气泡内外的分压之差，使溶于熔体中的氢不断向气泡中扩散，并随着气泡的上升和逸出而排到大气中，以达到除气的目的。用此法除气时，气泡越小，数目越多，除气效果越好。但此法除气不容易彻底，随着熔体中含氢量的减少，除气效果也显著降低。气体除气过程示意图如图3-1所示。

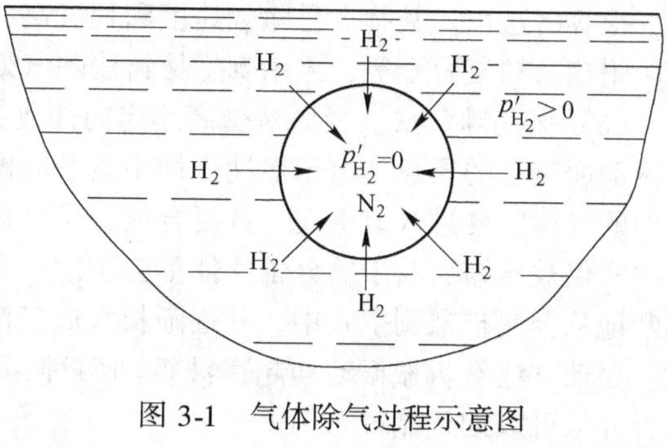

图3-1 气体除气过程示意图

（2）熔剂除气法。利用熔盐的热分解或与金属进行置换反应，产生不溶于熔体的挥发性气泡而将氢除去。例如铝青铜采用冰晶石熔剂除气，白铜和镍合金常用萤石、硼砂、碳酸钙等熔剂除气。熔剂在除气的同时，还可去渣。

（3）沸腾除气法。这是在工频感应电炉中熔炼高锌黄铜时常用的除气方法。这种方法应具备的条件：一是高锌黄铜的沸腾温度较低；二是熔沟部分熔体温度较高。由于工频感应电炉中，熔沟部分的熔体温度最高，因此首先形成锌的蒸气泡。利用锌的蒸气泡从熔沟底部穿过熔体上浮的机会，把熔体中的氢带出液面。当熔池内有大量锌蒸气泡产生，且其蒸气压大大超过大气压时，锌蒸气及氧化产物便从炉内大量喷出，形成沸腾的“喷火”现象。这种喷火程度越强烈，喷火次数越多，则熔体中的氢进入蒸气泡也越多，除气效果也就越好。一般喷火 2 ~ 3 次即可达到除气目的。此现象还可作为工频有铁芯感应电炉熔炼时出炉的标志。

沸腾除气法的缺点是低沸点元素（如锌等）的熔炼损耗较大。对于含锌低于 20% 的黄铜，不能利用沸腾除气。黄铜沸腾除气过程如图 3-2 所示。

（4）氧化除气法。溶于熔融金属中的氢和氧，在一定条件下可能进行下列可逆反应：

$$2H_2 + O_2 \rightleftharpoons 2H_2O \uparrow$$

由于水蒸气不溶解于金属中，即向外逸出，反应向右进行，而将氢含量降低。氢、氧在液态铜中的含量关系如图 3-3 所示。

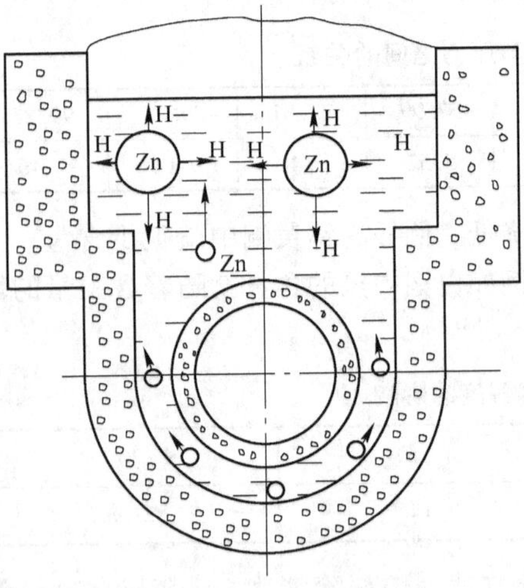

图 3-2　黄铜沸腾除气过程

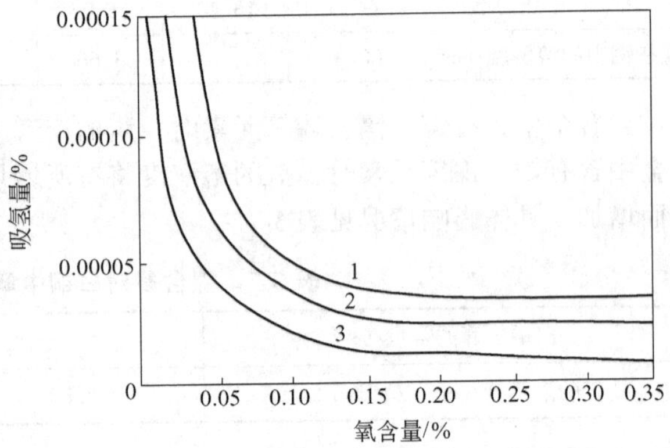

图 3-3　铜液中氢与氧的关系

1—1350℃；2—1250℃；3—1150℃

（5）真空除气法。在真空条件下，由于熔池表面的气压极低，原来溶于铜液中的氢等气体，很容易逸出。其特点是除气速度和程度高，是一种有效的除气方法。活性难熔金属及其合金、耐热及精密合金等，采用真空熔铸法除气效果较好。

（6）振荡除气法。金属液受高速定向往复振动时，处于振动面上的质点很快跟着振动，但距振动面较远的质点，由于惯性作用不能及时跟上去，因而在它们之间瞬时出现空穴。溶于金属中的气体，便进入该空穴，且复合成分子气体。当振动改变方向时，空穴消失。但充有气体的空穴仅被压缩，其中的分子气体不会重溶于金属中。这种快速往复振动的结果是，气体连续不断地从金属扩散到空穴中，并逐渐长大成气泡，而后浮出金属液面。

振动方法有机械振动和超声波振动两种，超声波的振动频率较大，除气效果较机械振动好，并且可以细化晶粒。

（7）直流电解除气法。这种方法是用一对电极插入金属液中，其表面用熔剂覆盖，或以金属熔体作为一个电极，另一极插入熔剂中，然后通直流电进行电解。在电场作用下，金属中的 H^+ 趋向阴极，取得电荷中和后，聚合成氢分子并随即逸出；金属中的其他负离子如 O^{2-}、S^{2-} 等，则在阳极上释放电荷，然后留在熔剂中化合成渣而被除去。实验表明，此法不仅能除气，还能除去夹杂。

3.4.2.2 铜中的氧及脱氧方法

铜中的氧，是指铜中含有氧化亚铜（Cu_2O），因为铜中的氧大都以氧化亚铜的形式存在。而氧化亚铜在铜液中的溶解度与炉气中氧的分压、熔炼温度、保温时间等成正比。因此，若熔体表面覆盖不严或熔体剧烈搅动时，会增加铜液被氧化的机会。

脱氧就是使金属中的氧化物还原而去除氧的过程。脱氧的方法很多，铜合金常用的是脱氧剂法。向铜液中加入某些比铜对氧亲和力大的元素作为脱氧剂，通过置换反应而达到脱氧的目的。常用的脱氧剂可分为：表面脱氧剂和溶解于金属的脱氧剂两大类。

目前，铜、镍及其合金使用的表面脱氧剂主要是煅烧木炭；经常使用的溶解于金属的脱氧剂主要是磷和镁，一般以中间合金的形式加入，使用方便。镁的脱氧能力更强，但磷脱氧后可以防止熔体的二次氧化，提高熔体的流动性。生产中常用的脱氧方法有以下几种：

（1）扩散脱氧，就是把表面脱氧剂加到熔池表面，使整个脱氧反应主要在熔池表面进行。因为氧化亚铜的比重较铜的比重小，所以熔体中的氧化亚铜不断地向熔池表面扩散，即可实现扩散脱氧的作用。它的优点是脱氧剂不溶于金属，不会影响金属熔体的质量。但扩散脱氧的作用较为缓慢，并且脱氧不彻底。

熔炼紫铜及某些铜合金时，覆盖熔体的煅烧木炭，就是一种典型的表面脱氧剂。木炭中的碳及其产生的一氧化碳等气体，在高温下对铜都有脱氧作用。

$$Cu_2O + C \longrightarrow 2Cu + CO\uparrow$$

$$Cu_2O + CO \longrightarrow 2Cu + CO_2\uparrow$$

生成的二氧化碳气体从熔体中逸出，还原出来的铜留在铜液中。

常用的表面脱氧剂除木炭之外，还有一些密度远小于铜的可还原氧化亚铜的熔剂，如硼化镁（Mg_3B_2）、碳化钙（CaC_2）、硼渣（$Na_2B_4O_6 \cdot MgO$）等。

（2）沉淀脱氧，就是把脱氧剂溶于熔体之中，使脱氧反应在整个熔池内进行。由于沉淀脱氧能在整个熔池内与熔融金属中的氧化物相互作用，所以脱氧效果比扩散脱氧的效果好。它的缺点是脱氧反应产生的氧化物容易残留在熔体中，这一点需要在选择脱氧剂时予以考虑。许多合金元素如铝、硅、锰、锌、镉、铬、铍等，对铜液均有脱氧作用。因此，在熔炼含有上述元素的合金时，可不用或少用其他沉淀脱氧剂。

在熔炼铜及其合金时，常用的沉淀脱氧剂主要有镁、磷、硅、锰等。

两类脱氧剂各有利弊，生产中可采用综合脱氧法。例如，用低频感应炉熔炼无氧铜时，先用厚层木炭覆盖进行表面脱氧，然后加磷铜进行熔池内部脱氧。

（3）复合脱氧，采用两种或两种以上脱氧方式时，称为复合脱氧。在利用木炭扩散脱氧的同时，再通过加磷或镁等进行沉淀脱氧的方法进行复合脱氧的工艺，在实际生产中已经得到了广泛应用。

“木炭-氩气”复合脱氧，指在传统的木炭覆盖熔体的基础上，同时向熔体中吹入惰性气体氩，从而达到脱氧目的的方法。

3.4.2.3 液中氢与氧之间的关系

存在于铜熔体中的氢和氧（实际上是氧化亚铜）之间有一种特殊的关系：当铜熔体中的氧含量增加时，其中的氢含量将减少。反之，当铜熔体中的氢含量增加时，其中的氧含量将减少。当铜熔体中含有一定比例的氢和氧时，在它们之间可能会发生下列反应：

$$Cu_2O + H_2 \longrightarrow 2Cu + H_2O(\text{水蒸气})\uparrow$$

3.5 熔体中的杂质

在铜及其合金的熔炼过程中，除了炉料本身会给熔体带进一些杂质外，混料，熔炼过程中某些元素与炉衬、覆盖剂之间的化学作用，某些添加剂的残余和积累，工具被熔蚀等原因，都可使熔体吸收某些杂质。

3.5.1 混料

混料就是某一种金属或合金的配料中，混进了其他牌号的金属或合金旧料的现象。混料是使金属或合金中杂质增高，导致产生化学成分废品的主要原因。

为防止混料现象发生，应从管理入手。料箱和堆料场要分牌号专用，有明显的标志；旧料要及时周转，不能大量积压；配料时要做到新料、旧料合理搭配使用。

3.5.2 熔体与固体物质间的作用

3.5.2.1 熔体与炉衬之间的化学作用

熔炼过程中，当高温熔体中某些元素与炉衬之间发生某些化学反应，而反应产物又能被熔体吸收时，则会造成熔体中相应杂质元素含量增高。

例如，在硅砂炉衬中熔炼铝青铜时，若熔体中的铝与硅砂之间发生化学反应：

$$4Al + 3SiO_2 \longrightarrow 2Al_2O_3 + 3Si$$

由于从二氧化硅中还原出来的硅可以被熔体吸收，因而会使铝青铜含硅过高，也有可能造成化学成分废品。

为了防止炉衬与熔体之间发生化学作用，除尽可能的降低熔体温度外，主要还应根据熔炼的金属或合金的化学性质不同，分别选用不同性质的炉衬材料。经验表明：紫铜、黄铜、硅青铜、锡青铜等适合在硅砂炉衬中熔炼；铝青铜、低镍白铜适合在高铝砂或镁砂炉衬中熔炼；熔点较高的合金适合在镁砂炉衬中熔炼。

3.5.2.2 熔体与覆盖剂之间的化学作用

覆盖剂的使用，主要是为了减少金属的蒸发及氧化等熔炼损失，防止熔体从大气或炉气中吸收气体以及对熔体进行保温和精炼等作用。但覆盖剂选用不当时，不仅起不到精炼作用，反而会使覆盖剂中的某些元素进入熔体，使其杂质增加。例如，用木炭作为某些白铜熔体的覆盖剂时，高温下会使熔体中含碳量增加，如合金中含碳量超过了其溶解限度，在结晶时就会沿晶界呈石墨形态析出，因而可能会恶化合金的某些性能。

3.5.3 添加剂残余及其积累

在熔炼铜及其合金时，多数情况下要向熔体添加一些脱氧剂、变质剂等添加剂。当旧料多次往返使用时，添加剂的残余和积累就应引起重视，否则将会引起杂质含量超过标准范围，使金属或合金报废。

为了避免杂质的大量积累，在使用脱氧剂时，应注意以下几点：

（1）大量使用多次往返过的旧料时，脱氧剂的用量应适当减少。例如，全部使用旧料做炉料时，可把脱氧剂的用量减去一半（与全部使用新料做炉料时比）。

（2）熔炼某些化学成分要求比较严格的金属或合金时，应采用多种脱氧剂，即复合脱氧的办法。例如，单独用镁做B19的脱氧剂时，镁的用量大约需要投料量的0.04%，若用镁、锰两种元素进行复合脱氧时，则镁的用量大约只需要投料量的0.03%。

（3）当发现旧料中某些脱氧剂的残余量有所积累，尤其是在已经显示出危害作用时，应立即停止使用原来的脱氧剂，而改用新的脱氧剂。例如，长期用磷脱氧的紫铜，待其旧料中磷已积累到一定程度之后，可改用镁或其他元素做脱氧剂；长期用硅脱氧的白铜，当其旧料中，硅杂质已经普遍增加时，可改用镁或钛等另外一些元素做脱氧剂。

3.5.4 变料与洗炉

在同一熔炉内，先后熔炼化学成分不同的金属或合金时，中间需要变料。变料前，如果炉内残留的熔体或炉壁上粘结的残料、残渣过多时，那么在变料后的最初几个熔次中，就有可能发生某些杂质明显增加的现象。为了避免此类现象的产生，在变料时必须进行洗炉。

洗炉就是用纯净的金属熔体刷洗炉衬。对低频有铁芯感应电炉来说，由于炉内熔体不能全部倒净，因此变料过程较为复杂。一般的办法是：尽量将炉内熔体倒出，然后投入一炉或数炉紫铜料，将其熔体中的某些元素冲淡至要求范围内。

在大型熔炼车间里，根据所熔炼金属及合金的化学成分不同，将它们分别固定在专门的炉子内熔炼。例如，紫铜和各种简单黄铜可固定在低频有铁芯感应电炉内熔炼；化学成分复杂，批量不大的各种青铜和白铜等，一般在坩埚炉式无铁芯感应电炉内熔炼，因为这类炉子的洗炉和变料比较方便。

当需要在一台炉内先后熔炼不同牌号的简单黄铜时，若从含铜较高的黄铜开始，依次熔炼含铜较低的黄铜，在这种情况下变料时，可不进行洗炉。例如，依次熔炼 H96→H80→H70→H68→H62。

复习思考题

基本概念：配料 中间合金、脱氧、除气、调整成分

思考题：1. 中间合金的使用条件和制备方法。

2. 熔炼时产生损耗的原因及防止办法。
3. 熔体中气体的来源和除气方法。
4. 熔体化学成分的调整方法。

4　重有色金属及其合金熔炼

熔炼金属及合金的目的，不仅是为了获得具有一定温度的熔体，而且必须使熔体的化学成分符合规定的范围，同时要尽可能地将熔体中的气体及某些夹杂物除掉，这些都需要依靠正确的熔炼工艺来保证。所以说熔炼工艺是保证得到合格熔体的主要环节。

本章主要介绍铜、镍及其主要合金的熔炼生产工艺。

4.1　熔炼气氛及其选择

4.1.1　“氧化-还原”熔炼

在反射炉中熔炼纯铜时，除了采用阴极铜作为原料以外，通常还大量使用废杂铜。为了除去铜中的某些有害杂质，例如铝、锰、锡、铁、砷和铅等，需要在铜熔化后进行“氧化-还原”精炼。

4.1.1.1　氧化精炼

氧化过程通常是以直接向铜液中吹送压缩空气的方式进行。

进入铜液中的氧首先与铜结合生成氧化亚铜 Cu_2O，然后依据各杂质元素与氧亲和力的大小先后发生化学反应，生成各种氧化物并进入熔渣中。

在氧化过程中，铜液中的氢和硫等亦可被去除，生成的气态产物水蒸气和二氧化硫从铜液中逸出。

4.1.1.2　还原精炼

还原过程通常是以向铜液中直接插木或吹送重油、木屑、炭粉等方式进行。

还原的作用是：除去铜液中的气体，还原铜液中多余的氧化亚铜。

正确控制还原终点，对保证铜液质量是非常重要的。在高温下，铜液中氧的含量降低到一定极限时，氢的溶解度将可能急剧增加，造成熔体再次吸气。

4.1.2　还原性熔炼

还原性熔炼，是感应电炉熔炼铜、高铜合金和白铜时常用的熔炼方式。

还原性熔炼气氛，可通过熔体表面覆盖固体碳质材料，或以还原性气体介质的保护方法实现。

木炭和一氧化碳气体是被广泛采用的介质。炭黑、焦炭、石墨、米糠、稻壳等也是可以利用的覆盖剂材料。不过，熔炼铜采用米糠作为覆盖剂时，必须注意防止磷增高的现象。

4.1.3　微氧化性熔炼

微氧化性熔炼即敞开式熔炼，就是熔炼过程中金属熔池是完全敞开的，不使用任何介质保护，即在大气下直接熔炼。

铝青铜、硅青铜、铍青铜等，可采用此种熔炼方式。熔炼过程中，熔池表面由三氧化二铝（Al_2O_3）、二氧化硅（SiO_2）以及氧化铍（BeO）等构成的氧化膜，可以有效地保护熔池内部熔体免受氧化和吸气。

不过由于铝、硅和铍等元素自身都是铜合金的良好脱氧剂，在熔体得到良好脱氧的情况下，必须注意防止氢的吸入。

4.1.4　熔剂保护及精炼

4.1.4.1　熔剂分类

使用熔剂的主要目的是为了防止熔体氧化和吸气。有些熔剂同时兼有清渣和精炼的作用。

熔剂材料应具备的基本条件是：

（1）必须经过脱水处理；

（2）熔点低于合金的熔点，先于炉料熔化并成为熔体的保护层；

（3）密度小于熔体密度，熔化后能浮在合金熔体的表面上；

（4）具有适当的黏度和表面张力，既能形成连续的保护层，又容易与熔体分离；

（5）尽可能不与炉衬起化学反应，但能很好地润湿炉衬；

（6）不含有害气体和杂质；

（7）资源丰富，价格便宜，而且便于保存。

熔剂按其使用状态大致可分为三类：

（1）在熔化期间，熔剂基本保持其固体状态；

（2）在低温时熔化，在熔炼期间又重新凝结成块；

（3）在整个熔炼过程中，熔剂一直保持液体状态。例如硼砂、硅酸盐、玻璃等。

熔剂按其实际应用性质可分为两类：即保护型熔剂和精炼型熔剂。玻璃和硅砂之类，属于纯保护型熔剂，无精炼作用。碱金属及碱土金属的氯盐或氟盐属于精炼型熔剂，例如氯化钠、碳酸盐、氟化钠、萤石、冰晶石以及苏打（碳酸钠）、硼砂和硅砂等物质中的一种或几种的混合物。熔剂除起到保护作用外，同时具有精炼熔体和清渣作用。

熔剂按其化学性质可分为酸性、碱性和中性熔剂。例如硼砂、硅砂等属于酸性熔剂；碳酸钠等属于碱性熔剂；金属及碱土金属的氯盐或氟盐属于中性熔剂。

4.1.4.2　熔剂保护熔炼

A　保护型熔剂的应用

玻璃属于纯保护型熔剂。玻璃熔点为900～1200℃，性能稳定，吸附性很低，与有色金属一般不发生化学反应，也不易吸收空气中的水分及气体。高温下，熔融的玻璃层将熔池表面覆盖，将熔体与炉气完全隔开。

熔炼某些青铜或白铜时，可以用熔融玻璃作为覆盖剂。

B　精炼型熔剂的应用

熔炼铜合金时，碱性氧化物和酸性熔剂，或酸性氧化物和碱性熔剂，在一定温度下可以相互作用而形成体积较大、熔点较低，且易于与金属分离的复盐式炉渣。由于多数炉渣的密度都比铜低，因此容易从熔池表面除去。

4.1.5　真空熔炼和电渣重熔

4.1.5.1　真空熔炼

真空熔炼，是指在相对于大气压小得多的气氛下进行的熔炼。在小型真空感应电炉中熔炼铜及其合金时，通常采用石墨坩埚炉衬，因此可以免受其他耐火材料对熔体的污染，同时也可充分利用碳的良好脱氧作用。

真空熔炼的优点是：

（1）可以避免合金元素的氧化损失和吸气，而且有利于熔体中气体的析出；

（2）不用任何覆盖剂，不仅熔体免受污染，甚至在某种程度上可以提高纯度；

（3）有利于提高金属材料的某些力学或物理性能。

真空熔炼的缺点是可造成某些沸点较低、蒸气压力较高的合金元素的大量挥发损失。此时可以采用先抽真空，然后向熔室中充以某种惰性气体，例如充以氩气的方式进行熔炼。

真空熔炼的主要工艺条件和参数包括：炉衬材料、真空度、熔室气氛的选择，以及装料及熔化顺序、精炼方式、温度控制方式等。多数装置中，真空熔炼炉的炉体和真空铸造装置安装在同一真空室中，即铸造亦在真空下进行。

真空熔炼受设备能力限制，适合于小批量生产某些纯度比较高，或者合金中含有某些极易氧化元素的高铜合金、铜镍合金。

4.1.5.2　电渣重熔

电渣重熔，是指首先将初步合金化的合金熔体制成棒状锭坯即自耗电极，然后进行再次精炼的一种特殊的二次熔炼方法。电渣重熔过程中，自耗电极即是电渣重熔的原料，水冷金属坩埚同时也是结晶器。通过电弧及渣料的电阻热熔化自耗电极，熔体通过熔渣时得到精炼，然后熔体在水冷结晶器中凝固结晶。

电渣重熔，不仅有利于提高熔体纯度和保证化学成分的稳定，同时可以减少熔体中的气体含量和某些杂质元素的含量，而且由于同时采用了相当于无流浇注和水冷模铸造方式，因此获得的铸锭结晶组织亦比较致密。

电渣重熔得到的熔体质量很好，实际上是通过熔渣即熔剂对熔体进行过滤和精炼后的质量。电渣重熔所用的渣料，应具备以下条件：

（1）熔渣具有较高的比电阻，有利于渣中的电热交换过程，从而产生足够的热量；

（2）具有与熔体相适宜的熔点和沸点。较低的熔点有利于提高渣的流动性，较高的沸点有利于避免挥发现象；

（3）具有良好的脱氧、除气以及吸附、去硫及其他夹杂物的作用。

电渣重熔所用的渣料分为起熔渣料（有的称引弧渣或引燃渣、导电渣）和工作渣料两种。前者在开始引弧即起熔期间使用，需要在熔炼前炼好。后者在正常工作即整个重熔精炼期间使用，需在使用前仔细烘烤。

4.2　紫铜的熔炼

在目前，熔炼紫铜的主要方法有两种：第一种方法是火法熔炼即用反射炉或竖式炉熔炼，第二种方法是用感应电炉熔炼。火法熔炼适合熔炼韧铜即普通纯铜。

4.2.1 反射炉熔炼

反射炉熔炼紫铜的工艺流程如图4-1所示，主要分为装料、熔化、氧化和还原等工序。

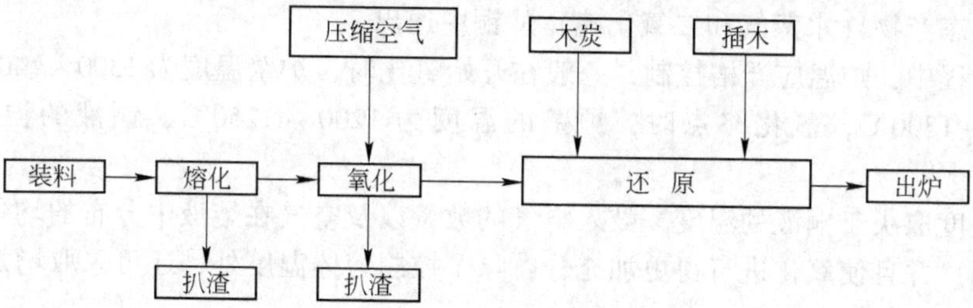

图4-1 反射炉熔炼紫铜的工艺流程

4.2.1.1 装炉

反射炉熔炼紫铜时，多以阴极铜为原料，也可搭配使用旧料。

装炉前，炉温应提高到1300℃以上，同时向炉内加入适量的木炭。木炭既可保护炉底，又可以作为以后判断炉料是否彻底熔化的标志。装料应该迅速，尽量减少炉子的温降，装料时一定要充分利用炉子的有效容积，同时装料要合理，保证全部炉料要基本上能同时熔化完毕。

炉料装完后，用黄泥将炉门封严，以防冷空气灌入炉膛而降低炉温。

4.2.1.2 熔化

熔化阶段应使炉内保持微氧化气氛，为了防止冷空气灌入炉膛，炉内应保持正压，并使炉温保持在1300~1400℃，以加快炉料的熔化速度。炉料彻底熔化的标志是：

（1）全炉铜液表面翻动、沸腾冒气。

（2）炉底木炭浮于铜液表面。

炉料熔化完毕，就可以将铜液表面上的熔渣扒除——第一次扒渣。

4.2.1.3 氧化

氧化过程是通过向炉内铜液中吹送压缩空气的操作来实现的。在氧化过程中，首先是空气中的氧与铜起反应生成氧化亚铜（Cu_2O），随着铜液中氧化亚铜含量的增加，铜液中的杂质如铝、锌、锡、铁、铅、砷等，按其对氧亲和力大小的顺序，依次被氧化，其化学反应为：

$$2Al + 3Cu_2O \longrightarrow 6Cu + Al_2O_3$$

$$Mn + Cu_2O \longrightarrow 2Cu + MnO$$

$$Zn + Cu_2O \longrightarrow 2Cu + ZnO$$

$$Sn + 2Cu_2O \longrightarrow 4Cu + SnO_2$$

$$Fe + Cu_2O \longrightarrow 2Cu + FeO$$

$$Pb + Cu_2O \longrightarrow 2Cu + PbO$$

$$2As + 5Cu_2O \longrightarrow 10Cu + As_2O_5$$

生成的氧化物进入熔渣中。

氧化过程中，铜液中的氢和硫也能被氧化除去，其化学反应为：

$$H_2 + Cu_2O \longrightarrow 2Cu + H_2O\uparrow(\text{水蒸气})$$

$$Cu_2S + 2Cu_2O \longrightarrow 6Cu + SO_2\uparrow$$

生成的气态产物（水蒸气和二氧化硫）从铜中逸出。

在氧化过程中，炉温应严格控制，一般在开始氧化时，炉壁温度为1300~1400℃，铜液的温度为1200~1300℃，氧化终点时，炉壁的温度为1200~1250℃，铜液的温度为1150~1170℃。

氧化的强度取决于铜液的温度、鼓入空气的数量以及空气在熔液中分布的均匀程度。为了缩短氧化时间，并且使氧化进行得更加充分，除了控制熔体温度外，还可采取增加风管和适当提高风压等措施。

在氧化过程后期，应不断地取样观察，通过观察分析试样断口的情况来确定氧化过程的终点。试样断口结晶组织由开始氧化的细丝状转变为较粗的柱状，最后呈砖红色，当砖红色部分占断面积的30%~50%时，可停止氧化，此时铜液的含氧量约在0.5%~0.9%之间。

在氧化过程中，应该定期地除去熔池表面的熔渣，以免其聚集过多。氧化结束后，扒净炉渣，用黄泥将炉门封严，然后继续升温。

4.2.1.4 还原

还原的作用是除去铜液中的气体和还原铜液中的氧化亚铜。在生产中一般都采用插木的办法来对熔体进行还原处理。

插木还原可分两次进行，第一次插木还原主要作用是除气，俗称“小还原”。插木时生成大量不溶于铜液的水蒸气、一氧化碳等气体，这些气体从铜液中逸出的过程中，铜液中的大部分气体将被带出。另一方面，借助于插木对熔体的搅动，也有助于熔体除气。

第一次还原结束后，熔池表面用木炭覆盖，使炉内保持还原气氛和正压，然后开始第二次还原，第二次还原的主要目的是还原铜液中的氧化亚铜。被插入铜液中的青木与金属熔体接触后，产生干馏作用，生成的气体包括氢、一氧化碳、碳氢化合物等。还原时的化学反应如下：

$$Cu_2O + H_2 \longrightarrow 2Cu + H_2O\uparrow(\text{水蒸气})$$

$$Cu_2O + CO \longrightarrow 2Cu + CO_2\uparrow$$

$$4Cu_2O + CH_4 \longrightarrow 8Cu + CO_2\uparrow + 2H_2O\uparrow(\text{水蒸气})$$

生成的气体从铜液中逸出。

还原后期，必须勤取样，观察分析试样的收缩情况及断面的结晶组织和颜色变化。当试样表面呈细而亮的光泽时，表示铜液中含氧化亚铜很少，而且还没有吸收氢气，此时铜液中含氧量一般在0.03%~0.05%，应立即停止还原。如果再继续进行还原，铜液就要开始吸氢。铜液吸氢的标志是在试样的断口上可以发现有从铜液析出气体而形成的小气孔，金属吸氢越多，断面上的气孔越多，而试样的表面呈凸起状态，气孔多呈长形。这种现象称为过还原。

目前，在国内某些工厂新采用的还原方法还有：

（1）重油还原。利用蒸气经铁管将重油吹入金属熔池中，蒸气压力一般控制在0.3~0.45MPa。

（2）木屑还原。利用蒸气经铁管将木屑吹入金属熔池中，蒸气压力一般控制在0.2~0.25MPa。

(3) 木屑炭粉还原。利用蒸气经铁管将木屑和炭粉吹入金属熔池中。蒸气压力一般控制在0.2~0.25MPa。

还原结束时，铜液的温度应控制在1160~1180℃，这时就可以出炉浇注。

4.2.2 竖式炉熔炼

竖式炉与反射炉相比，竖式炉的最大优点在于熔炼速度快，并且可以实现连续熔炼。

竖式炉通常采用弱还原性的熔炼气氛，不能指望通过熔炼而去除某些杂质元素。竖式炉内的弱还原性气氛也不大可能使氧化亚铜还原，但阴极铜表面附着的某些有机物和硫酸盐等，可以在预热阶段被分解而挥发。竖式炉通常以天然气或煤气为燃料和以阴极铜为原料。竖式炉熔炼属于逆流方式作业。

4.2.2.1 熔化温度控制

竖式炉在大量采用标准阴极铜作为原料的同时，根据实际情况有时也可以使用一定比例的符合阴极铜标准的回炉料。正常情况下，由于竖炉的熔化速度快，铜液受到杂质元素污染的时机应该是相对减少。可是，由于某些原因尤其是当使用某些尺寸不标准的回炉料时，可能产生炉内悬料现象。此时，炉内熔化段的局部温度可能会升到1200℃或者更高。高温下，不但加速耐火材料的热损耗，同时加速炉料氧化包括炉料与炉衬耐火材料之间的某些化学反应，而且还可能使铜液吸收大量的气体。

由于悬料熔化段出现较大的空间，在集聚一定压力和温度后气体产生较集中的上升气流，使竖炉出现烟囱效应，并从竖炉出铜口吸入空气，这些都可能成为熔体吸气的直接原因。温度过高不利于获得高质量的铜液，但过低的温度就无法提供足够的铜液流量。

可以通过扩大熔化区域和范围，增加烧嘴数量，也可将熔化段温度控制在适宜的范围内，例如1150~1170℃之间，以求获得较高质量、较大流量的铜液。但若单纯追求单个烧嘴的发热量，以求达到增加竖炉的总熔铜量的目的，易使竖炉局部温度过高，SiC与CO_2之间可能发生某些反应，而且可能使炉口温度升高。

竖式炉的加料口在顶部，炉料在下降过程中被燃烧火焰预热和熔化。炉料熔化首先从表面开始，熔化的液滴自然下落。实际上炉料熔化主要是在炉膛底部，即在烧嘴喷射火焰区域进行，形成所谓的铅笔形锥体。熔炼过程中，通过对整个燃烧系统的调整和控制，可以稳定地维持这个形状。

竖炉内衬材料的正常损耗无法避免，但可控制熔化温度和增加铜液流量来减少对单位质量的铜液的化学污染。即提高竖炉的熔化速度是保证熔化质量、防止污染、增加产量的关键环节；增大受热面积、提高热负荷是实现高速熔化的手段；在适当的温度下，获得较大的铜液流量是追求的目标。

4.2.2.2 氧含量控制

韧铜产品的氧含量为几百个百万分之一。韧铜产品的氧含量是通过控制铜液中的氧含量来实现的。熔炼过程中，避免大气侵入炉膛和正确控制烧嘴的空燃比是实现氧含量控制的基本手段。在炉区控制氧含量，一般采取调节混合气中燃气比例的方法，并有相关辅助设备进行监控，如“CO”分析仪或“H”分析仪等。燃烧不充分，会导致铜液氧含量降低；燃烧过充分，会导致铜液氧含量升高。

阿萨克竖式炉有一套完整的燃烧控制系统，该烧嘴的主要特征是：燃料和空气能够完全均匀混合，烧嘴喷管断面内氧含量差值比较小，混合气体可微调成弱还原性并保持短火焰，未燃氧对铜液的污染非常小。采用该烧嘴并按照以下调节方法调节烧嘴的混合气体的空燃比，可以比较准确地控制熔体中的氧含量。

A　点火前混合气的均匀性

进入炉内的燃气和空气的混合气体，在烧嘴喷管内氧含量的最大值和最小值之差越大，则熔融铜被污染的程度越大。混合气体通入炉内以前，烧嘴喷管断面内混合气体的氧含量差值应尽量小并满足如下试验值：

K 值的定义：

$$K = 0.0623A/(B + 0.01A) \tag{4-1}$$

式中　A——燃烧空气中氧的体积分数；

B——标准状态下燃料完全燃烧所需要的纯氧的体积分数。

各种燃料的 K 值见表 4-1。

表 4-1　各种燃料的 K 值

燃料名称	K 值		B 值	燃料名称	K 值		B 值
	对空气	对氧气			对空气	对氧气	
天然气	0.6	2.11	2	乙烷（C_2H_6）	0.414	1.58	3
丙烷（C_3H_8）	2.555	1.05	5	煤　油	0.071	0.324	18.5
甲烷（CH_4）	0.776	2.53	1.5				

K 值与铜熔体中氧含量的关系应该满足以下条件：

铜熔体中氧含量	混合气的最大与平均氧含量之差
$500\times10^{-4}\%$ 以下	$<K$
$350\times10^{-4}\%$ 以下	$<(2/3)K$
$100\times10^{-4}\%$ 以下	$<(1/3)K$

B　防止炉内燃烧火焰的氧污染

在竖式炉的熔炼过程中，炉料与高温的燃烧火焰直接接触。若满足以下条件，基本上可避免未燃氧的污染，即距炉壁 152.4mm（6in）处，燃烧火焰中已用于燃烧的氧含量和铜液中氧含量的关系：

铜液中氧含量	用于燃烧的氧含量
$500\times10^{-4}\%$	$>25\%$
$350\times10^{-4}\%$	$>70\%$
$100\times10^{-4}\%$	$>85\%$

为达到上述要求，采用下列措施：

(1) 燃料和燃烧空气都要预热至一定温度以上；

(2) 采用富氧空气；

(3) 空燃比应调节成弱还原性气氛。

采用天然气为燃料与空气混合燃烧时，熔体中氧含量与气氛之间的关系为：

铜液中氧含量（质量分数）	燃烧前混合气中氧含量（容积体积分数）/%
$<500\times10^{-4}\%$	18.50～18.95
$<350\times10^{-4}\%$	18.65～18.95
$<100\times10^{-4}\%$	18.70～18.85

通常，当燃烧烧嘴的混合气氛比例调整为燃烧平衡比例的1.2倍左右，即保持弱还原气氛时，燃烧可保持短火焰，未燃氧对铜液的污染比较小。竖式炉中熔炼韧铜时，通常控制铜液在出炉时的氧含量为$(100\sim200)\times10^{-4}\%$。这主要与浇注方式和产品最终的氧含量要求有关。在控制竖炉出铜的氧含量时，应该充分考虑到铜液随后在流槽或保温炉中氧含量将有所变化的实际情况，即对竖炉熔炼的熔体中氧的含量控制应该留有充分的余地。

现代生产中，已有很多种监视和控制铜液中氧含量的系统，在韧铜铸锭生产线上被采用。

4.2.3 感应电炉熔炼

在有铁芯工频感应电炉内熔炼紫铜时，多采用还原性熔炼气氛。但是在还原气氛中熔炼时，不能从熔体中直接除去氢气和杂质，所以在熔炼过程中，应该尽量不使氢气和其他杂质进入熔体中去。因此，在熔炼紫铜时，不仅应该使用优质的原辅材料，而且应尽可能地实行快速熔炼和对熔体进行严密的覆盖保护。

感应电炉熔炼紫铜的工艺如下：

铜＋木炭→熔化→升温、捞渣→铜-磷→出炉

覆盖剂：煅烧木炭

脱氧剂：铜-磷

熔炼温度：1180～1200℃

熔炼紫铜时，常以阴极铜作为原料。为在炉内造成还原气氛，除应在熔池表面上覆盖一层厚度为140～150mm的煅烧木炭外，还应注意炉膛的密封。木炭应在铜料熔化前加入炉内，铜料熔化后，木炭要将整个熔池表面覆盖住。木炭及其产生出来的还原性气体，对熔体有保温，防止吸气和脱氧等多种作用。在连续熔炼生产时，应根据炉内木炭烧损的情况及时更换或添加木炭。在紫铜熔炼的整个过程中，应该尽量减少打开炉门及加料口的次数，以防止大量空气进入炉膛。

炉料全部熔化后，应该使熔体在木炭覆盖下静置一段时间，以利于某些气体和熔渣的上浮，并使木炭的扩散脱氧作用能够充分进行。有时为使脱氧更彻底，在出炉前，也可另加一些铜-磷脱氧剂，对熔体进行再一次脱氧。

感应炉熔炼紫铜时，熔炼温度要控制在1200℃左右。经取样分析铜液的质量合格后，应迅速出炉，不宜在炉内较长时间保温。

4.3 无氧铜熔炼

无氧铜的纯度较高，其允许的含氧量极微，因此，与普通的紫铜相比，需要更加严格的熔炼工艺。无氧铜可以在密封条件比较好的有铁芯工频感应电炉内熔炼。

4.3.1 原材料、辅材料

熔炼无氧铜的原材料，应该在具有相应品位的阴极铜中逐块选出。选择阴极铜的条件是：

（1）含铜量必须大于99.97%，含锌量小于0.003%；

（2）组织致密，表面光洁，无铜豆、铜绿及油泥、水分等附着物；

（3）将阴极铜的挂耳和四边切除。因为抽查阴极铜的化学成分时发现：当一块阴极铜的中心部位含铜量为99.970%～99.977%时，其边部的含铜量仅为99.930%～99.950%。

4.3.2 装料及熔化

一般情况下，无氧铜应该在电炉已经熔炼过若干炉紫铜之后开始生产，并且在熔炼无氧铜

以前的几炉紫铜时，最好都是用符合无氧铜要求的阴极铜作为原料。无氧铜的熔炼工艺如下：

装料顺序：铜 + 木炭→熔化→升温→捞渣→出炉

覆盖剂：煅烧木炭

熔炼温度：1200～1220℃

覆盖铜液用的木炭，必须预先经过充分的煅烧，没有经过煅烧的木炭严禁使用。在高温的铜液若暴露在大气中，将大量而迅速地被氧化：

$$4Cu + O_2 \longrightarrow 2Cu_2O$$

生成的氧化亚铜溶解于铜液之中造成铸锭含氧，为此，选用木炭作为铜液的覆盖剂，以防止铜液氧化并起到脱氧和保温作用。

覆盖剂用的木炭必须具有40～100mm的块度，覆盖层厚度在200mm以上。使用前应在600～800℃的高温下进行煅烧4h以上，去除木炭中所含的水分和 H_2、C_xH_y（碳氢化合物）等气体，防止铜液从木炭中吸气，提高脱氧速度和脱氧效果。

经分析，煅烧前的木炭含水率为3%～6%，煅烧后的木炭含水率为0.7%～1.2%。木炭一经煅烧应及时使用，不能在空气中长期停放。否则，木炭容易二次吸气而变潮。在向炉内加第一批炉料时，应立即向炉膛和炉头箱中加入足够数量的木炭，尽量不在以后的熔炼过程中补加木炭。在整个熔炼过程中，熔体表面上覆盖的木炭层始终应保持为150～200mm厚。

为避免空气进入炉膛，装完炉料后，应将炉盖、炉门等全部关严。在正常熔炼过程中，应尽量减少打开炉盖和炉门的次数。

同熔炼紫铜一样，无氧铜的熔炼温度也不能偏高，以防熔体大量吸气。

4.3.3　脱氧

一般情况下，在熔炼无氧铜时，主要是借助于熔池表面上的木炭覆盖层及其产生出来的还原性气体，对熔体进行扩散脱氧。如在容量为5t的工频感应炉中熔炼无氧铜时，铜料熔化后，在木炭覆盖下静置30～40min，就可以基本完成脱氧过程。但是必要时，也可以在铜液静置后，再进行一次沉淀脱氧。沉淀脱氧的脱氧剂选用磷，若用量适当，效果较好。

$$5Cu_2O + 2P \longrightarrow 10Cu + P_2O_5\uparrow$$

$$P_2O_5 + Cu_2O \longrightarrow 2CuPO_3$$

气体 P_2O_5 从铜液中逸出，$CuPO_3$ 进入熔渣。由于磷极易烧损，故多用铜-磷中间合金作为脱氧剂，用铜-磷脱氧时，其磷的加入量应控制在0.0003%以下。铜液脱氧后，极易吸氢，这一点必须引起足够的注意。

如果无氧铜的品位要求较高，质量要求很严时，应在真空感应炉内熔炼。

4.4　黄铜的熔炼

4.4.1　概述

黄铜比较容易熔炼，这不仅是因为它的熔点低，主要是由于合金中的锌对熔体有脱氧作用，锌的蒸发与沸腾又可以除去熔体中的氢，所以在黄铜的熔炼过程中，一般不需要复杂的精炼过程。

各种黄铜都可以在有铁芯工频感应电炉中熔炼。熔炼普通黄铜时，炉膛一般都保持微氧化气氛并用木炭作为覆盖剂。由于黄铜中锌的蒸发点很低（907℃），温度越高，锌的蒸发量越大。在还原气氛中，锌的蒸发比氧化气氛中更加剧烈，在氧化气氛中，由于氧化膜层的存在，可以阻碍锌的蒸发。锌被蒸发后，即在空气中被氧化。而当黄铜熔体表面覆盖一层木炭时，可以阻碍锌的向外扩散、蒸发，也可以阻止氧向熔体中扩散，锌和氧在木炭层相遇，而生成氧化锌覆盖熔体，这样锌的蒸发作用被阻止。如果覆盖层遭到破坏，锌蒸气就会大量放出，造成锌雾，因此，覆盖剂的使用是不可缺少的。

熔炼普通黄铜时，可以大量使用本牌号旧料，但熔炼较高品位的黄铜时，应该使用一些品位较高的原料。熔炼某些化学成分要求不太严格的黄铜（如 HPb59-1）时，不仅可以大量使用本牌号旧料，并且还可以使用相当数量的二级旧料。当大量使用黄铜旧料时，对易熔损的元素锌等应作适当的补偿。

4.4.2 熔炼工艺

生成实践表明，熔炼黄铜时坚持“低温加锌”和“逐块加锌”的原则，是保证安全生产和减少锌熔损的一条有效措施，否则大量的锌投入到高温熔体中时，就会使大量的锌变成锌蒸气而挥发，同时高温的锌蒸气从炉口喷出，也容易造成事故。在熔炼某些含有铁、镍等高熔点元素的黄铜时，应先将这类元素制成中间合金，以降低熔点。合金中的低熔点元素如铅、锡、铝等可直接以纯金属形式使用。但在合金中加入铝时，一定要防止熔体局部过热现象产生，所以铝最好在铜未熔化完时同其他炉料一起加入到炉内。黄铜的熔炼工艺技术条件见表 4-2。

表 4-2 黄铜的熔炼工艺技术条件

合金名称	覆盖剂	脱氧剂	加料及熔化操作程序	出炉温度/℃
H68 H62 H96	木炭或 其他复合熔剂	铜-磷 新料：0.006% P 旧料：0.003% P	铜＋（旧料）＋覆盖剂→熔化→锌→熔化→搅拌，捞渣→取样分析→升温→铜-磷→搅拌→出炉	喷火（1100～1160） 喷火（1060～1100） 1180～1220
HPb59-1 HPb63-3	木炭、米糠 或其他熔剂	铜-磷 新料：0.006% P 旧料：0.003% P	铜＋（旧料）＋覆盖剂→熔化→铅＋锌→熔化→搅拌，捞渣→取样分析→升温→铜-磷→搅拌→出炉	喷火（1030～1080） 喷火（1060～1100）
HAl67-2.5 HAl60-1-1 HAl59-3-2	木炭、冰晶石		铜＋（旧料）＋Cu-Mn＋Cu-Fe＋Cu-Ni＋覆盖剂→熔化→铝＋锌→熔化→冰晶石，搅拌，捞渣→取样分析→升温→搅拌→出炉	喷火（1060～1100） 喷火（1080～1120） 喷火（1080～1120）
HNi65-5 HNi56-3	木炭或 其他熔剂	铜-磷 新料：0.006% P 旧料：0.003% P	铜＋（旧料）＋Cu-Ni＋覆盖剂→熔化→锌→熔化→搅拌，捞渣→取样分析→升温→铜-磷→搅拌→出炉	喷火（1100～1150） 喷火（1060～1100）
HSn90-1 HSn62-1 HSn60-1	木炭、米糠	铜-磷 新料：0.006% P 旧料：0.003% P	铜＋（旧料）＋覆盖剂→熔化→锡＋锌→熔化→搅拌，捞渣→取样分析→升温→铜-磷→搅拌→出炉	1180～1220 喷火（1060～1100） 喷火（1060～1100）
HMn58-2 HMn55-3-1 HMn57-3-1	木炭、冰晶石	铜-磷 新料：0.006% P 旧料：0.003% P	铜＋(旧料)＋Cu-Mn＋Cu-Fe ＋覆盖剂→熔化→锌＋(铝)→熔化→冰晶石,搅拌,捞渣→取样分析→升温→铜-磷→搅拌→出炉	喷火（1040～1080） 喷火（1040～1080） 喷火（1040～1080）
HFe59-1-1 HFe58-1-1	木炭或 其他熔剂		铜＋(旧料)＋Cu-Mn＋Cu-Fe ＋覆盖剂→熔化→锌＋(铝)→熔化→冰晶石,搅拌,捞渣→取样分析→升温→铜-磷→搅拌→出炉	喷火（1040～1080） 喷火（1040～1080）
HSi80-3	木炭、米糠 或其他熔剂	铜-磷 新料：0.006% P 旧料：0.003% P	铜＋（旧料）＋覆盖剂→熔化→Cu-Si→锌→熔化→搅拌，捞渣→取样分析→升温→铜-磷→搅拌→出炉	喷火（1150～1180）

除低锌黄铜外，一般黄铜的熔炼温度都可以通过操作盘上电流表指针的摆动或熔体的喷火程度来判断。黄铜喷火也称为沸腾，它是指烫过炉头后，炉体放平时有火焰从炉口喷出的现象。不同含锌量的黄铜，各自具有不同的喷火温度。表4-3列出了黄铜的沸腾温度（喷火）与含锌量之间的关系。

表4-3 黄铜的沸腾温度与含锌量之间的关系

含锌量/%	31.0	31.7	32.5	33.3	34.2	35.3	36.3	37.4
沸腾温度/℃	1180	1170	1160	1150	1140	1130	1120	1110
含锌量/%	38.3	39.2	40	40.7	41.7	42.8	43.8	45
沸腾温度/℃	1100	1090	1080	1070	1060	1050	1040	1030

4.5 白铜的熔炼

4.5.1 概述

白铜兼有紫铜和镍两种金属的熔炼特性，它的熔点比紫铜高，吸气的能力比紫铜大，而且熔体能够同时吸收氧和氢。所以白铜应该在密封及覆盖条件比较好的感应炉中熔炼。

在熔炼某些对化学成分要求比较严格的白铜时，应全部使用新金属料。即使是一般白铜，也不宜全部使用旧料作原料，而应该是新料与旧料搭配使用。所用的阴极铜和电解镍应该表面光洁，组织致密，无铜豆、镍豆。所使用的旧料应该是无油泥、水分和乳液等附着物。

4.5.2 熔炼工艺

某些白铜的熔炼工艺技术条件见表4-4。

表4-4 白铜的熔炼工艺技术条件

合金名称	覆盖剂	脱氧剂	加料及熔化操作程序	出炉温度/℃
B5 B30	木 炭	铜-镁	镍+铜+（旧料）+木炭→熔化→升温，搅拌，扒渣→取样分析→加镁脱氧→升温出炉	1180~1240 1300~1350
BFe10-1-1 BFe30-1-1	木 炭	铜-镁	镍+铜+铁+（旧料）+木炭→熔化→锰→熔化→搅拌，升温，扒渣→取样分析→升温，加镁脱氧→升温出炉	1280~1330 1300~1350
BMn40-1.5 BMn43-0.5	硼砂玻璃	铜-镁	镍+铜+（旧料）+熔剂→熔化→硅+铁→熔化→锰→搅拌，升温，扒渣→取样分析→升温，加镁脱氧→升温出炉	1360~1440 1360~1440
BZn15-20 BZn18-18	木 炭	铜-镁、硅、锰	镍+铜+铁+（旧料）+木炭→熔化→锰+硅→熔化→锌→熔化→搅拌，升温，扒渣→取样分析→升温，加镁脱氧→升温出炉	1180~1210 1180~1210
BAl13-3 BAl6-1.5	木炭冰晶石		镍+铜+冰晶石+（旧料）+木炭→熔化→铝→冰晶石→铝→搅拌，升温，扒渣→取样分析→升温出炉	1350~1400 1300~1350

在感应电炉中熔炼简单的低镍白铜可用煅烧木炭作覆盖剂。熔炼铝白铜时，根据熔炼情况可不加木炭，而靠熔池表面的氧化渣来覆盖熔体，但需要加入适量的熔剂清渣。也有的用完全熔融玻璃来覆盖熔体。为保证熔体质量，除了原辅材料严格要求，以及在熔炼过程中对熔体进行严密保护以外，还应严格控制熔炼温度和对熔体进行认真的脱氧。这是因为熔炼温度过高

时，不仅容易导致熔体大量吸气，而且还会促进熔体与炉衬、木炭覆盖剂等之间发生化学反应，以致造成熔体中某些元素含量的增高。熔体中含氧时，主要靠加入的沉淀脱氧剂去除。熔炼白铜时，常用的脱氧剂主要是铜-镁，也有采用锰、硅或钛等元素的。

4.6 青铜的熔炼

4.6.1 锡青铜的熔炼

通常，锡青铜多在有铁芯工频感应炉及工频无铁芯感应炉中熔炼，常用的覆盖剂是煅烧木炭，一般选用硅砂炉衬。

锡锌青铜、锡磷青铜等，由于合金中的锌和磷等元素对熔体有脱氧作用，因此不需要在熔炼过程中添加其他沉淀脱氧剂。在原料中，除沸点较低的磷等元素制成中间合金外，其他元素大多可以以纯金属形式直接使用。

在锡青铜熔炼过程中，为了避免熔体中产生大量的硬脆化合物二氧化锡（SnO_2），在加锡之前，需要对熔体进行脱氧。除了熔体表面覆盖木炭以外，合金元素磷可兼作脱氧剂，并在锡之前加入熔体中一部分。

在熔炼锡锌铅青铜时，应采用煅烧木炭作覆盖剂，并在炉料未熔化完之前加入，尽量不要在熔炼过程中补充新木炭，以防熔体与气体接触而造渣，如果合金熔体中熔渣较多时，在出炉前需要捞渣，但一定要保证不得将熔体表面暴露出来。

4.6.2 铝青铜、硅青铜和铍青铜的熔炼

铝青铜、硅青铜和铍青铜的共同特点是每种合金中都含有对氧亲和力较大的元素，如铝、硅和铍。由于这类元素在合金熔体中有脱氧作用，因此，若合金中有气体存在，将主要是氢，而不会是氧化亚铜（即氧在铜中存在的一般形式）。另外，在铝青铜和铍青铜熔体中，很容易出现氧化铝和氧化铍夹杂。

在熔炼这类合金时，不用加覆盖剂，因为在熔池表面形成了一层氧化膜。铝青铜熔体表面的氧化膜由 Al_2O_3 构成，硅青铜熔体表面的氧化膜由 SiO_2 构成，铍青铜熔体表面的氧化膜由 BeO 构成。这层氧化膜起到了保护内部熔体的作用。

原料中，除了铍应该在专门的工厂里预制成中间合金外，其他元素都可以直接以纯金属的形式使用。

为了避免熔体大量吸气，除对原料应该严格要求外，还必须采用合理的装料和熔化顺序。熔炼铝青铜时，铝不能单独加入到铜液中，因为若将铝单独加入到铜液中时，由于铜和铝熔合时所放出来的热量，可使熔体的局部温度升高 200℃ 以上，结果将会引起熔体的大量吸气和金属的严重烧损，所以在向铜液中加铝的同时，要加入一定数量的预先留下来的一部分铜料，这样可以使铜和铝熔合时放出来的热量大都消耗在随后加入的铜料熔化上，就可以避免熔体的过热现象。熔炼硅锰青铜时，若先将硅、锰或本合金旧料加入熔池中熔化，以及炉料熔化后仔细地搅拌熔体等，对避免或减少熔体吸气都有一定的作用。熔炼铍青铜时，炉内少留熔体，以使装入炉内的炉料在熔化前有一段干燥和预热时间，对减少熔体吸气有一定效果。另外，在炉料全部熔化后，使熔体静置一段时间也有利于除气。

为了保证铍青铜的质量，最好能在真空感应炉中熔炼。在真空条件下，不仅熔体中的氢等气体容易逸出，而且也可使熔体免受氧化，这样就可以避免熔体中产生氧化铍夹杂。

最后应该指出，铍是有毒元素，所以在熔炼铍青铜时，一定要有相应的安全和环境保护措施。

4.6.3 镉青铜、铬青铜、锆青铜的熔炼

镉青铜、铬青铜和锆青铜应在密封及保护条件都比较好的感应电炉中熔炼，这一类合金的共同特点是每一种合金都有一种非常容易氧化的元素，即镉、铬、锆。这三种元素对熔体都有脱氧作用，但它们的氧化物都不能像氧化铝、氧化硅和氧化铍那样对熔体有保护作用。因此，在熔炼生产中，镉、铬、锆的烧损量是比较大的，以致使合金的成分难以控制。显然，在熔炼这一类合金时，除应注意避免熔体吸气之外，力求减少镉、铬、锆的熔损是非常重要的。

熔炼这类合金时，应特别注意对熔体的保护。例如在用煅烧木炭作镉青铜或者铬青铜熔体的覆盖剂时，覆盖层厚度应在150mm以上。熔炼铬青铜时，也有用熔融的玻璃和硼砂的混合物，或者只用熔融的硼砂来覆盖熔体的。为了减少镉、铬的氧化损失，除应将它们预制成为中间合金外，还应在加入熔体之前对熔体进行一次预脱氧。预脱氧，可借助于熔池表面的木炭覆盖层进行，也可以另加入沉淀脱氧剂如铜-磷。为了减少镉的蒸发损失，铜-镉中间合金应在炉温较低时装炉熔化。为加快铬的熔化速度，以减少其氧化损失，铜-铬中间合金应在铜液温度提高到1350℃以上时再装炉熔化。

由于锆比镉和铬更容易氧化，甚至在非真空条件下熔炼时根本无法保证合金中的锆含量，因此，锆青铜最好在真空感应炉内熔炼。在真空感应炉熔炼锆青铜的方法是：切除电解铜的挂耳，将无铜豆、铜绿等杂物的小块电解铜装入炉内石墨坩埚中，在真空条件下进行熔炼。铜熔化后静置一段时间去氢，并使碳（石墨坩埚即主要由碳构成）的脱氧反应充分进行。然后将锆加入铜液中熔化，待化学成分均匀时即可出炉。为了确保铸锭中的锆含量，其浇注也应在真空条件下进行。

某些青铜的熔炼工艺技术条件见表4-5。

表4-5 青铜的熔炼工艺技术条件

合金名称	覆盖剂熔剂	脱氧剂	加料及熔化操作程序	出炉温度/℃
QSn6.5-0.1 QSn6.5-0.4	木炭或米糠		铜+（旧料）+锡+木炭→熔化→铜-磷→熔化→升温，搅拌，扒渣→取样分析→升温出炉	1240~1300 1240~1300
QAl10-3-1.5 QAl10-4-4	冰晶石		冰晶石+镍+铁+锰+2/3铜+（旧料）→熔化→铝→熔化→1/3铜→熔化→冰晶石→升温，搅拌，扒渣→取样分析→升温出炉	1200~1240 1200~1240
QSi3-1 QSi1-3	木　炭		镍+锰+硅+铜+（旧料）+木炭→熔化→搅拌→取样分析→升温→出炉	1140~1220 1180~1220
QCr0.5	硼砂65% 玻璃35%	Cu-P	铜+硼砂+玻璃+（旧料）→熔化→升温至1300~1350℃→Cu-P→Cu-Cr→搅拌，取样分析→出炉	1300~1350
QCd1.0	木　炭	Cu-P	铜+（旧料）+木炭→熔化→Cu-P→Cu-Cd→搅拌，取样分析→出炉	1230~1260

4.7 镍及镍合金的熔炼

4.7.1 概述

镍及镍合金具有较高的熔炼温度。在高温下，熔体能够吸收大量的气体和强烈地进行氧化，其吸气能力和氧化能力都比铜及其合金大。镍中的氧主要是以氧化亚镍（NiO）形式存在

的。熔炼过程中，除炉气中的氧可直接使镍氧化外，炉气中的水蒸气、二氧化碳等也都能够使镍发生氧化。一氧化碳和氮气也能够被镍熔体吸收，二氧化硫（SO_2）在高温下可与镍发生化学反应，生成的硫化镍（Ni_3S_2）可使镍变脆。

可见，几乎存在于炉气中的大部分气体如氢、氧、水蒸气、一氧化碳、二氧化碳、二氧化硫以及碳氢化合物等，对镍都是有害的。因此，熔炼镍及其合金时，广泛地采用了真空熔炼法和电渣重熔法，虽然有一些镍及其合金也可以在非真空条件下进行熔炼，但是必须对熔体严加覆盖保护。

4.7.2 非真空感应炉熔炼镍及镍合金

阳极镍 N_y2、N_y3、镍铜合金 NCu28-2.5-1.5、镍钴合金 NCo17-2-2-1、镍铝合金 NAl3-1.5-1 等，可以在非真空的中频、高频感应电炉中熔炼，有时 N6 也在非真空条件下熔炼。

4.7.2.1 N6 的熔炼

按照熔炼过程中所使用的覆盖剂和脱氧剂的种类不同，熔炼工艺过程也不一样。

玻璃覆盖，碳、硅、锰脱氧熔炼。具体熔炼工艺过程见表 4-6。覆盖剂玻璃应在镍未熔化前加入炉内，使熔体能够完全处于熔融玻璃层的保护之下，炉料熔化完毕，当熔体温度达到 1550℃左右时捞出玻璃，随即开始加木炭进行扩散脱氧；用木炭脱氧时，其氧化反应如下：

$$NiO + C \longrightarrow Ni + CO\uparrow$$

脱氧用木炭应先碎成小块，木炭应分批加入熔池表面，以免造成熔体“上涨”现象。木炭的加入量一般为投料量的 0.25%。木炭脱氧反应时，将从熔体中强烈地析出一氧化碳等气体，此时可在液面上见到火花、沸腾和熔体上涨现象。为使木炭脱氧取得较好的效果，应在加木炭的过程中不断搅动熔体。木炭脱氧的终了标志是金属熔体表面呈“镇静”状态。木炭脱氧结束后，用硅、锰继续脱氧，用硅、锰脱氧的反应如下：

$$2NiO + Si \longrightarrow 2Ni + SiO_2$$

$$NiO + Mn \longrightarrow Ni + MnO$$

脱氧之后重新加入覆盖剂玻璃。当熔体达到出炉温度时，用镁或者镍-镁中间合金进行最后脱氧。用纯镁脱氧时，常采用“插镁”的方式，将镁用镍皮包好捆在镍棒的端头上，待出炉前速将镍棒插入熔池深处。用镁脱氧时的反应如下：

$$NiO + Mg \longrightarrow Ni + MgO$$

镁还兼有脱硫的作用，其化学反应为：

$$Ni_3S_2 + 2Mg \longrightarrow 3Ni + 2MgS$$

生成的熔点较高、密度较小的硫化镁（MgS）易于从熔体中浮出。在出炉前，可取试样观察其收缩情况，若发现试样表面收缩不好，可向熔体中补加适量的镁，接着出炉浇注。

4.7.2.2 NCu28-2.5-1.5 的熔炼

镍铜合金 NCu28-2.5-1.5，俗称为蒙乃尔合金。熔炼 NCu28-2.5-1.5 时，多用玻璃作覆盖剂。炉料中的镍、铜和铁同时装炉熔化。熔化后加锰，因为锰不仅是合金的一个组成元素，而且它有脱氧作用。但是由于锰是一种较弱的脱氧剂，为了使熔体彻底脱氧，还需要在出炉前对熔体专门进行脱氧。常用的脱氧剂是镁。实践表明，把镁用镍皮包好捆在镍棒上直接插入熔池深处的脱氧效果较好。另外，当采用半连续铸造方法时，由于浇注时间比较长，应在铸造过程中间补加适量的脱氧剂。NCu28-2.5-1.5 的非真空熔炼工艺技术条件见表 4-6。

表 4-6 镍及其合金的非真空熔炼工艺技术条件

合金名称	炉衬材料	覆盖剂	脱氧剂	加料及熔化操作程序	出炉温度/℃
N6	镁砂	玻璃	碳、硅、锰、镁	镍＋玻璃→熔化→升温至 1500℃捞出玻璃→木炭脱氧→加硅、锰脱氧→加玻璃→熔化→插镁脱氧→出炉	炉前浇注 1520～1560
NCu28-2.5-1.5	镁砂	玻璃	镁、钛	镍＋铜＋铁＋（旧料）＋玻璃及无水硼砂→锰→升温至 1500℃→钛→插镁脱氧→出炉	炉前浇注 1440～1500

4.7.3 真空炉熔炼镍及其合金

真空熔炼时，熔室与外界空气隔绝，特别是在熔室被抽成真空以后，不仅堵死了熔体从大气中吸收氢和氧等气体的途径，避免了某些合金元素的氧化损失，而且由于炉膛内气压极低，使得原来溶解于熔体中的气体和熔炼过程中产生的气态产物容易逸出，这就是真空熔炼所以能够得到组织致密，含气体及其他夹杂物都较少的优质铸锭的基本原因。

根据真空熔炼过程中气态的脱氧产物容易从熔体中逸出的特点，在真空熔炼镍及其合金时常用木炭脱氧，因为脱氧产物是一氧化碳，熔炼过程中常见到的熔池表面鼓泡或沸腾现象，就是由于脱氧产物一氧化碳急于穿过熔体而上浮时所引起的。

应该指出，虽然真空熔炼具有许多优点，但它也有一个严重的缺点，就是可以造成某些沸点低、蒸气压高的合金元素的大量蒸发损失。

通常，在熔炼某些含有易蒸发元素的合金时，采用向熔室内充惰性气体（如氩）、坩埚上加盖、加速熔炼，以及采用合理的装料与熔化顺序等措施，就是为了克服这个缺点。

多数镍及其合金，都可在低真空条件下进行熔炼。熔炼的主要工序为：装料、熔化、精炼。

4.7.3.1 装料

在一般情况下，镍应一次加完。因为，在熔炼过程中每补加一次料，都得破坏真空，并要在加料后重新建立真空。装料时，炉底应铺小块，大块料加在上面。炉中的装料要下部紧上部松，以免发生搭桥现象。合金的加料与熔化顺序依其各金属的性质而定。例如容易蒸发的元素应在临出炉前加入。用碳脱氧时，碳应分散装在坩埚下部的炉料中间。

4.7.3.2 熔化

熔炼一般的镍及其合金时，应尽可能给最大功率熔化，但要防止炉料突然下沉和搭桥现象。在熔化过程中，若从熔体中析出的气体较多，为避免喷溅现象发生，可以适当地降低送电功率，或通入 $30 \times 133 \sim 40 \times 133$Pa 的氩气。在熔化含有某些沸点低，蒸气压高的元素合金时，可以采取向熔室内充填惰性气体氩的办法以减少熔损。

4.7.3.3 精炼

当炉料熔化完毕，并且熔池的表面沸腾现象消失，呈平静状态、温度适宜时，可开始精炼作业。精炼的目的在于更好地去除气体和某些夹杂物。精炼期间，熔室内的真空度应控制在

13.33Pa 左右。精炼时间一般在 15 ~ 20min。精炼末期应反复倾动炉体，以利脱氧和除气过程充分进行。

精炼后，用镍-镁脱氧，静置 2min 以后，即可以进行浇注。

在真空条件下熔炼压力加工用镍的工艺技术条件见表 4-7。

表 4-7 真空条件下熔炼镍的工艺技术条件

合金名称	真空度/Pa	脱氧剂	加料及熔化操作程序	出炉温度/℃
N6	13.33	木炭 镍-镁	1/3 镍 + 木炭 + 2/3 镍→抽真空→熔化→精炼 20min→加镍-镁脱氧→2min 后浇注→冷却 10min 后取锭	1520 ~ 1560

4.7.4 电渣熔炼 NCu28-2.5-1.5

在铜和镍合金中，使用电渣熔炼法生产的以 NCu28-2.5-1.5 镍铜合金较多，因为这种镍铜合金多用作结构材料使用在强度要求较高且耐腐蚀的部位。下面介绍电渣熔炼 NCu28-2.5-1.5 的工艺。

4.7.4.1 自耗电极的制备

NCu28-2.5-1.5 合金的自耗电极可在中频感应电炉中熔炼和半连续铸造法生产。由于锰元素含量在电渣熔炼过程中烧损较大，故在自耗电极中对锰含量应控制在上限范围，一般控制在 1.45% ~ 1.8%。起弧时，烧损更大，这时用的自耗电极其锰含量应控制得更高，一般在 1.65% ~ 1.85%。而铜、铁在电渣熔炼过程中不易烧损，故要求达到标准中限即可。表 4-8 列出了 NCu28-2.5-1.5 合金的标准成分。起弧第一根电极及正常熔炼时，电极的主要成分、杂质按标准要求不变。

表 4-8 NCu28-2.5-1.5 合金的主要成分

铸锭或电极	主要成分/%			
	铜	铁	锰	镍
铸锭按 YB144-71 要求	27.00 ~ 29.00	2.0 ~ 3.0	1.2 ~ 1.8	余 量
起弧的自耗电极	27.4 ~ 28.4	2.2 ~ 2.8	1.65 ~ 1.85	
正常熔炼的自耗电极	27.4 ~ 28.4	2.2 ~ 2.8	1.45 ~ 1.8	

为了使热量在结晶器内各处基本均匀一致，电极的断面形状必须与铸锭的断面相似，如铸造圆锭采用圆电极，铸造扁锭采用扁电极。同时，电极的端面尺寸有一定关系，对于圆锭可按下式选用：

$$D_{\text{电极}} = KD_{\text{铸锭}} \tag{4-2}$$

K 值一般在 0.4 ~ 0.6，对于熔炼黏度较大的合金，采用电导率较低的渣系时，K 值可选得大些，反之可选得小一点。

自耗电极的直径以选得大一点为好，因为电极直径越大，电能就越能充分发挥作用。但电极直径过大会妨碍渣池中熔渣的对流运动，降低熔渣的精炼作用。同时，直径选得过大，电极与结晶器之间的间隙变小，容易在熔炼时或更换电极时与结晶器碰撞，发生短路产生电弧而将结晶器损坏。

某厂在生产中选用的自耗电极的规格见表 4-9。

表 4-9　自耗电极的规格

铸锭规格/mm	145	195	245	295
电极规格/mm	83.5	100	145	145
K 值	0.57	0.51	0.59	0.49

此外，自耗电极还应符合下列要求：

（1）电极的弯曲度每米不大于 20mm，长度应大于 1m；

（2）表面无油泥、水污及其他赃物，飞边、毛刺需要修理。用半连续铸造法生产电极时，其底部所夹带的异物必须清理干净；

（3）内部应无气孔和夹杂物等缺陷。

4.7.4.2　熔渣

熔渣在电渣重熔工艺中起着重要作用，在使用上熔渣分为导电渣和熔炼渣两种。

（1）导电渣需预先制备，其制造也是在电渣炉里进行。这时用石墨作电极，将萤石粉、二氧化钛粉和氧化钙粉混合后装于结晶器内。引弧后混合物被熔化，然后在熔化渣中补加渣料。补加渣料时应边加边用竹皮往下捣以防棚料，直到渣料全部熔化。最后升温 1～2min，然后提升石墨电极。电极离开结晶器后，用石棉板将结晶器上口盖好，待渣凝固、冷却后破碎成小块使用。

（2）熔炼渣。为了使熔炼渣具有良好的工艺性能，因此往往使用多种氧化物及氟化物的混合物作为熔渣。在电渣熔炼时熔渣必须具有如下作用及要求：

1）熔炼时能产生足以使金属熔化的热量，为此熔渣必须具有高的比电阻，一般要求熔渣的电阻系数为 0.25～0.35Ω · cm；

2）易于熔化，熔渣的熔点应低于合金熔点 150～250℃。同时应有较高的沸点，以免高温下大量挥发；

3）黏度适当，有良好的流动性。高温下熔渣与夹杂物间的表面张力越小越好，使得对夹杂物有良好的吸附作用；

4）具有一定的碱度，以便脱硫和磷；

5）不污染熔体，以保证铸锭化学成分的稳定性。因此，各种合金电渣熔炼时所选用的渣系，应随所含合金组元的不同而异。

由于熔渣均是由氧化物及氟化物的粉末混合而成，为了避免这些粉末因吸气而带进水分，造成电渣熔炼后铸锭出现气孔的缺陷，所以熔渣在使用前均需在 500～600℃ 温度下烘烤 4～6h。

为了防止起弧时熔渣的飞溅和为了保证熔渣完全干燥脱水，有时使用热渣。所谓热渣法就是电渣熔炼前先将渣料熔化，然后倒入结晶器内形成渣池，起弧进行熔炼。这样引弧时比较安全可靠，而且渣料经熔化，消除了带进水分的可能性。但这样却需要增加熔化渣料的设备，而且操作上比较复杂。

熔渣的用量以正好满足一个熔次为合适，用过的废渣可经破碎后以 10%～20% 重新配入到新渣料中使用，以节约渣料。熔炼 NCu28-2.5-1.5 渣料配比见表 4-10。每熔次渣料的用量见表 4-11。

表 4-10 熔炼 NCu28-2.5-1.5 时的渣料配比

渣料种类	渣料配比/%		
	CaF_2	Al_2O_3	TiO_2
导电渣	50		50
熔炼渣	70	30	

表 4-11 每熔次用渣料量

铸锭规格/mm	渣料质量/kg	渣层厚度/mm	铸锭方式
ϕ145	5	70 ~ 100	抽锭式
ϕ195	9	70 ~ 100	抽锭式
ϕ245	12	70 ~ 100	抽锭式
ϕ295	14	70 ~ 100	充填式

4.7.4.3 电功率的选择

电渣熔炼过程的电参数主要是电流和电压，但生产时对一定的铸锭规格要选一定的电压，这个电压在生产时是不变的，为此只有调整电流来满足工艺的要求，而电流的大小又取决于自耗电极插入渣池的深度，因此在电渣熔炼的操作中，控制自耗电极的下降速度，使自耗电极处于可获得优质铸锭的位置是个关键。从电流大小可以判断出电极所处的位置，因而自耗电极下降的速度应按电流的大小进行控制。

电压的大小取决于铸锭的规格，直径大的铸锭电压可选高些，常用电压一般在 30 ~ 80V 之间，电流在 3000 ~ 10000A 之间。

自耗电极插入渣池深、电流大，金属熔池也变深，这时不利于铸锭的轴向结晶及排气，若自耗电极插入渣池过浅、电流太小，熔池趋于平缓，但因温度低，容易使铸锭出现表面冷隔或内部夹杂的缺陷，但电流过大，熔池过深，铸锭冷却不下来，容易出现拉漏的现象，当熔体漏出时，熔渣也随之漏出，熔渣大量流失，则熔炼被迫停止，故操作时必须严格遵守工艺中对电功率的规定，否则会出现产品的缺陷或发生事故。

熔炼 NCu28-2.5-1.5 时，所选用电功率参数见表 4-12。

表 4-12 熔炼 NCu28-2.5-1.5 电功率参数

铸锭规格/mm	引弧造渣		正常熔炼		补 缩		冷却水温/℃		铸锭方式
	电流/A	电压/V	电流/A	电压/V	电流/A	电压/V	进口	出口	
ϕ145	0 ~ 2.0	50	2 ~ 2.5	50	0 ~ 2.0	50	室温	<45	抽锭式
ϕ195	0 ~ 2.5	50	4 ~ 4.5	60	0 ~ 2.5	50	室温	<45	抽锭式
ϕ245	0 ~ 2.5	50	4 ~ 4.5	60	0 ~ 3.5	60	室温	<45	抽锭式
ϕ295	0 ~ 4.5	60	5 ~ 5.5	60	0 ~ 4.5	60	室温	<45	充填式

4.7.4.4 电渣熔炼过程

电渣熔炼过程分为炼渣、引弧、熔炼和补缩等几个阶段：

（1）引弧。利用导电渣引弧的方法是：先在结晶器内托座中心放约 100g 导电渣料，周围洒上适量的工作渣粉，然后下降自耗电极并使电极下端与导电渣间距约 10 ~ 20mm。接通电流后利用电弧热将渣熔化，待渣熔化完毕（造了一定深度的渣池）时止，引弧操作才告结束。一般情况下，引弧化渣只要 5 ~ 8min 就够了。引弧期间必须注意避免短路，以防结晶器底水箱被击穿。

（2）熔炼。熔炼过程中，自耗电极应对准结晶器中心，结晶器内的冷却水保持畅通，并应将冷却水控制在 45℃以下。若发生底水箱被击穿，或电极脱落等危险事故时，应立即停电。

在正常的熔炼过程中，渣层厚度应保持为结晶器直径的 1/2 ~ 1/3 左右，其中当铸锭直径小于 145mm 时取上限，直径大于 145mm 时取下限。当熔炼时间较长时，根据熔渣的损失情况，及时向结晶器内补加渣料。补加渣料时不得将熔池压死，以防发生喷渣现象。若发生喷渣现象时，可迅速补加适量的渣料。在工作中，应及时调整自耗电极的下降速度，以使工作电流在不大的范围内波动。

在铸造大锭时，中间需要换接自耗电极，换极操作的时间越短越好，一般应小于 70 ~ 80s。否则，会使熔渣的温降增大。换接过程中，平均熔渣温降速度一般为 2 ~ 3℃/s。

（3）铸锭的冷却及收缩。电渣熔炼时由于没有二次冷却，另外在铸锭与结晶器之间往往还有一层薄薄的导热性能较差的渣壳，因此结晶器内的冷却水压力不能太小，一般为 0. 15 ~ 0. 2MPa。

当使用充填法熔铸时，底水箱的冷却强度应尽可能大，以便于铸锭的轴向结晶，同时可避免引弧时底水箱盖板被击穿的可能性。

熔炼末期，为了防止铸锭顶部产生缩孔、疏松等缺陷，必须进行补缩。补缩时应降低冷却水水压，以减缓铸锭的冷却。

补缩可采用逐渐减小电流，间断性停电、送电，或间断性给、送自耗电极等方法，当采用抽锭式铸造时，应同时适当减慢引锭速度，以便铸锭得到补缩。

4.8　铅、锌、锡、镉及其合金的熔炼

4.8.1　铅及其合金的熔炼

铅及其合金可在电阻炉或锅式炉内熔炼，使用铸铁锅。熔炼时，铅合金中的碲、硒等元素易损耗，其配料比一般取标准成分的上限；铅合金中的铜、锡、锑、银等元素不易损耗，其配料比一般取标准成分的中限或下限。根据此原则确定的某些铅合金的配料比见表 4-13。

表 4-13　PbSb2-0. 1-0. 5 合金的配料比（质量分数/%）

成分配比	Sb	Ag	Cu	Te	Se	Pb
标准成分	1. 5 ~ 2. 5	0. 01 ~ 0. 5	0. 05 ~ 0. 2	0. 04 ~ 0. 1	0. 01 ~ 0. 05	余量
新料配料比	2. 0	0. 1	0. 1	0. 1	0. 04	余量

铅合金的旧料可回炉使用，一般不需补加元素。向铅液中加入铅-银、铅-锑中间合金时，应将中间合金切成小块，投入锅内，充分搅拌均匀。熔炼过程中每班捞渣一次，捞渣前 1h，在铅液表面覆盖一层木屑和木炭粉，将炉温升到 600℃时，进行捞渣。铅及其合金的熔炼工艺技术条件见表 4-14。

表 4-14　铅及其合金的熔炼工艺技术条件

合金名称	出炉温度/℃	加料及熔化操作顺序
纯　铅	370～450	铅→熔化→浇铸
铅银合金	500～550	铅→熔化→铅-银中间合金→搅拌→浇铸
铅锑合金	450～500	铅→熔化→铅-锑中间合金→搅拌→浇铸
硬铅合金	450～500	铅→熔化→锡＋铅-锑中间合金→搅拌→浇铸
特硬铅合金	450～500	铅→熔化→铅-锑、铅-银中间合金＋碲＋硒→搅拌→浇铸

4.8.2　锌及其合金的熔炼

锌及其合金通常在反射炉或工频感应电炉内熔炼，炉衬材料为黏土砖或耐火砖。熔炼时，锌合金中的铝、镉、镁等元素易损耗，其配料比一般取标准成分的上限；锌合金中的铜、铅、铁等元素不易损耗，其配料比一般取标准成分的中限或下限。根据此原则确定的照相制版用锌合金的配料比见表4-15。

表 4-15　照相制版用锌合金的配料比（质量分数/%）

合金牌号	成分配比	Pb	Cd	Fe	Al	Mg	Zn
XI1	标准成分	0.2～0.5	0.12～0.25	0.012～0.02			余量
	新料配料比	0.35	0.25	0.016			余量
XI2	标准成分				0.02～0.10	0.05～0.15	余量
	新料配料比				0.08	0.13	余量

锌及其合金的原废材料应按配料比严格验收。使用旧料时，锌合金中的易损元素应进行补偿，补偿量按炉料计算为：镉0.01%～0.05%；镁0.01%～0.02%；铝0.007%～0.008%。装炉时，应按边角料→锌-铁中间合金→锌锭的顺序进行。添加的合金元素应在炉料全部熔化后加入。

熔化过程中，利用液面形成的氧化锌渣起覆盖作用，可不用加覆盖剂。金属全部熔化后，升温至460℃以上，加入氯化铵（NH_4Cl）进行搅拌扒渣。氯化铵是作为精炼剂使用的，可以起到清渣、除气的作用，其加入量为炉料质量的0.1%　1%，根据熔池面积大小和渣量多少可适当增减用量。扒渣后，炉温达到480℃以上即可取样分析，合格后即可出炉浇铸。取样时，工具应干净、干燥，所取试样应真实反映熔体的化学成分。应根据气候条件，控制出炉温度。浇铸前，应扒净浇嘴口处的氧化锌渣。

锌-铜中间合金可用H68代用，但应将锌液温度升到700～750℃时加入H68。锌及其合金的熔炼工艺技术条件见表4-16。

表 4-16　锌及其合金的熔炼工艺技术条件

合金名称	出炉温度/℃	熔　剂	加料及熔化操作顺序
锌阳极板纯锌	450～490	氯化铵	锌→熔化→升温→氯化铵清渣→浇铸
电池锌板（XD1、XD2） 照相制版用锌板（XI1） 胶印锌板	460～480	氯化铵	锌→熔化→升温到460℃以上→氯化铵→搅拌除渣→铅＋隔＋锌-铁中间合金→搅拌→浇铸
微晶锌板 XI2	490～520	氯化铵	锌→熔化→升温到500℃以上→氯化铵→搅拌除渣→铝＋镁→搅拌→浇铸
ZnCu1.5	475～525	氯化铵	锌→熔化→升温到600℃以上→锌-铜中间合金→熔化→氯化铵→搅拌除渣→浇铸

4.8.3　锡及其合金的熔炼

锡及其合金多数在电阻炉、锅式炉中用铸铁锅熔炼，但也有的在坩埚炉中用石墨坩埚熔炼。锡合金中的铅、锑等元素不易损耗，配料时可取标准成分的中限或下限。锡合金旧料回炉使用时，一般不需补加元素。

熔炼过程中，常加植物油作精炼剂，起造渣除气的作用，一般使用豆油、菜油、花生油等，其加入量为每100kg料加入植物油0.05kg，加入液面搅拌20min，静置后除渣。锡及其合金的熔炼工艺技术条件见表4-17。

表4-17　锡及其合金的熔炼工艺技术条件

合金名称	出炉温度/℃	熔　剂	加料及熔化操作顺序
纯锡 Sn1、Sn2、Sn3、Sn4	260～280		锡→熔化→升温→浇铸
锡锑合金 SnSb2.5 锡铅合金 SnPb13.5	460～480 460～480	植物油	锡→熔化→锡-锑中间合金＋铅→植物油，搅拌20min，造渣除气→镇静除渣→浇铸

4.8.4　镉的熔炼

纯镉可在电阻炉或坩埚炉内，使用铸铁锅或石墨坩埚熔炼。熔炼时，以加入料量的0.05%～0.1%的氯化铵作熔剂，但浇铸时产生有剧毒的褐色氧化镉烟，现在很少使用。目前工厂都改用碱性钠熔剂，即可消除烟害，又能起到熔剂的作用，效果较好。

碱性钠熔剂的加入量为：第一炉为料重的15%，从第二炉开始均为料重的7%。浇铸时用铁勺将金属液与熔剂一起浇入平模中，铸锭上面的熔剂凝壳可反复使用；但由于使用碱性钠时，铸锭需经酸洗、水洗处理，使浇铸劳动强度增大。

纯镉熔炼的操作顺序是：预热坩埚后加镉和碱性钠，然后熔化，当温度达到400～450℃时，即可出炉浇铸。

复习思考题

基本概念：还原性熔炼、敞开式熔炼、真空熔炼、电渣重熔

思考题：1. 反射炉熔炼紫铜的特点和质量控制。
2. 紫铜熔炼的特点和质量控制。
3. 黄铜熔炼的特点和质量控制。
4. 青铜熔炼的特点和质量控制。
5. 白铜熔炼的特点和质量控制。
6. 镍及其合金熔炼的特点和质量控制。
7. NCu28-2.5-1.5的电渣熔炼的特点和质量控制。
8. 铅、锡、镉及其合金熔炼的特点和质量控制。

5 重有色金属及其合金铸锭生产

在有色金属及合金加工工业的发展和推动下，铸锭生产方法不断推陈出新。新方法、新工艺的出现使铸锭的质量显著提高，为加工工业的进一步发展创造了极为有利的条件。

铸锭方法发展到今天，虽然不下几十种，但在生产中，广泛被使用的也不过只有几种。因为，有色金属及合金铸锭的生产不仅取决于金属及合金的铸造性能，而且作为坯料生产还必须考虑到加工车间的生产方式、设备能力及产品的最终性能等情况，通过全面考虑之后才能确定合理的铸锭生产方式。

铸锭生产的任务就是将熔融状态的金属及合金熔体铸造成形状、尺寸、成分、组织等符合要求的铸锭。具体来说，铸锭要满足下列要求：

（1）锭坯的结晶组织无缺陷，化学成分符合标准规定。结晶组织和化学成分不均，结晶弱面显著、晶粒粗大等都会使铸锭的塑性和强度大大降低；

（2）锭坯表面不应有严重的冷隔、夹渣、裂纹等缺陷，内部不得有气孔、缩孔、夹渣、偏析及裂纹等缺陷。气孔、缩孔及夹渣往往是压力加工时材料起皮、起泡、断口分层的主要根源。偏析、裂纹等缺陷严重的降低了金属及合金的塑性；

（3）锭坯的形状和尺寸必须适合压力加工的要求，否则会给压力加工带来困难或造成浪费。

铸锭生产方法按铸造方式基本上可分为固定模铸造法和滑动模铸造法两大类：固定模铸造即锭模铸造，滑动模铸造即半连续铸造和连续铸造。前者适于中小厂，后者在大型工厂中普遍使用。近年来，由于铸造技术的提高，连续铸造法在中小工厂也得到了广泛的应用。

5.1 锭模铸锭生产及设备

锭模铸锭生产方法主要是指生产中曾被大量使用的生铁模和水冷模铸锭生产而言。这种生产方法虽然比较落后，但是由于它具有设备投资少，生产方法简单、灵活等特点，所以在铸锭生产中仍占有一定的地位。特别是某些合金由于铸造工艺及压力加工方面的某些原因，还仍然采用锭模铸造，如大多数镍及镍合金就属于这种情况。

锭模铸锭生产按浇注的方式来区分，可以分为水平模、立模、倾斜模及无流铸造四种。锭模的材质一般是灰口铸铁，有时也用球墨铸铁制造锭模。

5.1.1 水平模铸锭法

5.1.1.1 水平模结构

水平模铸造最适于只要求有一定轮廓尺寸和外形的、不重要的铸块生产，所以生产中多用于铸造各种金属及合金初熔或再熔的原料与回炉料，以及铸造对铸锭表面缺陷和内部结晶组织不做严格要求的铸块生产。例如常见的各种中间合金铸块以及熔制各种重熔料的铸块生产。

一般锭模结构如图 5-1 所示。有的也制成模底用水进行冷却的水冷模，水冷平模如图 5-2 所示。

从图 5-2 可见，水冷模是在模板下固定有水冷套。冷却水在水冷套内循环，以便对模底进行冷却。

水冷模的模底是铸锭凝固的主要散热面，所以要求生铁铸造的模底板要有足够的厚度以防止它受热和冷却过程中发生变形，而且使模子具有较高的冷却和散热能力。

为使水冷套中的循环水能够均匀地对模底进行冷却，最好将水冷套分成几个小的区域通水冷却。

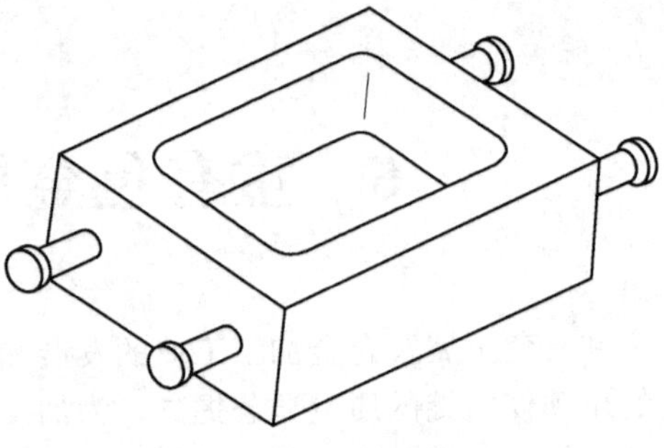

图 5-1　整体水平模

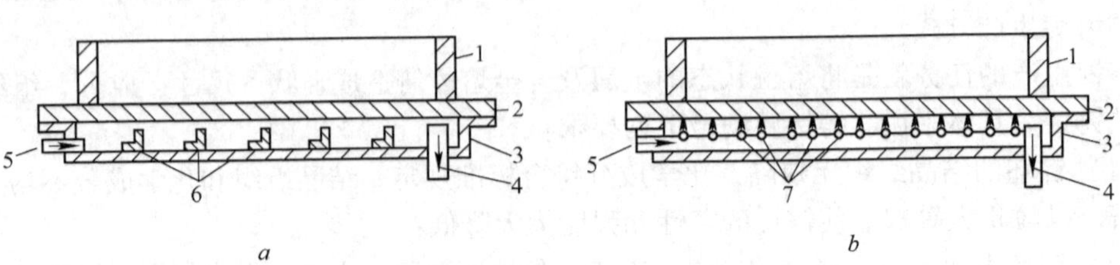

图 5-2　水冷平模

a—有导向角的；*b*—有导向液流的

1—锭模；2—底板；3—水套；4—出水管；5—供水管；6—导向角钢；7—导向管

5.1.1.2　水平模铸锭生产的浇注方式

水平模铸造时均采用倾注法，熔体由浇包直接浇注到模子中去，如图 5-3 所示，浇注过程中应注意挡渣和移动液流的着落点。仔细挡渣，可以防止熔渣随液流进入锭模；不断地移动液流着落点，可以防止锭模局部过热，甚至使锭模局部熔化的现象产生。浇注结束时，可用稻草灰或炭黑等物将熔体敞露面全部盖住，以防氧化造渣和减缓表面的凝固速度。

水平模倾注法的主要特点是自下而上结晶的方向性比较明显，从而有利于补充收缩，有利于从液穴中排除气体和夹杂物，但由于其敞露的液面较大，因而容易氧化造渣，加工前需要把大面积的浇口部分去掉，从而大大降低了成品率。

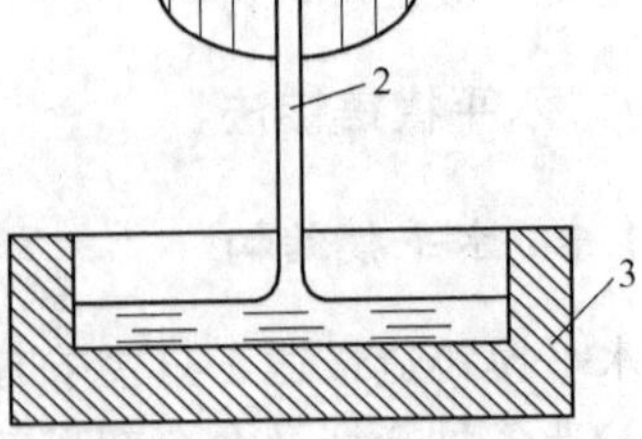

图 5-3　平模浇注过程示意图

1—吊包；2—熔体流柱；3—铸模

5.1.2　立模铸锭法

5.1.2.1　立模结构

立模根据其结构的不同分为：整体立模、对开式立模和组合模。

(1) 整体立模。铸造较大圆锭坯时一般使用整体立模。锭模的模壁一般都是下厚上薄，模底的厚度最大。因为立模铸锭时，主要依靠锭模的热传导使金属熔体降温而结晶凝固，所以，这样尺寸的铸锭在一定程度上可以控制晶体的结晶方向和提高结晶速度。立模的结构如图 5-4 所示。

铸造镍及其合金铸锭时，为便于补缩和脱模，可把模腔做成上大下小的形状。

（2）对开式立模和组合模。在铸造中、小尺寸的圆锭和扁锭时都可使用对开模和组合模。对开模铸造比整体立模铸造应用要广泛得多。因为这种模是沿垂直断面分为两半的，铸造时可用套箍将两部分牢固紧密地结合在一起，如图 5-5 所示。和整体立模相比较，这种模子内壁容易清理和便于涂抹涂料，有利于铸锭脱模。

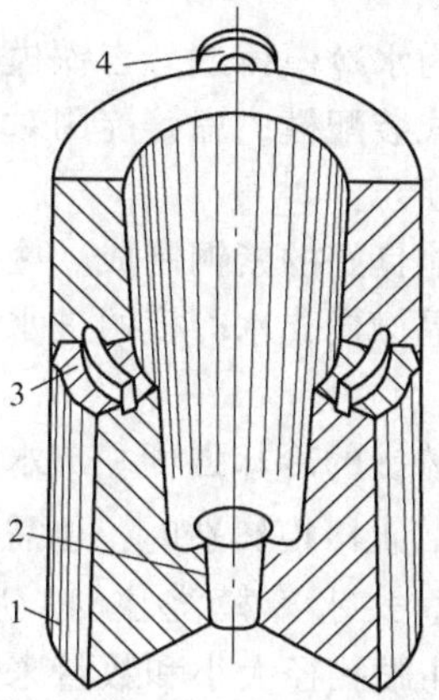

图 5-4　大型圆锭整体模

1—模体；2—石墨底塞；3—加固钢圈；4—吊耳

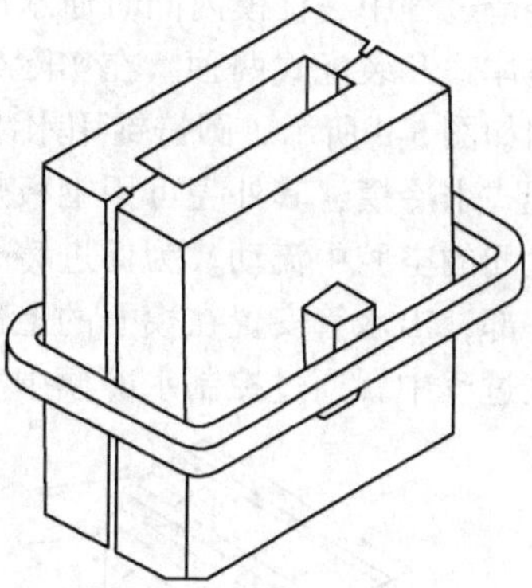

图 5-5　扁锭对开立模

若扁锭的厚度相同，仅宽度变化时，可采用图 5-6 所示的宽度可调整的模子。为了提高铸造生产的产量，也有采用组合模的，如图 5-7 所示。

5.1.2.2　立模铸锭生产的浇注方法

立模铸造时采用顶注法，液流的导入通常是通过中间漏斗进行的，有时在铸模的顶上还附加有保温帽，如图 5-8 所示。

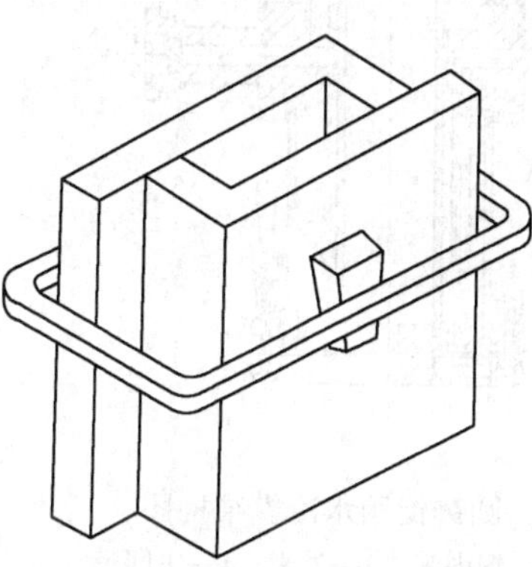

图 5-6　宽度可调扁锭模

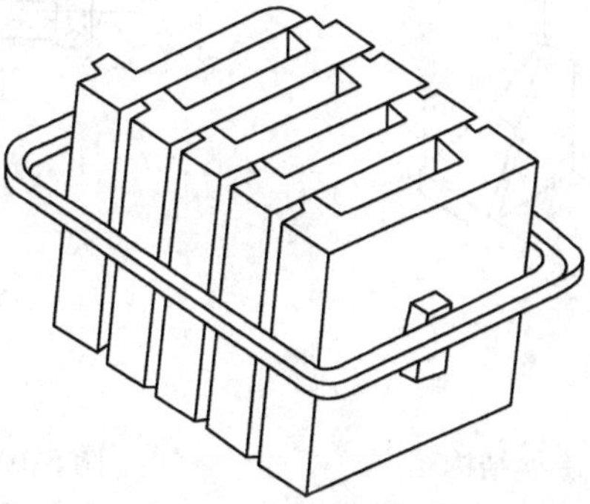

图 5-7　组合扁锭模

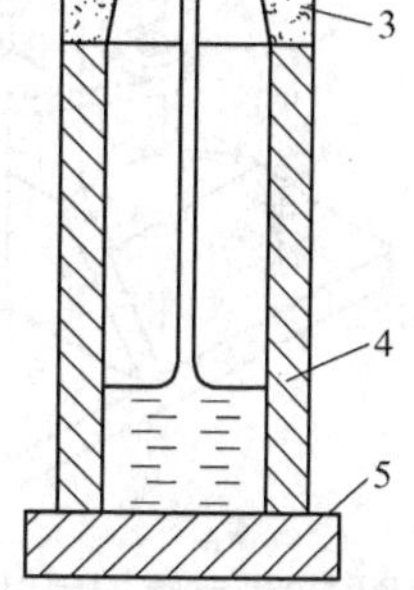

图 5-8　立模浇注过程示意图

1—漏斗；2—流柱；3—保温帽；4—铸模；5—底垫

在铸造过程中，漏斗的作用是：在漏斗中存在三分之二左右高度的熔体时，液面上的浮渣不会落入模中；漏斗眼能将液流导正、集中，从而避免浇到模壁上的现象产生；通过漏斗眼直径大小的变化还可以控制浇注速度。在浇注前，漏斗要充分预热，防止铸造开始时堵眼。

保温帽的主要作用是：延长其中熔体的冷却时间，使锭模中的金属收缩时能够得到补充。从而避免铸锭内部缩孔的产生。

立模顶注法的主要特点是：浇口面积小，铸造速度容易控制，但由于液穴深，使得熔体中的气体及夹渣等不易上浮，靠近浇口部分还容易产生疏松、缩孔等缺陷。

5.1.3　水冷模铸锭法

在铸造过程中，锭模内同时通水冷却的铸锭生产方法称为水冷模铸造。与铁模相似，水冷模也有整体式和装配式两种。在实际生产中应用较多的是立式装配模。扁铸锭用对开式水冷模的结构图如图5-9所示。圆铸锭用水冷模的结构图如图5-10所示。

装配式水冷模，其外壳可用钢板焊接，内套多用导热性能良好的紫铜制成。冷却水在外壳与内壁之间的空腔中流动。为促进铸锭的自下而上方向性结晶倾向，水冷模的进水管应安置在模子的下部，出水管安置在模子的上部。

浇注过程中，通过控制水冷模中冷却水的进水量来调整铸锭的冷却强度。出水温度一般不超过60～70℃。水冷模铸造时，也需要先在模壁上刷涂料。在立式水冷模浇注时，应该使用漏斗，并通过漏斗眼孔径大小和数量来控制浇注速度，浇注末期必须用高温熔体进行补口。

在水冷模铸锭时，必须注意两点：一是在浇注前必须先使铸模通水冷却；二是防止金属液流直接浇到内壁上，否则高温熔体将会把水冷模局

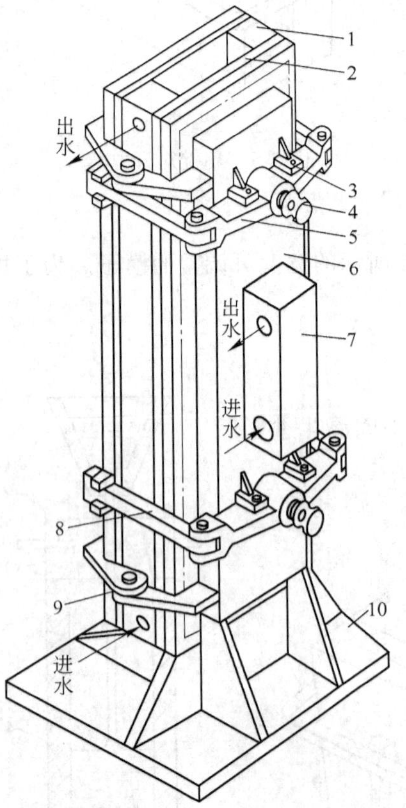

图5-9　扁铸锭用对开式水冷模结构图

1—窄面壁；2—宽面壁；3—导向座；4—顶丝；5—顶丝座；6—水冷套；7—水管接头；8—拉杆；9—绞链；10—底座

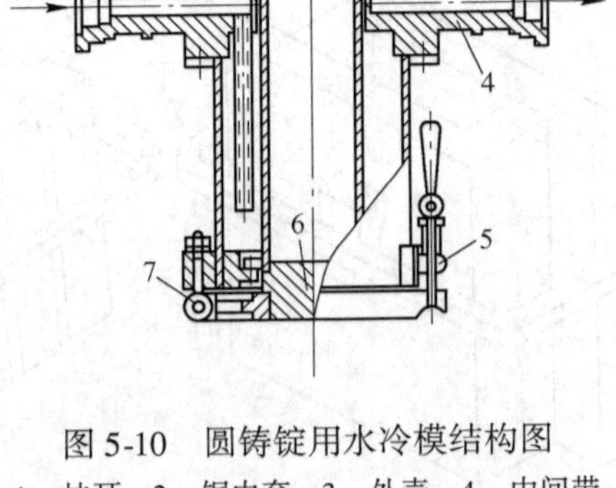

图5-10　圆铸锭用水冷模结构图

1—挂耳；2—铜内套；3—外壳；4—中间带水道的转轴；5—底垫的锁紧机构；6—活动底垫；7—绞链

部熔化，如将模壁烧穿漏水将引起放炮事故。

5.1.4 倾斜模铸锭法

倾斜模铸锭法是在一般的铁模铸锭法的基础上发展起来的，其特点是熔体落差小，液流流动平稳，适于浇注某些容易氧化生渣或容易因液流搅动而卷入气泡、夹渣等合金的铸锭生产。

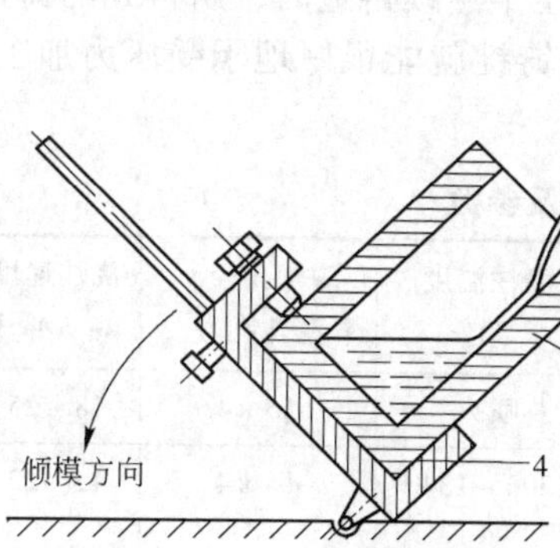

图 5-11 倾斜模浇注过程示意图
1—浇注包；2—熔体流柱；3—铸模；4—铸模倾斜装置

倾斜模铸锭法的原理如图 5-11 所示。浇注开始时，锭模倾斜到与水平面成 10°~25°左右的位置，随着模内熔体数量的不断增加，锭模将同时沿着一固定水平轴逐步向垂直位置转动。当熔体充满锭模时，锭模刚好成垂直的位置。浇注过程中，熔体落差不受锭模高度的影响。当包嘴几乎紧挨着锭模上口附近的一个侧壁时，熔体将沿着倾斜的模壁平稳地向下流动，几乎不发生飞溅现象。

在整个铸造过程中，由于导入锭模的熔体基本上保持为安静状态，所以，不仅不容易卷入气体和生渣，而且原来被熔体已吸收的气体及夹渣还容易排除。显然，这种浇注方法对某些极易氧化和生渣，极易从空气中吸收气体的合金（如硅青铜、铍青铜等）是较为适宜的。

表 5-1 列出了某些铜合金铸锭倾斜模铸造的工艺条件及参数。

表 5-1 铜合金铸锭倾斜模铸造的工艺条件及参数

合金牌号	铸锭规格/mm × mm × mm	铸模涂料	模温/℃	浇注温度/℃	浇注时间/s
HPb63-3	30 × 240 × 400	煤油：炭黑 = 7：1	80 ~ 130	喷火	30 ~ 45
QSi3-1	40 × 200 × 400	蓖麻油：肥皂 = 6：4	80 ~ 130	1180 ~ 1220	30 ~ 40
QBe2. 0	ϕ120 × 400		80 ~ 130		180 ~ 210

5.1.5 无流铸锭法

无流铸锭法的原理如图 5-12 所示。无流铸锭时，锭模可以是水冷的，也可以采用不通水冷却的铸铁模。

锭模由带底的具有三面模壁的可动部分和具有单面模壁固定部分组成。可动部分借助于传动机构（如丝杆等）在垂直方向上下移动，它与固定部分紧紧靠拢形成一个模腔。一般固定模壁多衬以光滑的石墨片，加强润滑作用。

浇注时，熔体从炉内或中间包注入坩埚经分配器的底孔进入模腔。工作时，分配器的底孔与金属液面要尽可能地靠近，以减少熔体下落时的飞溅和对液面的冲击，这种铸锭方法与倾斜法铸造相比金属液流较短，故称为无流铸造。

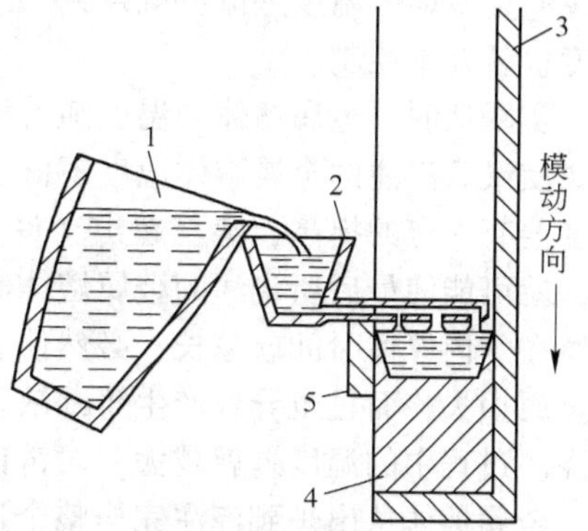

图 5-12 无流铸造过程示意图
1—浇注包；2—漏斗及液体分配槽；3—“⊓”形活动模；4—铸锭；5—“—”形活动模

在无流浇注过程中，由于金属熔体落差小和采用多孔液流分配器，使得液穴平浅，铸锭的自下而上方向性结晶倾向很明显。因此，铸锭内气孔、夹渣等缺陷不易产生。另外，由于铸造过程中，除仅衬有石墨片的固定模壁与铸锭之间有相对运动外，其余三面铸锭均不与模壁间发生相对运动，因此也有利于改善铸锭的表面质量。

实践表明，这种特殊的铸锭方法，在解决某些具有特殊性质的合金铸锭质量问题方面，具有特殊地位。例如，锡锌铅青铜扁锭，当采用铁模、水冷模以至半连续铸造时，所得到的铸锭均不能很好地承受压力加工，当采用无流浇注法时，所得到的铸锭就能很好地承受压力加工。表 5-2 列出了某些铜合金铸锭无流铸造的工艺条件及参数。

表 5-2　铜合金铸锭无流铸造的工艺条件及参数

合金牌号	铸锭规格 /mm × mm × mm	铸模结构	冷却水压力 /MPa	铸模涂料	浇注温度 /℃	漏斗孔径 × 漏斗孔数	浇注速度 /m · h^{-1}
HPb63-3	40 × 300	水冷模	0. 12 ~ 0. 15	机油 + 适量炭黑	喷火	ϕ6 × 4	18 ~ 25
QSn4-4-4	40 × 330	水冷模	0. 10 ~ 0. 15		1300 ~ 1340	ϕ6 × 4	15 ~ 22
QSn4-4-2. 5	40 × 250 × 1100	铸铁模		蓖麻油：肥皂 = 6：4	1280 ~ 1320	ϕ6 × 4	7 ~ 10
QBe2. 0	ϕ145 × 300	铸铁模			1150 ~ 1200		8 ~ 10
QBe2. 5	40 × 220 × 320	铸铁模					18 ~ 20

5. 2　影响锭模铸锭质量的因素

用锭模方式生产有色金属及合金铸锭时，由于这种生产方法效率低，劳动强度大，所采用的工艺装备和工具比较笨重等特点，使得所生产的铸锭质量直接受到这些因素的影响，这种影响有时是非常明显的。

5. 2. 1　铸造方式的影响

各种金属或合金都有其最好的铸造温度，过高或过低的铸造温度都直接影响铸锭的质量。对于锭模铸锭方式来说，铸造温度的控制和浇注时间是密切相关的。因为浇注时间越长，先后浇注的金属熔体温度差值也就越大。对于铸造温度范围较窄的合金来说，浇注时间越长，浇注温度也就越难控制。

实践证明，金属熔体的温度随着浇注过程所需要时间的长短不同，其变化范围是很大的。假如使最后浇注的金属熔体温度不低于最低允许的温度范围，势必对某些金属或合金最初浇注温度要有一定的提高，甚至超出允许范围。同样，若使最初浇注温度保持在允许的温度范围内，就可能使最后所浇注的金属熔体温度低于所允许的浇注温度范围。浇注持续的时间越长，熔体在炉内停留时间就越长，必然使金属熔体在保温和加热过程中重新与炉气接触，这不仅造成金属损失，而且也导致产生铸锭缺陷的机会。如果采用吊包浇注，浇注时间越长，熔体在整个浇注过程中的温度差就越大，对铸锭质量的影响越严重。

金属熔体从出炉到浇注完毕整个过程中，气氛仍然会对金属熔体的质量产生影响。影响的程度取决于浇注方式、流柱大小与长度等，一般在大气下浇注时，金属或合金容易受到明显的氧化作用，所以流柱越短，与大气接触的金属熔体表面积越小，则金属氧化损失就越少。同时，当金属在浇注时流柱平稳，金属熔体氧化机会就少。

一般来说，金属熔体从炉子到浇注包再到锭模，总要有流动过程。特别是立模铸造时，开始阶段金属熔体的流速和落差都较大，产生飞溅和涡流是很难避免的，如图5-13所示。若在这个过程中，对金属熔体的流柱保护得不严密，则不可避免产生氧化，这时产生的氧化膜与液流俱下，就有可能裹入金属熔体中，如来不及上浮，冷凝下来就成为夹渣。

所以，为了减少浇注过程金属熔体氧化，除了尽可能缩短流柱外，还要采用保护性气体保护流柱尽量不与空气接触。

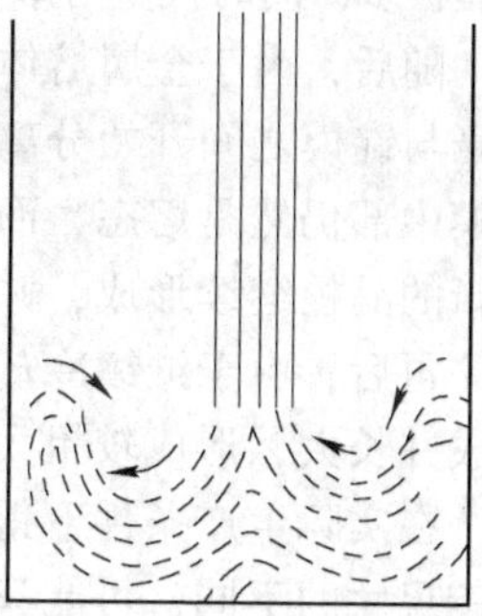

图5-13 铁模开始浇注时熔体流动情况

5.2.2 浇注工艺的影响

5.2.2.1 浇注温度的影响

过高或过低的浇注温度都能使铸锭的缺陷增加。一般来说，过高的浇注温度不论对哪一种金属或合金来说都是不利的。因为采用较高的浇注温度，势必就要使炉内金属熔体的温度也作相应的提高，这将引起金属或合金在熔化和保温过程中大量的吸收气体，同时也会增加烧损，在浇注时会使氧化加强。不仅如此，过高的浇注温度也会对锭模的寿命产生不利影响，尤其是平模浇注时模底板更容易遭到破坏。

但浇注温度偏低时，金属流动性变坏，不利于气体和夹渣上浮，同时容易使铸锭产生冷隔和夹渣。

为避免过高和过低的浇注温度可能带来的危害，必须根据金属或合金的性质，结合具体的工艺条件，选择适当的温度范围进行浇注。浇注温度的高低，主要取决于金属和合金的性质、铸锭规格和浇铸方式。铜、镍及其合金的浇注温度，一般多采用高于液相线温度100~150℃。

5.2.2.2 浇注速度的影响

浇注速度通常以锭模内金属液面水平单位时间内上升的高度来表示。

如果浇注速度过小，金属熔体水平面上升缓慢，靠近模壁的金属熔体在涂料蒸发和模壁冷却的作用下而开始结晶，结果使金属熔体黏度增加，熔体的表面张力也随之增大，这就很容易产生冷隔；而且低的浇注速度使生产效率变低。

但也不能允许浇注速度过大，因为过大的浇注速度除了引起金属熔体的飞溅和涡流等现象，造成金属损失和容易使金属带入有害气体外，往往由于模子散热能力不够，使铸锭的结晶组织受到影响。同时也容易造成偏析的发展和产生大量疏松缺陷和较大的缩孔。

一般选择浇注速度的原则是：在保证铸锭质量的前提下，适当地提高浇注速度。具体某一金属或合金时还要考虑到：合金化程度低、结晶温度范围小、导热性好者，浇注速度可以适当高些；锭模的冷却强度大，铸锭直径小的时候，浇注速度可以适当高些。

5.2.2.3 结晶方向的影响

冷却速度虽然对铸锭结晶过程有极明显的影响，但不可忽视结晶方向对铸锭结晶过程和质量也有非常大的影响，因为结晶方向是建立铸锭顺序结晶的重要因素。

一般铸锭凝固的典型过程是：当金属熔体注入到锭模中的初始阶段，金属熔体温度很高，锭模的温度低，于是两者之间造成了一个很大的温度差。金属熔体中的热量便剧烈地向锭模传导，靠近锭模内壁的金属温度很快就下降到结晶温度以下，而开始凝固。由于过冷度大，形成的晶核多，同时模壁对形核也有促进作用，使熔体在这里首先形成一层均匀而细密的等轴晶带。

随后，由于金属熔体的温度继续下降，结晶层变厚，金属体积略有收缩。这使得已凝固的硬壳与锭模之间开始分离而形成空气隙。因而锭模对金属熔体的冷却强度大大降低。此时，在锭模中部仍然是熔态，而靠近已凝固层的金属熔体仍然处于结晶温度范围，在这部分金属熔体中新的晶核继续形成，并迅速长大，成为粗大的柱状晶带。

再后，由于继续冷却，使得铸锭中间熔体温度已接近结晶温度范围。此时，很多晶核同时形成并长大，形成较粗大的等轴晶带。如图 5-14 所示。

在实际生产条件下得到的铸锭，并不是都有三个晶带，根据合金的性质、铸造工艺条件及铸锭尺寸的不同，可能只有两个甚至一个晶带。

在锭模铸造方法中，力求使铸锭结晶的顺序是自下而上，这就必须保证铸锭的冷却散热方向尽量保持由下而上。铸锭在凝固过程中，凝固基本是从下部开始的，而上部保持熔态。随着凝固过程的进行，上部的熔体也逐渐自下而上凝固，这样如果金属熔体中含有气体，就可以顺利地析出，如图 5-15 所示。自下而上的结晶顺序，也可以使熔体中密度较小的固体氧化物浮出液面，有利于清除氧化夹渣。顺序结晶会对铸锭产生良好的补缩作用，减少和消除铸锭中的缩孔。

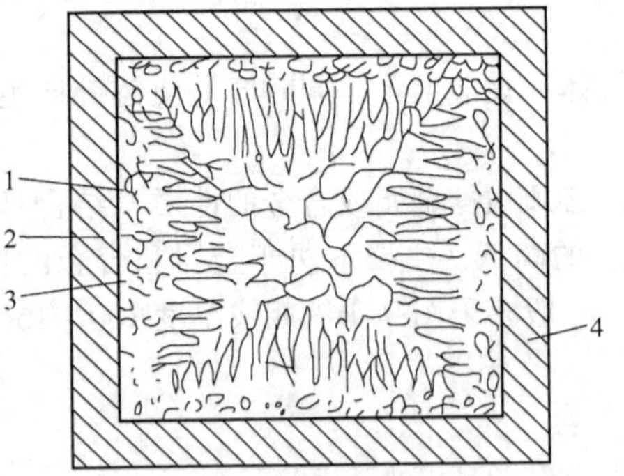

图 5-14　铸锭结构示意图

1—细等轴晶；2—柱状晶；3—粗大等轴晶；4—锭模

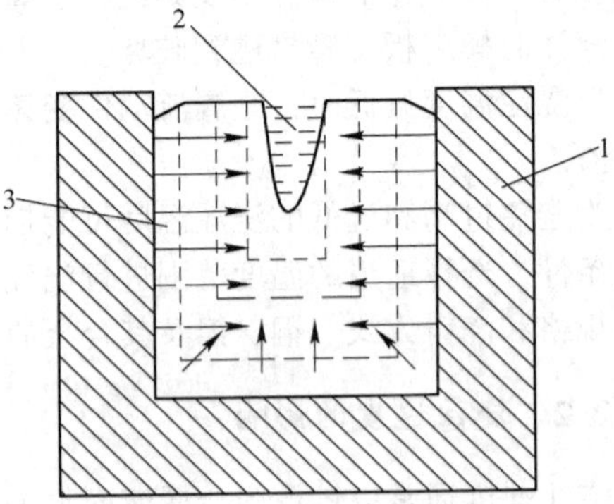

图 5-15　铸锭结晶方向示意图

1—铁模；2—缩孔的形成；3—等温线

为了使铸锭的凝固结晶过程尽量适应其顺序结晶的条件，生产中对铸模的设计和工艺过程采取了许多行之有效的方法：

（1）改进锭模结构，增加模底厚度和模体下壁厚度以及改善锭模的下部冷却条件；

（2）为了造成锭模上部缓冷条件，锭模顶部加设保温帽；

（3）提高铸造温度，同时降低铸造速度以保证顺序结晶所需要的铸锭上下间的温度梯度。

5.3　涂料的使用

5.3.1　涂料的使用目的及种类

在锭模铸造生产中，多数情况下都要对锭模内壁进行擦拭涂料。使用涂料的目的是：

（1）改善铸锭表面质量；

（2）保护锭模，使之减少磨损和防止模体的损坏；

（3）使锭模内建立起适于浇注的气氛。

在选择涂料的时候，必须了解涂料的性质。浇注某一种金属或合金所用的最理想的涂料应该是：有足够的挥发成分，有与金属的浇注温度和浇注速度相配合的挥发温度和挥发速度。例如使用油性涂料时，理想的状态是涂料能在金属液面与模壁接触的边界上大量蒸发，涂料蒸发出的气体产物能够包围和笼罩在上升的金属液面上，这样使得靠近模壁附近的夹渣物，如木炭、氧化物颗粒、涂料残渣等可被蒸发出来的气体流推向铸锭中心，并随液面上升而上浮。

涂料有两种：挥发性的和非挥发性的。前者主要是由各种油类和烟灰组成，其特点可以挥发，造成还原性气氛保护熔体不被氧化。后者主要是保温性氧化物，在轻合金锭模铸造生产时多用。铜、镍及其合金铸锭生产中常用挥发性涂料，主要有：煤油加炭黑［(7 ~ 9)：1］、豆油加肥皂（6：4）、酒精加松香（98：2）等。

5.3.2 涂料对铸锭质量的影响

在立模铸造时，最先进入模底的金属熔体，由于冲击而飞溅，如果锭模内表面没有涂料，则飞溅起来的金属液滴就要凝结在锭模内壁上，继续浇注下去的熔体若不能将它熔化，那么在铸锭表面上就留下一个疤。表面有涂料层时，溅上去的金属液就会由于涂料的挥发作用而脱落下去不凝固在模壁上，如图 5-16*a* 所示。

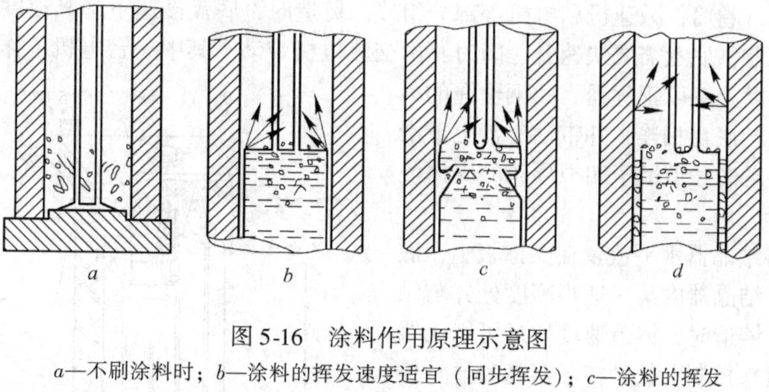

图 5-16 涂料作用原理示意图

a—不刷涂料时；*b*—涂料的挥发速度适宜（同步挥发）；*c*—涂料的挥发速度过慢（滞后挥发）；*d*—涂料的挥发速度过快（超前挥发）

一旦金属熔体浇满模底，就不会再产生严重的金属飞溅现象了。随着液面的上升，涂料的挥发也逐渐上移。但由于浇注的速度不同和涂料的挥发速度不同，会产生下列三种情况：

（1）同步挥发。即涂料在接触到金属熔体时挥发。在这时涂料的挥发速度与液面上升速度相同，涂料挥发所产生的气体将金属氧化渣和挥发残留物，推向液面并集中到中心区，因而能很好地保证铸锭的质量，如图 5-16*b* 所示。

（2）滞后挥发。其原因是由于涂料挥发得慢，涂料在金属液体表面以下继续挥发，结果使铸锭表面产生很多穴坑，挥发的残留物也使铸锭表面夹渣，如图 5-16*c* 所示。

（3）超前挥发。主要是由于涂料挥发速度太快造成的。金属熔体表面还没有到，涂料早已挥发完了，模壁上只剩下挥发残留物。这些残留物不能被挥发气体推到液面中心区，因而使铸锭表面形成了固体夹渣，如图 5-16*d* 所示。

5.4 半连续铸锭生产装置

半连续铸造和连续铸造与普通的锭模铸造法不同。它是以一定的铸造速度将熔融金属不断地浇入结晶器内，铸锭连续不断地以恒定速度拉出，因而可以得到任意长度的铸锭。半连续铸锭法和连续铸锭法之间的区别在于：前者因受铸造机行程的限制，铸锭浇注到一定长度后，就得停止浇注。后者在保证金属熔体供应的情况下可以连续进行浇注。半连续铸造法生产铸锭长度受铸造机有效行程限制，而连续铸造法生产铸锭长度受锯切机有效行程限制。根据铸锭拉出方向不同，可分为立式与卧式半连续和连续铸造。

半连续铸锭法多数为立式，实际多称为立式半连续直接水冷铸锭法。其浇注过程，如图5-17所示。其中包括可调液流的中间包或炉头箱、漏斗、结晶器、引锭托座和铸造机等部分。铸造时，金属熔体不断地从炉头箱（或中间包）经过漏斗进入结晶器，与此同时，凝固了的铸锭以一定的速度从结晶器下方被铸造机拉出来。

5.4.1 半连续铸造机

按机械传动方式的不同，可将常见的半连续铸造机分为三种类型：钢丝绳传动式、液压传动式和丝杠传动式半连续铸造机。

5.4.1.1 钢丝绳传动式半连续铸造机

钢丝绳传动式半连续铸造机的结构如图5-18所示。它主要是由结晶器支撑板、升降底盘、滑动导轨、钢丝绳、卷筒、减速机和电机等部分组成。铸造时，底盘慢速下降其速度是由直流电机的转速变化来控制。底盘需要快速升、降时，由交流电机带动。其中一台电机工作时，另一台电机停止运转。卷筒上绕以钢丝绳，此钢丝绳的另一端绕过滑轮后与底盘相连，并带动底盘上下滑动。底盘上下滑动时，借助于四根导轨的支撑使之保持平稳运行。

铸造前，将结晶器水平放置在支撑板上，底盘上的托座伸入结晶器内某一适当高度处并与结晶器保持同心。铸造时，铸造速度通过可以无级变速的直流电机来控制，长度指示器随时显示铸锭的长度。

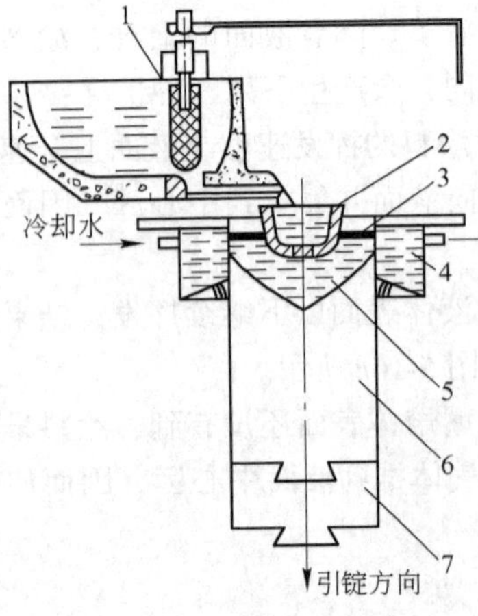

图5-17 敞开式半连续铸锭法

1—中间包；2—漏斗；3—炭黑层；4—结晶器；5—液穴；6—铸锭；7—托座

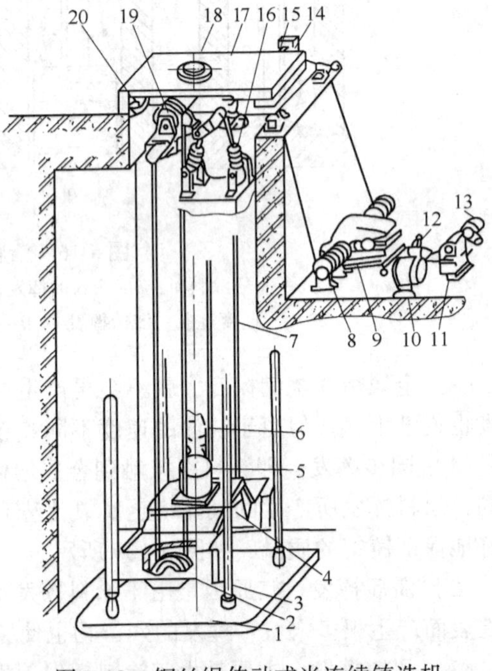

图5-18 钢丝绳传动式半连续铸造机

1—下部固定座；2—滑动轮；3—导轨；4—底盘；5—机械化开合托座装置；6—托座；7—钢丝绳；8—卷筒；9—减速箱；10—交流电机；11—减速箱；12—离合制动器；13—直流电机；14—滑轮；15—轴；16—结晶器支撑板倾动装置；17—结晶器支撑板；18—结晶器；19—固定滑轮；20—平衡滑轮

终止铸造，应该是在铸锭浇口出了结晶器下端一定距离时停止底盘下降。这时将支撑板连同结晶器一起移开铸造位置，然后，启动交流电机使底盘和铸锭一起快速上升到某一适当位置，将铸锭吊出，这就完成了一个铸造过程。

钢丝绳传动式半连续铸造机，具有结构简单，制造容易等优点。其主要缺点是底盘上、下运行时，不够平稳。

5.4.1.2 液压传动式半连续铸造机

液压传动式半连续铸造机的结构简图如图 5-19 所示。主要是由结晶器支撑盖板、固定油缸、柱塞、底盘、导杆及油箱、输油管和油泵等部分组成。

工作时，柱塞可以在油缸中沿垂直方向上、下移动。启动油泵时，油箱中的油被压入油缸中，推动柱塞和它上面的底盘上升。现代的液压铸造机，液压系统多通过计算机控制比例阀开口大小，来精确地控制底盘下降速度。

液压传动式半连续铸造机运行平稳、结构简单。

5.4.1.3 丝杠传动式半连续铸造机

丝杠传动式半连续铸造机的结构如图 5-20 所示。是由电动机、变速箱、水平轴、伞齿轮、丝杠、带丝母的滑动架、光杠及上、下固定架等部分组成。其中电动机配两台，一台直流电动机用来控制滑动架慢速升降，一台交流电动机用来控制滑动架快速升降。

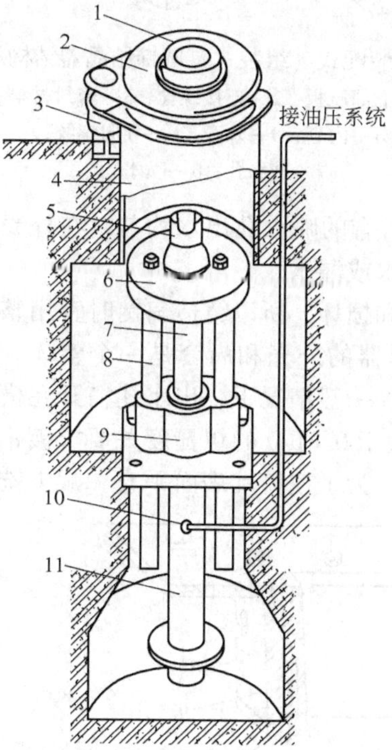

图 5-19 液压传动式半连续铸造机结构简图

1—结晶器；2—回转盘；3—回转轴；4—固定保护罩；5—托座；6—底盘；7—柱塞；8—导杆；9—底座；10—油管；11—柱塞缸

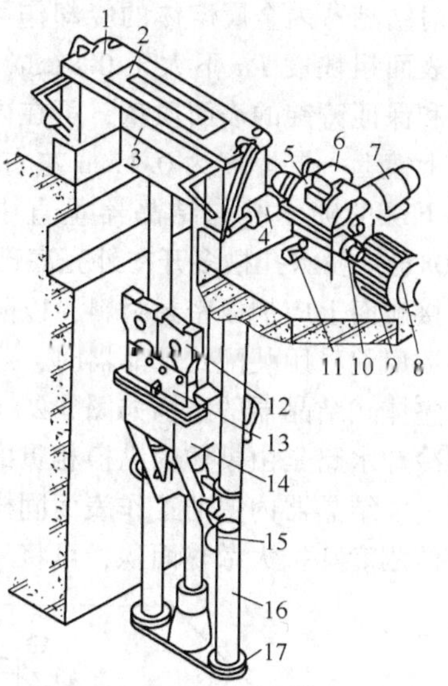

图 5-20 丝杠传动式半连续铸造机

1—结晶器支撑板；2—结晶器；3—上部固定架；4—移动支撑板风缸；5—减速箱；6—交换电机传动的风缸；7—直流电机；8—交流电机；9—铸锭长度指示发送器；10—行程中断开关；11—测速电机；12—引锭托座；13—机械化开合托座装置；14—滑动架；15—丝杠；16—光杠；17—下部固定架

丝杆传动式半连续铸造机，具有牵引力大，运行平稳，铸造速度稳定等特点，因此应用较其他两种半连续铸造机广泛。

5.4.2　结晶器和引锭托座

5.4.2.1　结晶器

结晶器是连续铸锭生产的重要工具，它应能够保证其中的金属或合金被拉出结晶器之前已形成具有足够厚度和强度的铸锭凝壳，这样才能保证铸锭不被拉破或拉断。在一般的铜及其合金铸锭生产中，所使用的结晶器的高度多数在 150～300mm 之间。结晶器的结构有多种形式，通常铸造圆锭用结晶器多采用装配式结构，铸造扁锭用结晶器多采用整体式结构。

装配式圆铸锭结晶器的结构如图 5-21 所示。它由外壳、内套和压盖等部分组成，装配时用螺栓紧固。结晶器外壳由铸铁制成，要求内壁表面光滑，以减少水流的阻力；为使冷却水按预定的方向流动，外壳内壁带有螺旋纹（有的是在内套的外壁上带有螺旋纹）。结晶器内套多用导热性能良好的紫铜加工而成，其壁厚一般为 10mm 左右。有时在内套上部有一段壁厚逐渐变厚的缓冷带，用于加强内套刚度和减缓对结晶器内金属熔体的冷却作用。内套的工作表面粗糙度 *Ra* 不大于 0.8μm，为了减少磨损和保证铸锭的表面质量，可在内套的工作表面上镀上一层厚度为 0.1mm 左右的铬层。结晶器下缘的喷水孔与结晶器垂直中心线成 20°～30°角。喷水孔槽多开在外壳底部内缘上，以保证所有的喷水孔出水均匀。在外壳与内套的上部接触面上应加以密封材料，以防止铸造过程中渗水或漏水。

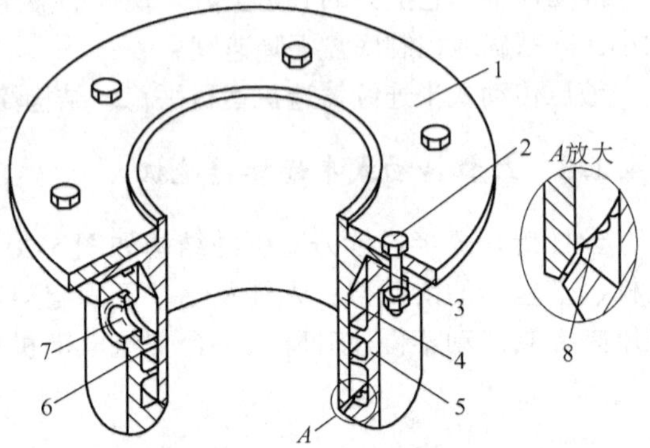

图 5-21　装配式（组装式）圆锭结晶器结构示意图

1—上部压板；2—连接螺栓；3—密封材料；4—内套；5—外壳；6—导向螺纹；7—进水孔；8—喷水孔

铸造扁锭采用装配式结晶器时，经常发生内套变形和损坏，所以铸造扁锭时宜用整体式结晶器。整体式结晶器的结构如图 5-22 所示。整体式结晶器的外壳和内套是一个整体。这种结晶器的冷却水路是由模体内纵横相贯的若干个通孔构成。一般情况下，出水孔槽开在模体下面的托板上。结晶器内壁的工作表面同样需要具有 *Ra* 不大于 0.8μm 的粗糙度并要求镀铬。为了加强模体刚度和扩大散热面积，可将外部表面刨成槽状。为了使铸锭表面平直，减少铣削加工

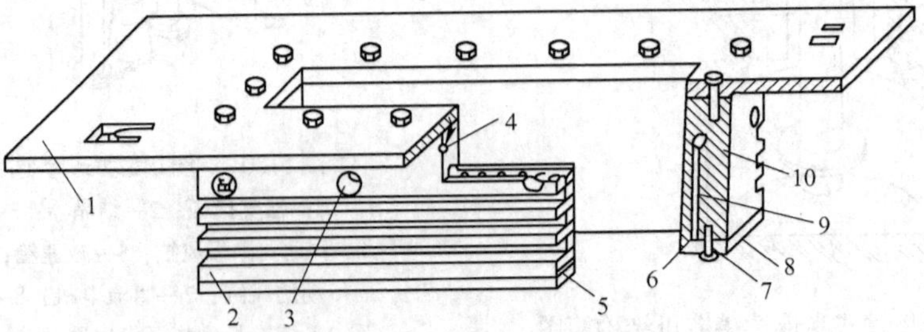

图 5-22　整体式扁锭结晶器结构示意图

1—盖板；2—内套；3—进水孔；4—进油孔；5—密封垫；6—喷水孔；7—螺栓；8—托板；9—水道；10—横水道

量，在生产某些合金（如H62）扁锭时，常将结晶器内腔工作断面做成中间厚于两边的“鼓肚形”，否则所得到的扁锭由于大面收缩而中间部薄于两边。

铸造黄铜用的结晶器，在上端附近还设有若干个小油孔，此油孔在铸造生产过程中向结晶器内壁输送润滑油。为使润滑油能够在结晶器内壁表面分布均匀，可在其进入结晶器内壁之前先经过两个储油槽。铸造过程中，润滑油可从高处的油箱中靠自重或靠风压把油输送到油孔中，油量大小可通过节流阀来调节。

此外，由于某些合金铸锭需要采用特殊的铸造工艺条件，因此也应该采用某些特殊结构的结晶器。例如，铸造紫铜大扁锭时常采用带石墨衬套的结晶器；采用“红锭铸造法”生产某些黄铜圆锭时，所用的结晶器能够分别控制一次冷却和二次冷却的强度；当采用“自然振动法”铸造锡磷青铜圆锭和扁锭时，所采用的结晶器内套表面上带有纵向的沟槽。

一般的铜套结晶器，当其使用一段时间以后，可能在铜套与冷却水接触面上沉积有水垢，遇到这种情况时，可将铜套拆下来放到磷酸溶液中以去除水垢。否则，铜套的导热性能将显著下降。

5.4.2.2　引锭托座

托座是引锭装置，它对铸锭起牵引和承重作用。一般用导热性好、耐急冷急热的钢材制作。

在铜及其合金半连续铸锭生产中，常见的两种引锭托座结构形式如图5-23所示。铸造时，引锭托座上面的燕尾槽将铸锭勾住，引锭托座下面的燕尾被铸造机上面的机械化底托开合机构锁住。具有图5-23*a*结构的引锭托座，在吊铸锭时，与铸锭一起被吊出铸造井，待铸锭在料场放平后将托座去掉。具有图5-23*b*结构的引锭托座，当铸锭向有燕尾方向稍一倾斜，铸锭底部便可与托座自动脱钩，起吊铸锭时，托座可原地不动。

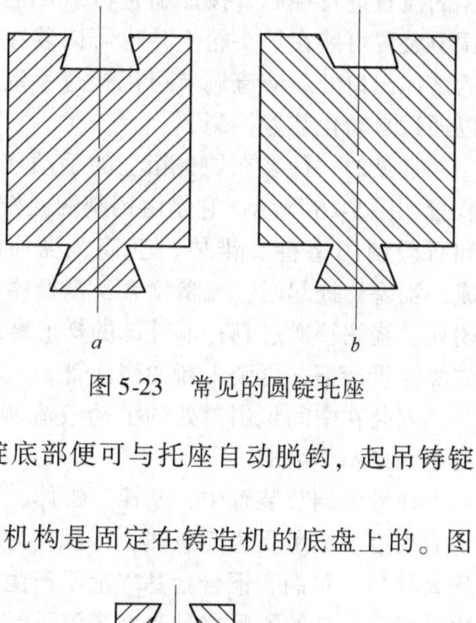

图5-23　常见的圆锭托座

机械化底托开合机构如图5-24及图5-25所示。这机构是固定在铸造机的底盘上的。图

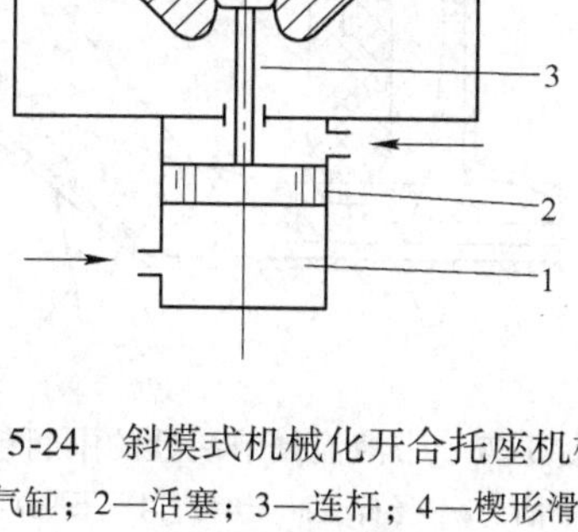

图5-24　斜模式机械化开合托座机构

1—气缸；2—活塞；3—连杆；4—楔形滑块；5—柱轴；6—颚板

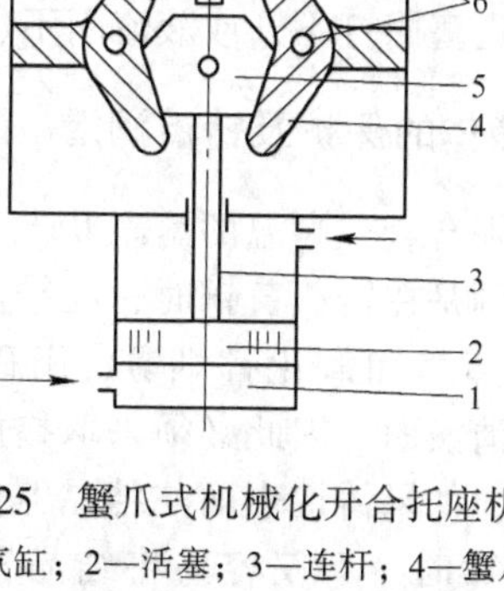

图5-25　蟹爪式机械化开合托座机构

1—气缸；2—活塞；3—连杆；4—蟹爪；5—楔形滑块；6—转轴；7—颚板

5-24所示机构是由风动缸、活塞、连杆、楔形滑块、颚板等组成。当压缩空气向上推动活塞时，两块颚板被打开，当活塞被下移时，颚板就被闭合。图5-25所示机构工作原理与图5-24是一样的，所不同的是用了一对蟹形爪，颚板的开合动作是靠由楔性滑块带动的蟹形爪松开或拖紧来实现的。在铸造过程中，引锭托座放在颚板上，颚板的燕尾槽与引锭托座底部的燕尾对应。当颚板闭合时，引锭托座就被锁住，颚板张开时，即可将引锭托座吊起。

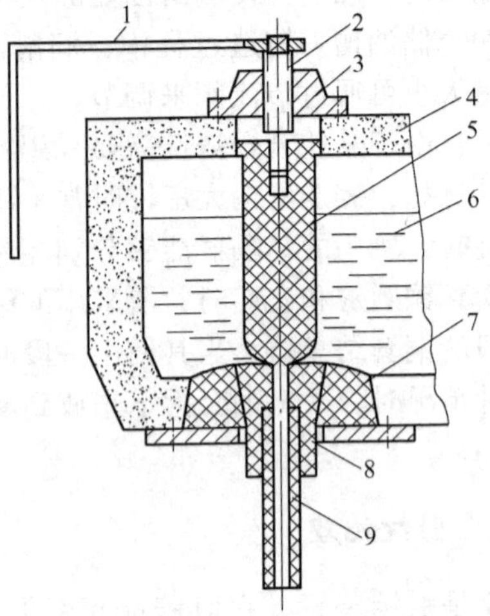

图5-26　装在炉头箱中的液流调节装置

1—手柄；2—丝杆；3—丝母；4—炉头箱；5—塞棒；6—熔体；7—套筒；8—锥体；9—浇注管

5.4.3　液流的调节装置

在半连续铸锭过程中，为保持结晶器内金属液面稳定，应有专门的液流调节装置，对熔体的流量进行控制。按照铸造方式不同，液流调节装置可装在炉头箱上，也可以装在中间包的熔体出口处。液流调节可以通过手动，也可以通过自动化装置控制。

常见的一种装在炉头箱上的手动液流调节装置如图5-26所示。它是由钢制的丝杆、丝母和石墨制的塞棒、锥体、套筒、浇注管等组成。当塞棒提起时，流量增大；当塞棒下落时，流量减少；塞棒将锥体上的孔堵住时，液流被闭死。浇注管通过其一端外部的梯形螺纹与锥体连接，需要更换浇注管时，可以用管钳将用过的浇注管旋下，再装上新的浇注管。

安装在中间包出口处的手动液流调节装置如图5-27所示。它由丝杆、丝母、石墨塞棒和石墨水口座等组成。

在液流调节装置中，塞棒、锥体、套筒、浇注管等所以采用石墨制品，是因为它具有很高的耐火度，能承受急冷急热，体积稳定性好，导热性比黏土制件大15～20倍，而且属于中性耐火材料，对铜和铜合金基本上不产生化学反应，即使长期浸在铜合金熔体中也不会影响熔体化学成分。它的不足之处是在高温下与空气接触部分容易氧化烧损。

任何一种液流调节装置，在安装时都必须使塞棒正确地对准浇口座的中心。每次铸造后和开始铸造前，都要进行认真的检查，当发现部件磨损或机构失灵时，应及时修理或更换，以免在铸造时发生塞棒打不开或液流闭不住的现象。

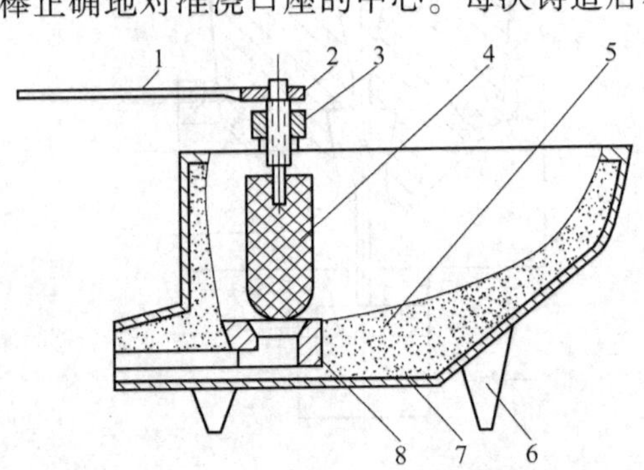

图5-27　带液流调节装置的中间包

1—手柄；2—丝杆；3—丝母；4—石墨塞棒；5—耐火材料；6—包脚；7—外壳；8—水口座

5.4.4　液体的保护及铸锭润滑

铜和铜合金在高温的熔融状态下，容易氧化造渣，特别是在铸造黄铜时，在结晶器内弥散着大量的锌蒸气和氧化锌烟雾，阻碍操作者的视线，看不清液面。因此必须采取措施进行液面保护。此外，如果铸锭表面与结晶器内壁之间的摩擦阻力较大时，不仅容易将结晶器内壁表面磨损，而且容易将铸锭表面拉破。因此在半连续铸造过程中，应在铸锭表面与结晶器壁之间进行润滑。

5.4.4.1 结晶器内金属液面的保护

个别金属（如铝青铜）除外，几乎所有的铜及其合金在半连续铸造过程中，都需要对结晶器内的熔体进行保护。根据保护剂的形态不同，可将保护剂分为三类：气体保护剂、固体保护剂和液体保护剂。

(1) 气体保护剂，主要是指煤气和氮气。保护气体的成分见表5-3，前者使液面上造成还原性气氛，后者造成中性气氛。采用气体保护方式时，应该像图5-28所示那样通过安放在结晶器上方的保护罩引入气体。铸造普通黄铜可用工业煤气做保护剂；铸造无氧铜、紫铜和某些复杂黄铜时，最好用纯净的氮气或木炭发生炉煤气做保护剂，而且对气体中的含氧量、含氢量要严格控制。

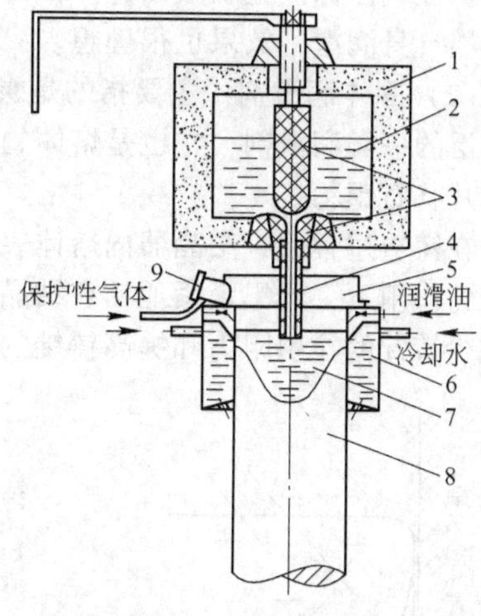

图5-28 封闭式半连续铸造过程
1—分流箱；2—熔体；3—石墨塞棒和出铜口座砖（液流调节装置）；4—石墨锥体和导流管（浇注管）；5—保护罩；6—结晶器；7—液穴；8—铸锭；9—观察孔

(2) 固体保护剂，主要是指炭黑。实际上，几乎所有铜及其合金半连续铸锭过程都可以用烧红的炭黑层来保护结晶器中的熔体。炭黑应具备如下性质：杂质少、密度小、干燥、易燃，并呈细粉状。铸造过程中，烧红的炭黑层在熔体表面上形成一层覆盖层。它具有保温、防止氧化及避免吸气等多种作用。除使用炭黑外，石墨粉也可代用，也有采用炭黑中加入少量鳞片状石墨粉作为保护剂的。

表5-3 常用保护性气体成分

成分/%	一氧化碳	二氧化碳	氧	氢	碳氢化合物	氮
工业煤气	>23	5~7	<0.4	13~20	<1.0	余量
木炭发生气	>28	2.0~3.5	<0.20	<2	<0.4	余量
工业氮气	5~6	13~20	<0.20			余量
空分氮气	0.1~0.6	约11.4	<0.0005	0.1~0.6		余量

(3) 液体保护剂，主要是指某些熔融盐类，因此也有称为熔剂保护剂的。例如，在铸造HAl77-2黄铜圆锭时，可在结晶器内的金属熔体表面上覆盖一层如下列成分的熔剂混合物：84%氯化钠、8%的氯化钾和8%的冰晶石。此熔剂混合物撒到液面上以后很快变成熔融状态。在结晶器内金属熔体上面覆盖一层液态的熔剂，起到保护金属熔体的作用。

5.4.4.2 铸锭与结晶器之间的润滑

为防止结晶器壁上黏附氧化物，减少铸锭与结晶器之间的摩擦力，改善铸锭的表面质量，一般都需要在铸造期间润滑结晶器。对铜及铜合金来说，除了可以用敞开式半连续浇注的铝青铜圆锭外，几乎所有的铜及铜合金铸造时都使用润滑剂。通常采用的方法是：靠结晶器石墨内衬的自身润滑，采用固体润滑剂以及采用油润滑。

(1) 依靠结晶器内衬自身润滑，主要是指石墨结晶器。在石墨结晶器中铸造紫铜时，如果用保护性气体保护金属液面，则在铸锭表面与结晶器内壁之间可不再添加另外的润滑剂，而依靠石墨自身润滑，效果也很理想。

（2）固体润滑剂，主要指的是炭黑及石墨粉。它是铜及其合金半连续铸锭生产中采用得最为广泛的一类润滑剂，它也是熔体的保护剂。为了求得良好的润滑效果，可在炭黑中加入适量的鳞片状石墨粉。

在铸造过程中，结晶器内熔体表面上的炭黑粉进入到熔体与结晶器内壁之间隙后，在熔体静压力作用下，炭黑紧紧地粘在结晶器内壁上，形成了自然的缓冷带和润滑层，从而能够有效地减少铸锭的拉引阻力和提高铸锭的表面质量。炭黑的润滑原理如图 5-29*a* 所示。

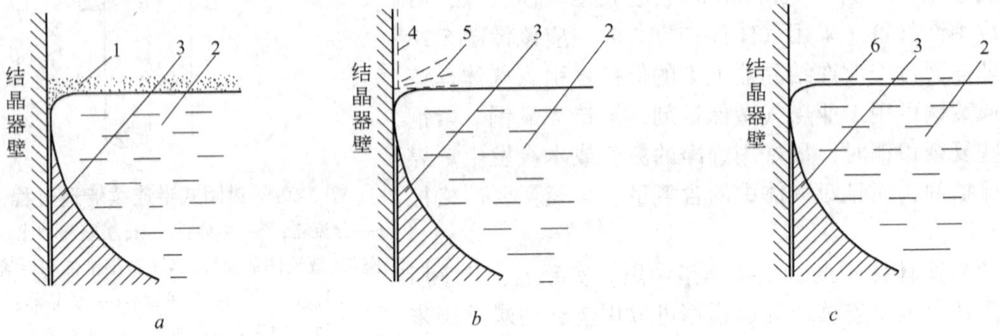

图 5-29　熔体保护与铸锭润滑

a—炭黑覆盖与润滑；*b*—油润滑；*c*—熔剂覆盖与润滑

1—炭黑；2—液穴；3—凝壳；4—油膜；5—油的燃烧物；6—熔剂覆盖层

（3）油润滑，主要是指在铸造过程中，当结晶器中的熔体是用气体保护时，往往采用油剂润滑的方法。

润滑油进入结晶器后，很快在结晶器内壁表面上部形成一层油膜。在保护性气体的保护下，油膜一般不会燃烧，但能够挥发。油膜及其挥发物，不仅可以避免铸锭与结晶器内壁之间的粘连现象，同时可以大大减少铸锭通过结晶器时的摩擦阻力。油的润滑原理如图 5-29*b* 所示。

在铸造过程中，应严格控制给油量，并使润滑油能在结晶器内壁表面均匀分布。若给油量过大，容易在铸锭表面出现冷隔、大片黑烟或夹渣。油量过小，则起不到润滑作用。

一般可采用植物油（如菜子油）、机油等矿物油作为润滑剂。

5.5　半连续铸锭原理及特点

5.5.1　半连续铸锭原理

从冶金原理方面讲，半连续铸造和连续铸造过程基本相同。半连续铸锭法与锭模铸锭法是截然不同的两种铸造方法。半连续铸造法是把金属熔体直接导入通水冷却的结晶器中，结晶器中的金属熔体，受到结晶器壁的冷却作用，形成了一层坚固的凝壳，这时通过铸造机底盘上引锭托座的牵引作用，将其以一定的速度引下。在被抽出结晶器下缘后，立即受到来自结晶器下缘的二次冷却水的强烈冷却作用，结晶过程继续向中心发展，直到整个断面全部凝固。上部连续地向结晶器中供给金属熔体，同时，被结晶器冷却成形的铸锭又连续地被拉出结晶器，这是半连续铸造的最基本的特征。

半连续铸锭原理如图5-30所示。对于具有一定结晶温度范围的合金，在半连续铸锭过程中，结晶器内一般都存在着三个区：液相区即液穴、液相与固相并存区即过渡区和固相区。

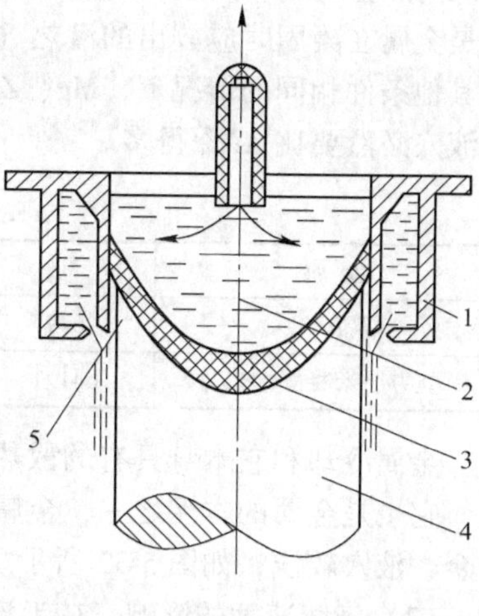

图5-30 半连续铸锭原理图

1—结晶器；2—液穴；3—过渡区；4—铸锭；5—凝壳

5.5.1.1 铸造过程中的热交换作用

在半连续铸造过程中，从熔体注入结晶器时起，到铸锭冷却到常温止，先后受到两次冷却作用，即一次冷却和二次冷却。一次冷却是指结晶器中冷却水通过结晶器内套对金属的间接冷却；二次冷却是指从结晶器下缘喷出的冷却水对铸锭的直接冷却。金属在凝固过程中与周围介质（冷却水和周围空气）进行热的交换，热的交换需要保持相对的平衡。所谓相对平衡就是单位时间内进入结晶器中的金属熔体所带入的总热量和一次冷却、二次冷却及空气散失的总热量之间保持平衡，保持这种平衡是实现稳定的铸造生产的关键条件。

在一次冷却，二次冷却和铸锭向周围的热散失三个散热渠道中，一次冷却主要起形成一层凝固外壳的作用。一般来说，一次冷却水的流量越大，带走的热量越多。但是，当铸锭凝固时产生了体收缩，使得结晶器内壁与金属铸锭之间形成了空气隙，从而限制了热的传导时，再增大水流量则也不会使散热量继续增加。例如，铸造黄铜圆锭时，由二次冷却水所导出的热量可占金属凝固全部过程散热量的70% ~80%。二次冷却水喷出量越大，水温越低，带走的热量也就越多。但当冷却水流量增大到某一限度之后，冷却强度就不再明显增加。

5.5.1.2 结晶器内的凝固壳和液穴

在半连续铸造过程中，和结晶器内壁相接触的那部分熔体最先凝固，形成一个外壳就是凝固壳，简称凝壳。它一方面成为内部未凝固熔体的承载容器；另一方面起着向外传导热量的作用。这层凝固壳如果太薄就不足以支托熔体，从而可能导致熔体向凝固壳的外表面渗漏。如果太厚就表示浇注速度太慢，在整个浇注过程中，这层凝固层是否能保持稳定，是半连续铸造过程中的一个重要问题。一般来说，在铸造过程中，只有实现了热平衡，才能保证凝固层稳定。

在半连续浇注时，液相和固相的分界到液面之间，充满着熔体的部分称为液穴，如图5-31所示。从液面到液穴底部间的距离 h 称为液穴深度。

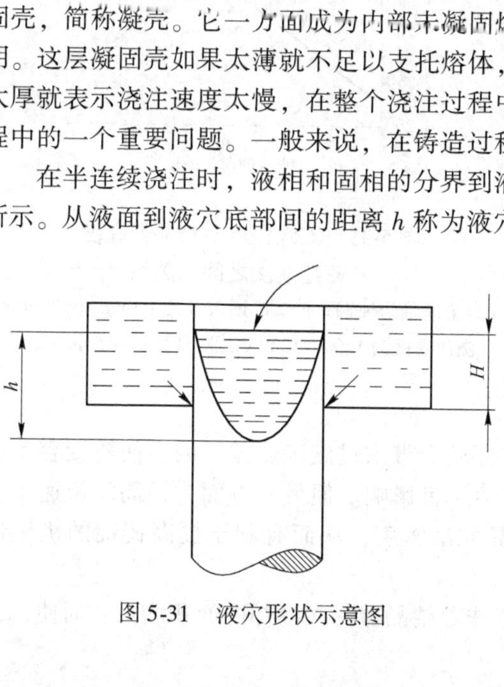

图5-31 液穴形状示意图

从图5-31中可以看出：液穴越浅，则表示结晶的方向越接近于单向结晶，即液相与固相的分界面越平坦；反之液穴越深，液相与固相的分界面越陡，则越接近于多向结晶。液穴的深浅和形状对铸锭质量影响是很大的，而影响液穴的深度和形状的主要因素有以下几方面：

（1）金属本性的影响。金属本性主要是指浇注金属的热容量和热的传导率。

热容量指从液态向固态转变过程中需要散发的总热量。一定大小的铸锭，在一定时间内带入的热量越多，则金属熔体在液穴内保持的热量也越多，因而就必然使液穴加深。这个热量就是金属在凝固时应放出的潜热（或称凝固热或熔解热），表5-4列举了几种金属的凝固潜热。在其他条件相同的情况下，Mg、Zn、Al等金属的潜热较低，Fe、Ni的潜热较高，因此Fe和Ni的液穴必然要比Al深得多。

表5-4　几种金属的凝固潜热

金　属	Mg	Zn	Al	Cu	Fe	Ni
熔点/℃	649	419.58	660.37	1084.5	1538	1455
每立方厘米凝固潜热/J	641.1	719.5	1068.6	1898.2	2161.5	2749.7

金属冷却和它本身具有的散热能力有关，而散热能力又决定于它的传导能力，即金属导热性，它也是金属的本性之一，金属导热性能的不同也影响着液穴的深度，导热性能好的金属和合金，液穴较浅，如图5-32所示。

（2）浇铸速度的影响。在半连续铸造中，浇铸速度就是铸锭抽出结晶器的速度，也就是金属熔体流入结晶器的速度。这个速度越快，熔体带入结晶器的热量越多。对一定的金属来说，如果其他条件都一样，则同样大小的铸锭，浇铸速度越快，则液穴越深。不同铸造速度对液穴深度的影响情况，如图5-33所示。

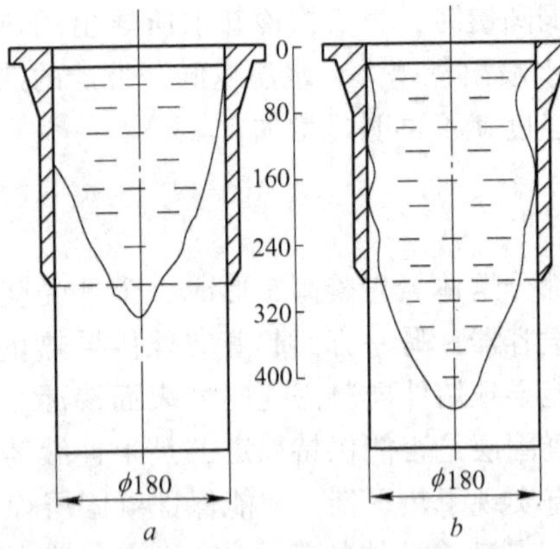

图5-32　纯铜和黄铜铸锭的液穴形状比较
a—纯铜；*b*—黄铜
（铸锭规格为ϕ180mm；结晶器材质为纯铜；结晶器高度为275mm；铸造温度为紫铜1180℃，黄铜1050℃；铸造速度为12m/h；冷却水流量为25m³/h）

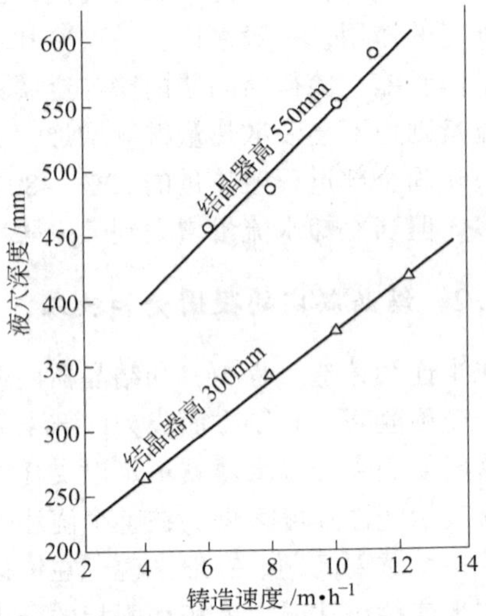

图5-33　液穴深度与结晶器高度和铸造速度之间的关系
（合金牌号为纯铜；铸锭断面尺寸为160mm×620mm；浇注温度为1200～1220℃；冷却强度为50m³/h）

可见，提高浇铸速度，会使液穴加深，液穴加深就会带来过渡区变宽，因而使铸锭容易产生气孔、夹渣、缩孔、裂纹等缺陷，对铸锭质量产生不良影响。但另一方面，提高浇铸速度会增加金属凝固时的冷却强度，有利于提高铸锭的晶粒细密度，从而有利于提高铸锭的机械性能。另外，还可以提高半连续铸造的生产率。

（3）结晶器高度的影响。使用高的结晶器，意味着结晶器一次冷却的面积增大，而使二次冷却的位置下移，使强烈的二次冷却作用被延迟。在直接水冷却的半连续铸造中，主要带走热量是依靠二次冷却而不是一次冷却。因此，当其他工艺条件都相同时，使用高结晶器实际上是降低了冷却作用，使液穴加深。而短结晶器可以减少液穴的深度。结晶器不同高度对液穴深度的影响关系，如图5-33所示。

(4) 其他条件的影响。其他条件包括铸锭断面的大小、铸造温度及供流方式等。

铸锭的断面越大，则冷却表面和铸锭中心之间的距离越大，冷却难以到达中心，就会使液穴变深。

铸造温度对液穴深度和形状的影响比较复杂。一般来说，熔体温度的提高使进入结晶器的热量增加，会使液穴加深。

提高冷却强度，使液穴变浅。图5-34所示的是紫铜扁锭试验结果。

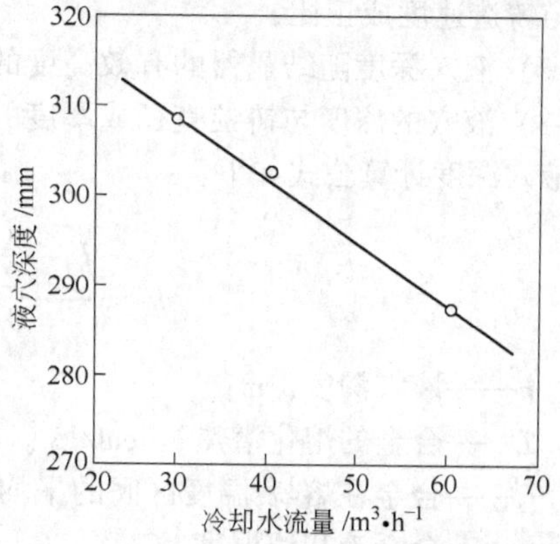

图5-34　液穴深度与冷却强度之间的关系
（合金牌号为纯铜；铸锭断面尺寸为160mm×620mm；铸造速度为6m/h；结晶器高度为300mm；浇注温度为1200～1220℃）

另外，液穴的形状与供流方式有关。当采用分散供流方式可以获得较平坦的液穴，如图5-35所示。供流方式的改变，会使液穴的深度和形状改变，中心集中供流时，或浇注管埋入液面下较深时，均会使液穴加深、变尖；分散均匀供流时，会使液穴变得浅平；浇注管偏斜时，液穴会偏离铸锭中心，如图5-36所示。

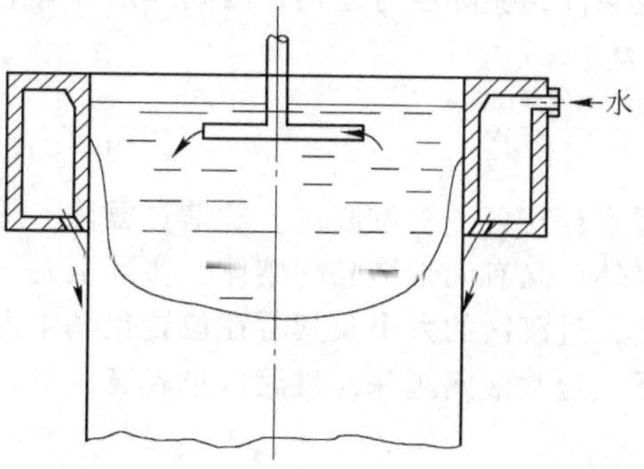

图5-35　用多孔漏斗使液穴平坦示意图

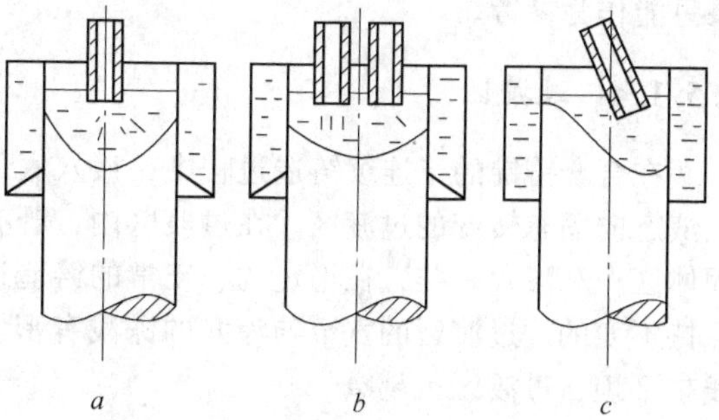

图5-36　供流方式对液穴形状的影响
a—单管集中供流；*b*—多管分散供流；*c*—浇注管偏斜

5.5.1.3　液穴的实测方法及深度的计算

液穴的实测法：在半连续铸造过程中，铸锭内部的液穴是看不到的。但通过使用仪器及其他的工具，是可以测知其形状及深度的。其主要方法有以下几种：

(1) 插棒测量法。即用棒直接插入液穴测量其深度，多点探测可大致估计液穴形状。

(2) 加入放射性元素示踪法。利用放射性同位素的示踪剂，可以比较准确地鉴定半连续铸锭中液穴的形状及过渡区凝固状态。

(3) 灌熔融铅法。即在浇铸过程中向液穴灌入一定数量的熔融铅，由于密度差别铅很快沉到液穴底部，凝固后剖开铸锭，铅所占的位置及形状即表示液穴的深度及形状。

液穴深度的理论计算：液穴深度对铸锭质量影响很大，通过研究知道，铸造中影响深度具有如下规律：

（1）液穴深度首先取决于金属的本性。对于同一种金属或合金，其他条件相同时，则液穴深度与铸造速度成正比；

（2）液穴深度随结晶器的有效高度的增加而增加；

（3）液穴的深度与铸锭直径或厚度的平方成正比。

液穴深度计算公式如下：

$$h = \frac{L + \frac{1}{2} \times C(t_{熔} - t_{表})}{B\lambda(t_{熔} - t_{表})} \times x^2 v_{铸} \gamma$$

式中　h——液穴深度，m；

L——合金的熔化潜热，kcal/kg(1cal≈4.18J)；

C——合金在熔-表温度区间的平均热容，kcal/(kg·℃)；

$t_{熔}$——合金液相线温度，℃；

$t_{表}$——铸锭表面温度，℃；

B——形态系数，圆铸锭为4，扁铸锭为2；

λ——铸锭的热导率，kJ/(m·K)[kcal/(m·h·℃)]；

x——铸锭特征尺寸，m，圆铸锭为半径，扁铸锭为厚度的一半；

$v_{铸}$——铸造速度，m/h；

γ——铸锭的密度，kg/m³。

由于上面公式是从理论上推导出来的，有些假定条件与实际也有差别，因此理论计算的结果只能作为参考。

5.5.1.4　过渡区

在合金铸锭的半连续铸造过程中，液穴底部附近常存在着一个过渡区。所谓过渡区，即指从液态向固态转变的过渡区。在过渡区内，既有结晶体，又有尚未结晶的熔体，实际上是半凝固体区。和液穴一样，在稳定的、正常的铸造过程中，过渡区的大小及其所在位置也基本上是保持不变的。过渡区的宽窄与液穴的深浅有密切关系，通常液穴越深，过渡区也越宽；液穴越浅越平坦，过渡区也越窄。

当合金的化学成分和铸锭断面尺寸一定时，过渡区的大小主要与工艺条件有关。例如，提高铸造温度，或加快铸造速度、降低冷却强度等，都会使过渡区扩大。当工艺条件一定时，过渡区的大小主要与合金的性质有关。例如，合金的结晶温度范围较窄时，其过渡区也较窄；合金的结晶温度范围较宽时，其过渡区也较宽；合金的导热性越好，其过渡区也越窄。

从提高铸锭质量的角度出发，希望过渡区越窄越好。因为窄的过渡区不仅有利于铸锭自下而上方向性结晶，同时还有利于避免铸锭内的气孔、夹渣、疏松和偏析等缺陷发生。若过渡区较宽，既不利于熔体中气体和渣子的上浮，也会促使粗大晶粒的生长，从而使得组织疏松和易于产生偏析。

5.5.2　半连续铸锭法的特点

这种生产方法与其他方法相比，由于液体金属流量和铸造速度都容易控制，特别是在炉头箱上装有熔体液流控制装置的浇注过程，可以避免金属在浇注过程中的飞溅和搅动，有利于防止氧化膜和夹渣等混入。

半连续铸锭法能连续地、稳定地进行浇注，所以允许采用较低的铸造温度，这样就可以避免由于金属熔体温度过高而吸收大量的气体。同时，也可以防止金属的大量烧损，有利于合金成分的控制。

直接水冷半连续铸锭法由于是以水为冷却介质，金属在整个结晶过程中都是在极强烈的冷却条件下进行，结晶速度较快，故晶粒较细，组织较致密。

半连续铸锭法由于它的铸造方式和冷却方式与锭模铸锭生产方式完全不同，所以铸锭的结晶情况也大不相同。锭模铸造时，金属熔体的结晶顺序是从模底和模壁开始，其次由顶部凝固结晶，最后在铸锭的中心结晶完毕。这样的结晶顺序容易使铸锭产生内部缩孔、疏松。而半连续铸造结晶方向基本上是由下而上，在结晶过程中，结晶的前沿总保持有一定量的金属熔体，以满足晶体生长的需要，有利于在结晶过程中析出的气体排出，同时还能及时地供给金属熔体补充收缩，减少了缩孔、疏松等缺陷的形成。

半连续铸锭法铸造的铸锭不但质量好，而且由于生产方法的连续性，能大大减少铸锭的几何损失（如头尾的切除），从而可显著地提高成品率。另外，半连续铸锭法机械化程度高、生产效率高、工人劳动条件好，所以，这种铸造方式近几年来发展比较快。

但是，半连续铸锭是在强烈冷却条件下进行，因此有些对热应力敏感的合金采用此法铸造时，铸锭极易产生裂纹。半连续铸锭生产，不仅所需要的设备造价高，而且需要较大的厂房，较深的铸造地坑或较高的铸造操作台，因此投资比较大。

5.5.3 半连续铸锭工艺条件的确定

对于某一合金的铸造来说，确定一个最佳的工艺条件，是确保铸锭质量的关键。在工艺条件中主要的参数是：铸造温度、铸造速度、冷却条件、结晶器高度及结晶器内熔体的保护和润滑方法等。在实际生产中，每一项工艺参数都是相互关联的，下面介绍一下几个主要工艺参数的确定原则。

5.5.3.1 铸造温度

一般情况下，较高的铸造温度对改善铸锭表面质量是有利的。但铸造温度过高，不仅会引起熔体的大量吸气和氧化，而且在铸造过程中还会导致液穴加深、过渡区扩大、铸锭表面和内部温差增大等弊病，对保证铸锭的内部质量不利。较低的铸造温度，除有利于避免上述弊病外，还有利于细化结晶组织，加快铸造速度等。然而，铸造温度过低时，则容易造成堵眼现象和引起铸锭表面产生夹渣、冷隔、拉裂等缺陷，使铸锭的质量变坏。

所以在选择铸造温度时，不仅要考虑金属或合金的性质，而且还应考虑铸锭断面尺寸，铸造方式，结晶器高度等因素。例如：某些熔点低，结晶温度范围窄，流动性好的合金，可采用较低的铸造温度；采用炉头箱并通过浇注管供流的铸造方式，铸造温度可以稍低些；若采用中间包、漏斗等敞流铸造时，则应适当提高铸造温度；铸造速度非常慢时，应适当提高铸造温度。

5.5.3.2 铸造速度

铸造速度，是指从结晶器中拉出铸锭的速度，一般以每小时拉出铸锭的长度来表示（m/h）。其他条件一定时，铸造速度越快，单位时间进入结晶器的熔体量就越多，即带入到结晶器内的热量就越多。金属熔体的凝固温度是一定的，所以铸锭断面的等温面就越陡，液穴就越深。不同浇注速度时等温面的情况如图 5-37 所示。

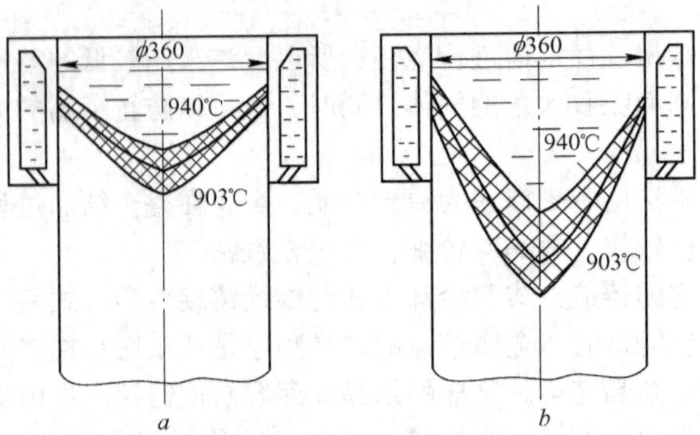

图 5-37　浇注速度对 H62 铸锭液穴及过渡区的影响

a—v = 3m/h；b—v = 53m/h

加大浇注速度，不仅会加深液穴，而且还会使凝固过渡区变大，因而不利于在结晶前沿析出气体和夹渣上浮和避免缩孔。

浇注速度过低，则容易产生冷隔，而且降低生产效率。

综上所述，浇注速度对铸锭质量的影响是通过液穴和过渡区的变化而影响的。在一定的工艺条件下，不同的化学成分和断面尺寸的铸锭，都存在着一个极限的铸造速度。极限速度与金属或合金的性质、铸锭的断面尺寸及工艺条件有关。铸造过程中，如果铸造速度超过了极限速度，就可能使铸锭内部产生裂纹。在不超过极限速度的前提下，应尽量提高铸造速度，因为铸造速度越快，铸锭的表面质量越好，生产效率越高，原辅材料及动力消耗越少。

对于具体某一金属及合金还要考虑：（1）合金化程度低，结晶温度范围小，导热性好的，浇注速度可以高一些；（2）冷却强度大，浇注温度低，铸锭直径小时，浇注速度可以高一些。

5.5.3.3　冷却强度

铸锭的冷却强度，常以送往结晶器冷却水的压力（MPa）来表示。

铸造过程中，一次冷却的要求是必须保证已凝固的铸锭硬壳有足够的强度，确保在引锭时铸锭表面不被拉破。当冷却强度增大，特别是二次冷却强度增大时，液穴形状将趋于浅平，且过渡区缩小，有利于改善铸锭的内部质量，但对于某些导热性差或有裂纹倾向的合金来说，强烈的水冷容易使铸锭的表面和内部温差增大，以致引起内部裂纹缺陷。

确定冷却强度时，应同时考虑到金属性质、铸造方法、铸锭断面尺寸以及铸造温度、铸造速度和结晶器高度等多方面因素。生产实践表明，金属或合金的导热性质是确定铸锭冷却强度的重要依据，如导热性好的紫铜铸造时可用较大的冷却强度，导热性差的硅青铜必须采用较小的冷却强度。

5.5.3.4　结晶器高度

从提高铸锭结晶质量的角度出发，希望结晶器低一些好。实际生产中所用的结晶器，其高度一般都不超过 300mm，只有个别合金，如硅青铜、白铜及镍合金等，为了避免铸锭产生裂纹，才使用较高的结晶器。

增加结晶器的高度，有利于提高铸造速度。如在铸造 B30 ϕ175mm 圆锭时，当其他工艺条件相同时，结晶器高度增加，可使铸造速度增加。

结晶器高度/mm	250	400	560
铸造速度/m · h^{-1}	3.5 ~ 4	5.6 ~ 6.5	7 ~ 8

但采用高结晶器时，有很多缺点，如随着结晶器的增高，液穴将变深，过渡区扩大，这不仅不利于从液穴中排除气体和夹渣，而且容易粗化结晶组织。

某些铜及其合金的半连续铸锭工艺条件见表5-5。

表5-5 铜及其合金铸锭半连续铸造工艺条件

合金牌号	铸锭规格/mm	结晶器高度/mm	浇注温度/℃	铸造速度/m · h^{-1}	冷却水压力/MPa	覆盖及润滑剂
T2，T3，T4	ϕ145 ϕ245 170 × 620	160 200 250	1180 ~ 1200 1150 ~ 1180 1150 ~ 1180	10.0 ~ 14.0 6.0 ~ 7.0 4.0 ~ 5.0	0.08 ~ 0.10 0.10 ~ 0.15 0.12 ~ 0.15	炭黑或煤气、氮气
H68	ϕ145 ϕ245	200 250	喷 火	9.5 ~ 10.5 7.0 ~ 8.0	0.05 ~ 0.10 0.06 ~ 0.12	熔融硼砂
HPb59-1	ϕ245 ϕ410	285 285	喷 火	10.0 ~ 10.5 4.0 ~ 4.5	0.04 ~ 0.10 0.04 ~ 0.10	硼 砂
HAl77-2	ϕ145 ϕ195	300 300	喷 火	5.5 ~ 6.0 4.5 ~ 5.0	0.03 ~ 0.13 0.03 ~ 0.18	混合熔剂
QSn6.5-0.1 QSn6.5-0.4 QSn7-0.2	ϕ145 ϕ245 40 × 440	180 190 200	1180 ~ 1240 1180 ~ 1240 1180 ~ 1240	9.0 ~ 9.5 6.0 ~ 6.5 5.0 ~ 6.5	0.02 ~ 0.06 0.03 ~ 0.08 0.02 ~ 0.06	炭黑和石墨粉
B30	ϕ145 ϕ245 140 × 640	300 300 240	1350 ~ 1380 1350 ~ 1380 1300 ~ 1350	4.0 ~ 4.5 2.0 ~ 2.5 3.0 ~ 4.0	0.15 ~ 0.35 0.15 ~ 0.35 0.05 ~ 0.15	炭 黑

5.6 半连续铸造的操作

5.6.1 准备工作

半连续铸造在生产前要做好相关的准备工作，其中包括工具准备、保护性气体或覆盖剂的准备、铸造机的检查工作。

（1）工具准备。铸造前，结晶器内壁表面应保持光滑，出水孔畅通。结晶器和托座均应保持干燥，当托座进入结晶器内某一适当高度后，用干燥的石棉绳将托座与结晶器之间的缝隙塞严。

铸造前，炉头箱或中间包、浇注管、漏斗等，都应进行充分预热，甚至烤红，特别是供流系统一定要烤红。放流前，对供流系统的灵活性和严密性进行认真检查，严防堵眼和跑流事故发生。

（2）保护性气体或覆盖剂的准备。如果用煤气对结晶器内的熔体进行保护时，应在放流前5min将保护性气体送入保护罩内，以赶出罩内空气；如用炭黑做熔体的保护剂，炭黑则应先筛过、烤红；如用硼砂做熔体的覆盖剂，使用前必须将硼砂脱水干燥。

（3）铸造机的检查工作。铸造开始前，铸造机的调速开关必须置于零位。防止放流后发生突然开快车，或开倒车，造成事故。

5.6.2　操作要点

半连续铸造生产的操作程序是：给水、放流、开车引锭、正常操作、补口。

开始放流的一般程序是：给水→放流→加覆盖剂→开车。

（1）给水。即给结晶器送水，向结晶器中放金属或合金熔体前 1 ~ 2min，应向结晶器中送冷却水，从开始放流到铸造速度调到正常以前，冷却水要小一些。

（2）放流。即向结晶器中引放金属或合金熔体，为了避免开始堵眼，一般在开始放流时，可有意放大一点，待高温熔体将浇注管或流道加热后，再慢慢减少液流。

当熔体将结晶器内的托座表面盖满后，就可以向熔体表面加覆盖剂。

（3）开车引锭。按照金属或合金的性质和托座进入结晶器高度不同，一般在液流充满结晶器高度一半时，开始引锭。在铸锭没有被拉出结晶器之前，铸造速度不能超过正常速度的一半，以防拉漏。

（4）正常操作。当铸锭被拉出结晶器后，就可以逐渐增加铸造速度和冷却水压，直至达到正常范围。在正常铸造时，一定要保持结晶器内液面稳定。否则，将严重的影响铸锭的表面质量和内部质量。

（5）补口。在半连续铸造快结束时，应将铸造速度减慢，减小冷却水压。必要时，用少量的金属熔体补充铸锭的浇口，以使铸锭的顶部不出现较深的缩孔。这个工序一般称为补口。

5.6.3　故障排除

在半连续铸造生产中，有时会发生堵眼、悬挂、拉漏、结壳等故障。如发生上述故障，则应采取相应措施，及时排除。

（1）堵眼。堵眼事故一般发生在刚开始放流时，发生原因主要是：炉头箱或中间包、塞棒、水口座、浇注管、漏斗等预热不够；出炉熔体温度太低；浇注管孔径太小或漏斗眼太小；放流初期，开闭塞棒犹豫不决，使断断续续的液滴凝结在温度不高的流道中；放流前，熔体通道没有清理干净等。

防止堵眼的措施：首先在放流前应用高温熔体反复烫热炉头箱、中间包、浇注管和漏斗等都应预热至红。熔炼工一定要控制好熔体出炉温度，放流前将熔体通道清理干净，塞棒闭紧，放流时，开闭要果断等。

（2）拉漏。金属熔体从结晶器下面流出的现象称为拉漏。有两种情况，一种情况是刚开始铸造时，熔体从结晶器下面流出，其原因主要是托座与结晶器之间的缝隙没有堵严，或开车过早过快。另一种情况是在正常铸造中拉漏，这是因为铸造温度过高，或铸造速度太快，冷却强度小，结晶器局部出水孔堵塞，二次冷却不好，浇注管偏斜使液穴偏斜及拉裂、拉断等原因所致。铸造大扁锭时，由于冷凝收缩，铸锭小面与结晶器内壁之间造成较大间隙，也容易造成拉漏现象。

防止拉漏措施：控制好工艺条件；放流前应将托座与结晶器之间的缝隙塞严，对易漏熔体应先铺底，开车时应先慢速，当铸锭被拉出结晶器后，再加速到正常；结晶器和托座都应放置水平而且两者要对正中心；浇注管要对准结晶器中心，防止液穴偏斜；结晶器所有喷水孔都应保持通畅；防止铸锭悬挂，避免拉破铸锭表面等。

（3）悬挂。铸锭卡在结晶器内拉不出来的现象称为悬挂。悬挂产生的主要原因是：铸造开始时，结晶器内金属液面升得过快，金属水平面太高，开车过晚，使铸锭与结晶器的接触面过大，加大了铸锭与结晶器内壁之间的摩擦力；结晶器内壁不光洁或有变形；局部拉漏的熔体凝固在铸锭表面和结晶器之间的缝隙中，也造成摩擦阻力加大；托座上燕尾损坏，使铸锭与托座脱开等。

防止悬挂的措施是：开始放流时，结晶器内金属液面不要升得太快、太高，开车后再逐渐提高结晶器内金属液面水平；铸造易悬挂合金时应提早开车；发生悬挂时，应立即采取锤击盖板予以消除；保持结晶器内壁光洁；加强润滑，必要时可将结晶器置于振动装置上。

（4）结壳。结壳指的是在结晶器内液穴上表部金属液体发生冷凝结壳的现象。结壳产生的主要原因是：铸造温度低或铸造速度慢，结晶器内金属熔体水平控制不当，金属液面保温不良及结晶器上部冷却强度过大。

防止结壳的措施：认真控制各项工艺条件；加强结晶器内熔体的保温措施，如用气体保温时，其压力不要过大，用炭黑保温时，要保持一定的覆盖厚度，也可以采取加大结晶器上部的缓冷带等办法。

5.7　铜及其合金半连续铸造工艺实例

5.7.1　用石墨结晶器铸造紫铜大扁锭

洛阳铜加工厂的生产实践经验证明，在铸造紫铜大扁锭时，如果采用普通的铜质内套结晶器，则铸锭表面冷隔是不可避免的；如果采用带有石墨衬套的结晶器——石墨结晶器，不仅铸锭表面的冷隔可以消除，而且铸锭表面可不进行铣面加工，能显著地提高铸造成品率和改善加工铜材的质量。

5.7.1.1　*石墨结晶器的结构*

石墨结晶器是由四个侧壁组合起来的。每一个侧壁为一单独的水套（水套为铜质整体式），在水套工作壁的上部镶有石墨片。四个侧壁是通过拉紧螺栓紧固在一起的，如图5-38所示。

石墨结晶器上镶装石墨片质量的好坏对产品质量的影响是很明显的。石墨片本身应该组织致密、无裂纹等缺陷，其表面应该光滑，尺寸应该正确。

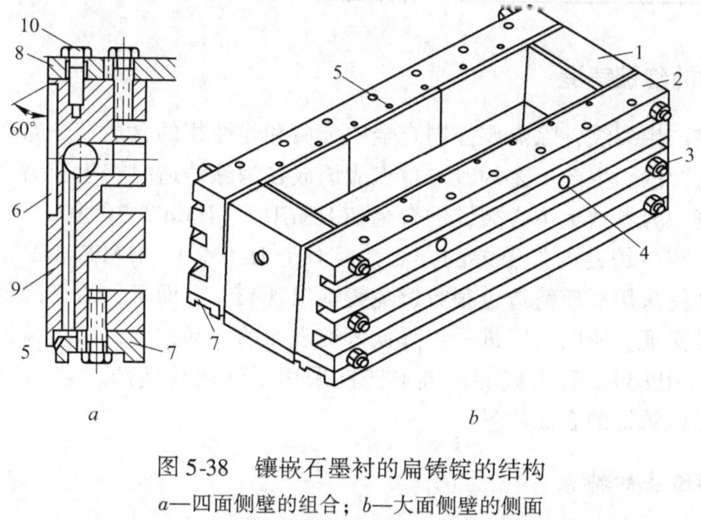

图5-38　镶嵌石墨衬的扁铸锭的结构

a—四面侧壁的组合；*b*—大面侧壁的侧面

1—小面壁；2—大面壁；3—拉紧螺栓；4—进水孔；5—喷水孔；

6—石墨片；7—托板；8—压板；9—铜套；10—螺钉

装配石墨片时，不仅要求石墨片与石墨片之间紧密相接，同时要求石墨片与铜套之间没有间隙。如果石墨片组装得不好，则很容易引起铸锭表面的拉裂，如果石墨片与铜套之间有间隙时，不仅石墨片容易被加热烧损，而且由于一次冷却强度减低的原因，结果也会使铸锭表面产生裂纹。

5.7.1.2　铸造工艺条件

由于石墨的导热性差，所以石墨片显著地降低了结晶器上部的一次冷却强度，从而延缓了结晶器内上部金属熔体的结晶，使金属凝固延缓形成，靠结晶器壁的金属液面以下一段区域内仍然保持液态。这是石墨结晶器能够避免铸锭表面产生冷隔的直接原因。

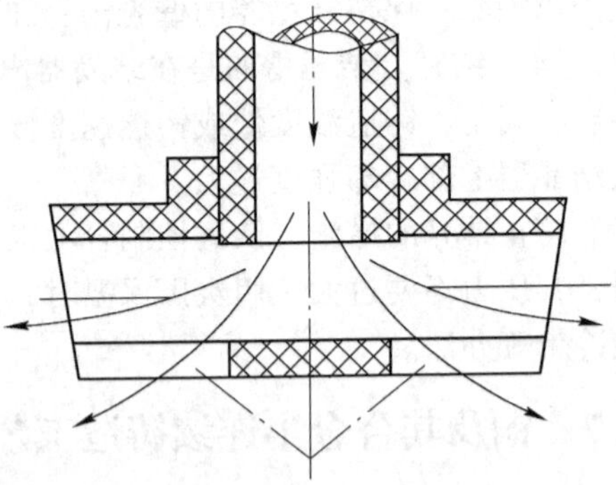

图 5-39　铸造紫铜用石墨三通管

铸造扁锭时，熔炉中的熔体是经过石墨浇注管和石墨三通管引入结晶器中的。三通管的作用是使铜液在结晶器内均匀分配，防止高温熔体集中而造成铸锭表面裂纹，三通管的横管下面管壁通常用锯条锯成 2 ~3mm 的缝隙，以减少熔体对结晶器小面的冲击现象，如图 5-39 所示。

铸造过程中，结晶器内的金属熔体可用氮气或木炭发生炉煤气进行保护，保护气体中的氢、氧和水蒸气等的含量应尽可能低。部分 T2，T3，T4 扁锭的半连续铸造工艺条件见表 5-6。

表 5-6　部分 T2，T3，T4 扁锭的半连续铸造工艺条件

铸锭断面 /mm × mm	结晶器高度 /mm	铸造温度 /℃	铸造速度 /m · h⁻¹	冷却水压力 /MPa
120 × 1040	250	1140 ~ 1180	4.0 ~ 6.0	0.05 ~ 0.20
180 × 640	250	1140 ~ 1180	4.0 ~ 5.0	0.05 ~ 0.20
180 × 1305	250	1140 ~ 1180	2.5 ~ 3.5	0.05 ~ 0.20

5.7.2　黄铜圆锭的红锭铸造

为了防止铸锭产生裂纹，除需要控制合金中杂质和脆性相的含量及分布以外，改进铸造生产工艺条件是很重要的，生产工艺的改进重点应该放在消除铸造时产生应力方面。

对于复杂黄铜中容易产生中心裂纹的合金如 HSn70-1、HMn75-3-1 等，为了避免铸锭内裂，可采用低速铸造，减少铸锭内外温差的办法，但对于 HPb59-1、HAl59-3-2 等这类中心裂纹倾向更大的合金，即使采用低速铸造也很难避免铸锭出现裂纹。而且，由于降低铸造速度，使铸锭的表面质量很难保证。所以为了进一步降低铸锭表面的冷却强度，减少铸锭的内外温差，洛阳铜加工厂在生产 HPb59-1 等大截面的圆形铸锭采用了红锭铸造法。它不仅可以避免铸锭内裂，同时也可以保证铸锭的表面质量。

5.7.2.1　红锭铸造法的特点

红锭铸造法，具有铸造速度快，冷却强度小等一系列工艺特点，使得铸锭在离开结晶器下缘后某一段时间内，仍然保持为暗红色，红锭铸造时，其一次冷却强度和普通的半连续铸造一样。铸锭离开结晶器后所以呈红色或暗红色，主要是减少了二次冷却强度的缘故。图5-40是一种适用于红锭铸造用的结晶器。这种结晶器的主要特点是，二次冷却水的喷射角小，一般只有15°~20°。

铸造过程中，由于铸锭离开结晶器以后的一段时间内，其表面仍保持为红热状态，铸锭内外的温差较小，所以铸锭内部的铸造应力较小，从而消除了由于热应力而产生裂纹的条件，避免了中心裂纹的产生，但红锭铸造法也有一个很大的缺点，即液穴较深、过渡带较宽，不利于液穴中排除气体和夹杂物，不利于铸锭的补缩。

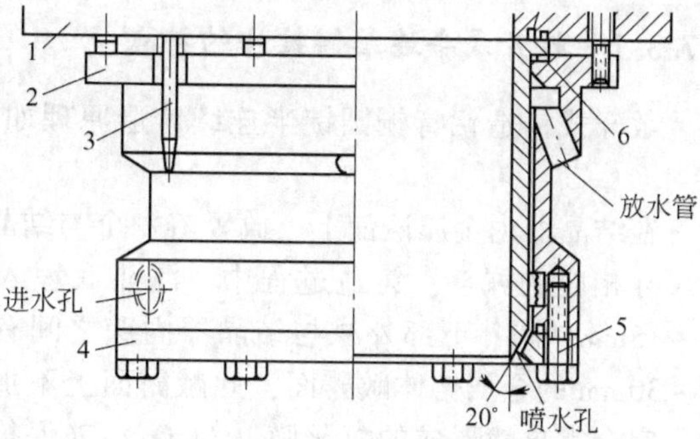

图5-40 红锭铸造（圆锭）用结晶器
1—法兰；2—外壳；3—进油管；4—底板；5—螺栓；6—密封材料

表5-7列举了用红锭铸造法生产某些规格的HPb59-1圆锭的工艺条件。

表5-7 HPb59-1圆锭铸造工艺条件

铸锭规格/mm	结晶器高度/mm	浇注温度/℃	铸造速度/$m \cdot h^{-1}$	冷却水压力/MPa	覆盖及润滑剂
ϕ245	285	喷 火	10.0~10.5	0.04~0.10	硼 砂
ϕ295	285	喷 火	8.5~9.5	0.04~0.10	硼 砂
ϕ360	285	喷 火	5.5~6.0	0.04~0.10	硼 砂
ϕ410	285	喷 火	4.0~4.5	0.04~0.10	硼 砂

5.7.2.2 红锭铸造法的操作要点

（1）必须保证一次冷却强度，否则结晶器内壁表面容易粘结氧化锌，容易引起拉漏或拉断现象发生。一次冷却水出水温度不能过高，如果过高，在结晶器铜套的外壁表面将会沉积水垢，显著降低其导热性。

（2）二次冷却水的大小，以能够保证铸锭离开结晶器下缘后表面呈暗红色为宜。结晶器下缘的所有出水孔出的水量应该大小一致，铸锭周围表面应红得均匀一致。冷却水压不能忽大忽小，否则将会引起液穴形状的变化，以致使铸锭内部出现间断性缩孔、疏松等缺陷。

（3）铸造断面尺寸较大的大铸锭时，应适当提高铸造温度，以利补缩，铸造结束时要及时补口。

5.7.3 铝青铜圆锭的敞开式铸造

由于铝青铜熔体具有吸气性强，容易氧化造渣，以及凝固时体积收缩量大，导热性能差等一系列工艺特点，因此在其铸锭生产中要想生产出优质铸锭比较困难。

同大多数铜合金一样，起初铝青铜锭大多数也是采用锭模生产，但是产品质量得不到保证。因为锭模铸造时，液流落差大，液面上的氧化膜（Al_2O_3）将不断被冲碎，并被卷入熔体中，造成铸锭内部夹渣。用半连续铸锭法生产铝青铜锭时，无论对提高产品质量，还是对提高劳动生产率，都显示了极大的优越性。但是，在铝青铜半连续铸造生产中，多数是在结晶器内的金属液面上覆盖一层炭黑，用此方法显然可以得到表面和内部质量较好的铸锭，但却不利于工人的健康和现场卫生。下面介绍洛阳铜加工厂完全敞开式半连续铸锭法。

5.7.3.1　敞开式半连续铸锭法的特点

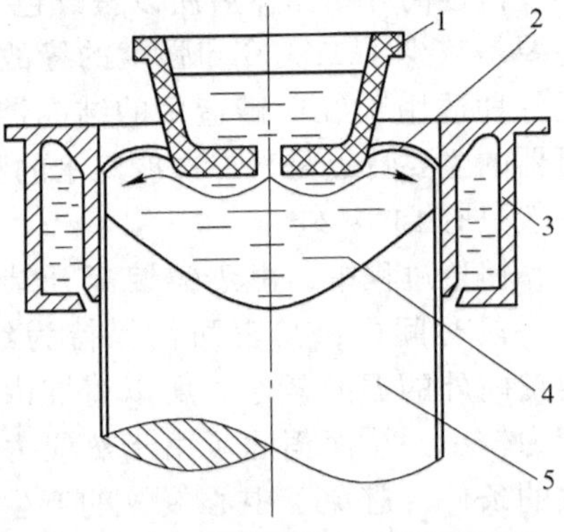

图 5-41　敞开式铸造铝青铜圆锭半连续铸造原理图

1—漏斗；2—凸弧形液面；3—结晶器；4—液穴；5—铸锭

敞开式铸造铝青铜圆锭半连续铸造原理如图 5-41 所示。

在结晶器内金属液面上，放置着一个与结晶器内腔断面尺寸相应的漏斗。铸造过程中，漏斗底埋入金属熔体 10～15mm，漏斗下部外缘与结晶器内壁之间有一个宽约 20～30mm 的金属熔体敞露面，此敞露面上不加任何覆盖物，完全靠自然形成的氧化膜（Al_2O_3）来保护。由于氧化膜的表面张力较大，因此被氧化膜保护着的金属熔体敞露面力呈凸弧形。当从漏斗底孔中流出的金属熔体向结晶器壁的方向流动时，凸弧形面上的氧化膜也跟着沿同一方向运动。随着铸造过程的进行，氧化膜先是对熔体起着保护作用，待其移至结晶器壁并翻下后，便构成了铸锭的自然表面。实际上，这种铸造方法也是一种封闭式铸造，漏斗中的熔体与结晶器中的熔体相通，中间带孔的漏斗相当于一块挡渣的过滤板，结晶器中的敞露金属熔体面被连续而致密的氧化膜严密地保护着。

正常的铸锭表面略有细小的环状波纹（小冷隔），此波纹是在液面上的氧化膜不断翻下时所形成的。一般情况下，这种波纹不影响产品质量。

5.7.3.2　铸造工艺条件

常见的四种铝青铜为 QAl9-2、QAl9-4、QAl10-3-1.5、QAl10-4-4，某些规格圆锭的敞开式半连续铸造工艺条件见表 5-8。

表 5-8　圆锭敞开式半连续铸造的工艺条件

铸锭断面 /mm	结晶器高度 /mm	漏斗尺寸(上缘/下缘×高度) /mm×mm	铸造温度 /℃	铸造速度 /m·h⁻¹	冷却水压力 /MPa
ϕ145	190	ϕ170/ϕ90×150	1200～1240（其中 QAl10-4-4 为 1200～12600）	5.5～7.0	0.03～0.10
ϕ195	190	ϕ175/ϕ120×150		4.5～6.2	0.03～0.10
ϕ245	210	ϕ235/ϕ185×150		3.0～3.5	0.05～0.15
ϕ295	210	ϕ285/ϕ235×150		2.8～3.0	0.05～0.15
ϕ360	230	ϕ350/ϕ300×150		2.5～2.6	0.05～0.15

注：QAl9-4、QAl10-4-4 取下限铸造速度。

5.7.3.3　铸锭质量控制

铝青铜铸锭常见的缺陷有氧化夹渣、冷隔、气孔、裂纹和缩孔等。

为了避免铸锭内部出现氧化物夹渣，应尽量缩短金属熔体流程，确保液流能在氧化膜的保护下平稳地进入结晶器，保证结晶器内金属液面水平稳定，防止熔渣进入结晶器等。另一方面，应尽量减低结晶器的高度。因为较低的结晶器，不仅有利于细化晶粒，同时，当铸锭的自下而上方向性结晶倾向加强时，从液穴中排除夹杂物的条件也会得到改善。

铸锭表面冷隔，是这种铸造方法最容易产生的缺陷之一，特别是在铸造大规格锭时，几乎结晶器内的金属液面一有波动，即会在铸锭表面形成一道冷隔。虽然提高铸造温度，或加快铸造速度，提高结晶器内金属熔体水平等，都有利于克服这一缺陷，但要确保铸锭内部质量，这些工艺条件的调整都将会受到一定的限制。因此，为了消除或减少铸锭的表面冷隔应注意以下几点：（1）结晶器内壁表面的镀铬层应保持完整、光滑，铸造前可在表面上擦抹一层变压器油或机油；（2）用旧坩埚做漏斗时，应将其底部外缘表面的剥落层刮净，并用细砂纸打磨光，使其露出新表面。否则漏斗外面的粗糙表面容易粘铜，破坏氧化膜保护层；（3）漏斗孔的大小要合适，一般以能在漏斗中存在三分之二高度的金属熔体为宜。若孔眼过大，不仅氧化渣容易漏下，而且容易造成漏斗的漂浮现象，而这些现象都将妨碍液面上的氧化膜进行正常的翻动；（4）结晶器内的金属液面，应稳定在氧化膜易于向结晶器壁方向翻动的水平上，这是减小铸锭表面冷隔的重要条件。

铸锭中的气孔，除了有些是因为铸造工具、原辅材料潮湿或结晶器渗水造成以外，主要是由于熔炼条件不当造成。例如料湿、熔炼温度高、长时间保温等均可造成熔体含气量高，以致引起铸锭气孔缺陷。

铸锭内部的裂纹，可以通过降低铸造温度或减慢铸造速度、减小冷却水压等办法消除。铸锭产生表面纵向裂纹，主要是由于冷却不均，铸锭表面局部温度过高造成，因此使铸锭均匀冷却，降低结晶器内金属熔体水平，可以避免这种裂纹产生。

铸锭浇口的补缩，可以在停止浇注时，采取减小冷却水压、放慢铸造速度或停车的办法。

5.7.4 锡磷青铜的振动铸造

由于锡磷青铜具有一系列特殊的铸造性能，如较大的结晶温度范围、较小的线收缩率、严重的反偏析倾向等特点，给半连续铸锭生产带来一定的困难。铁模或水冷模生产锡磷青铜铸锭很难避免疏松和反偏析等缺陷。

洛阳铜加工厂在半连续铸造锡磷青铜锭的实践中，逐渐摸索出了一种振动铸造法。下面进行简单的介绍。

5.7.4.1 结晶器自行振动铸造

这种方法的主要特征是：铸造过程中，结晶器能够在垂直方向上自行振动。

（1）结晶器自行振动的产生。结晶器自行振动铸造法所用的结晶器的内套用紫铜加工而成，工作表面不镀铬，没有锥度，在其工作表面的纵向方向上专门加工出了若干道平行分布的沟槽，如图5-42和图5-43所示。铸造时，结晶器架在一厚度为15～20mm，长度为1.5m左右的支撑钢板上，此钢板具有一定的刚度和弹性。结晶器内的金属液面上覆盖一层掺有少量鳞片状石墨粉的炭黑。

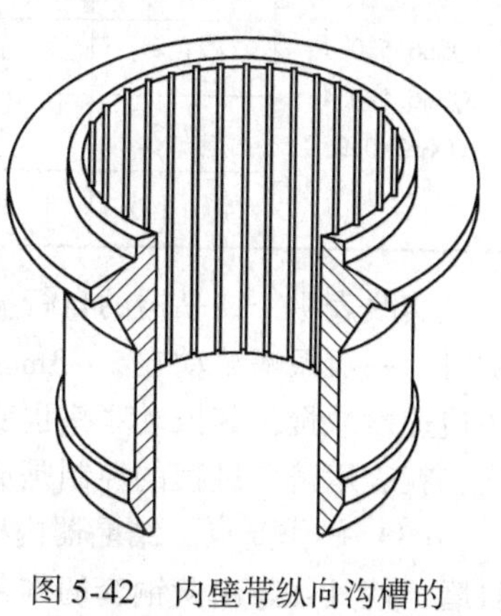

图5-42 内壁带纵向沟槽的圆锭结晶器内套

在上述条件下，当铸造过程进入正常状态以后，结晶器便可随着支撑钢板在垂直方向上有节奏地振动起来，如图5-44所示。结晶器所以能在垂直方向上自行振动，这主要是由于铸锭通过结晶器时所受到的向下摩擦阻力与支撑钢板的向上弹力之间的对持作用造成的。铸锭表面与结晶器内壁之间较小的缝隙，结晶器内壁表面上的沟槽，这是铸锭通过结晶器时产生摩擦力的直接原因，结晶器支撑钢板的刚度以及两端支点间的距离和支撑钢板向下弯曲的弧度，这是使支撑钢板

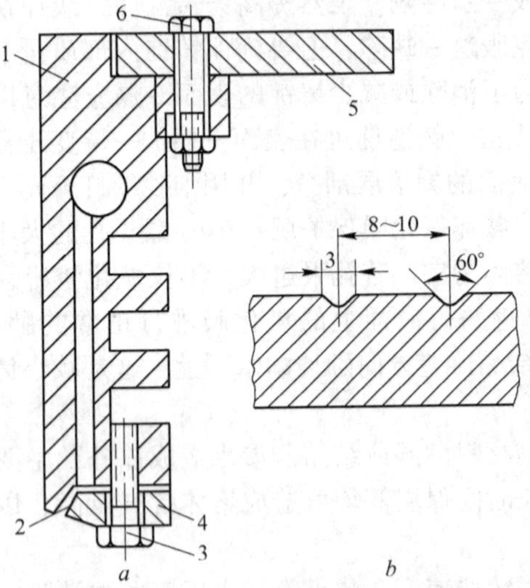

图 5-43　自行振动铸造扁锭用结晶器剖面
a—剖面图；*b*—内套表面上的纵向沟槽
1—铜内套；2—喷水孔；3—螺钉；
4—底托板；5—压板；6—螺栓

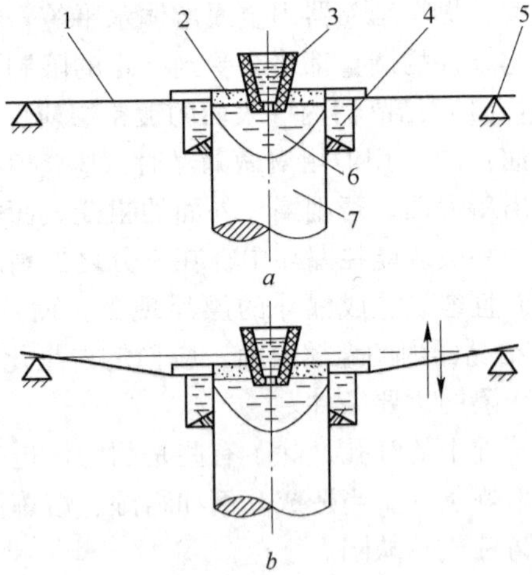

图 5-44　锡磷青铜锭的自然振动铸造
1—结晶器支撑钢板；2—覆盖剂和润滑剂；
3—导流漏斗；4—结晶器；5—支点；
6—液穴；7—铸锭

产生向上弹力的直接原因。当铸锭通过结晶器时受到的向下摩擦阻力大于支撑钢板的向上弹力时，则支撑钢板中间受向下拉力而弯曲，结晶器随铸锭同步下移；随着支撑钢板向下弯曲弧度的不断增大，其向上的弹力也逐步增大，当此弹力一旦超过上述摩擦阻力时，结晶器将随同支撑钢板迅速跳回原位。如此往返运动的结果，就造成了结晶器在垂直方向上的不停顿地上下振动。

（2）铸造工艺条件。常见锡磷青铜锭的铸造工艺参数见表 5-9。

表 5-9　锡磷青铜铸锭半连续铸造工艺参数

合金牌号	铸锭规格 /mm	结晶器高度 /mm	石墨高度 /mm	浇注温度 /℃	铸造速度 /m · h^{-1}	冷却水压力 /MPa	覆盖及润滑剂
QSn6. 5-0. 1 QSn6. 5-0. 4 QSn7-0. 2	ϕ145	180	180	1180 ~ 1240	9. 0 ~ 9. 5	0. 02 ~ 0. 06	炭黑和石墨粉
	ϕ195	180	180		8. 0 ~ 8. 5	0. 03 ~ 0. 07	
	ϕ245	190	190		6. 0 ~ 6. 5	0. 03 ~ 0. 08	
	40 × 440	200			5. 0 ~ 6. 5	0. 02 ~ 0. 06	

实践表明，结晶器的自行振动时的振幅和频率是有一定规律性的。例如铸造 ϕ195mm 的圆锭时，一般振幅波动在 2 ~ 3mm 之间，频率波动在 60 ~ 100 次/min 之间。铸锭断面尺寸增大，铸造速度减慢，其振动频率也变慢。总之，只要结晶器振动时刚劲有力，振幅和频率值趋于稳定，就表示铸造过程的控制是成功的。

（3）操作要点。结晶器内壁表面的纵向沟槽应经常清理，结晶器的内壁表面应经常用砂布打磨，使其都露出紫铜套的本色。

铸造前，应在结晶器的内壁表面上涂一层变压器油与石墨粉的混合物；铸造时，结晶器内的覆盖剂炭黑中要掺加适量的鳞片状石墨粉。

放流后，当熔体铺满托座表面时应立即开车，但开始时引锭速度要很缓慢。在开始引锭时，用铁锤有节奏地敲击结晶器支撑钢板，以帮助结晶器起跳。为了避免铸锭悬挂，放流时应控制结晶器内金属熔体液面缓慢上升。

铸造过程中，力求使结晶器内的金属液面稳定在其跳动活跃的水平上，并尽量避免上、下波动。

5.7.4.2 带可调支点的机械振动装置

洛阳铜加工厂铸造锡磷青铜时设计的带可调支点的机械振动装置如图5-45所示。根据需要，铸造速度、振动幅度、振动频率都可调节。振幅的变化是通过调整杠杆支点来实现，振动频率通过控制电动机的转速来保证。

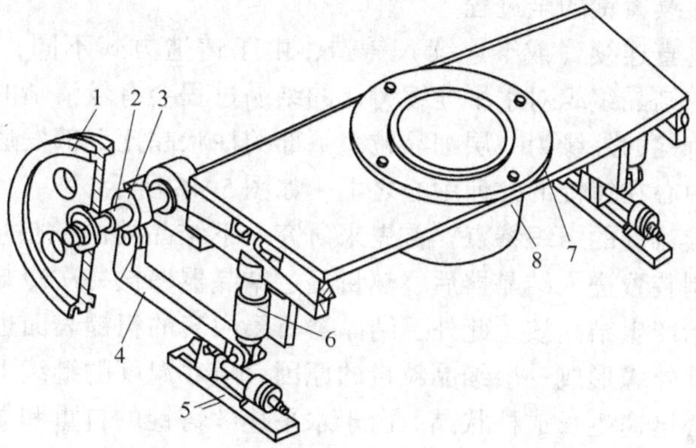

图5-45 带可调支点的机械振动装置

1—皮带轮；2—传动轴；3—凸轮；4—轴承座和轴承；5—导轮；6—杠杆；7—顶杆；8—顶杆套支撑板

用带可调支点的机械振动装置铸造锡磷青铜铸锭时的工艺条件及操作要点与结晶器自行振动时基本相同。但起振时刻一般控制在铸锭刚要抽出结晶器底缘时，起振振幅和频率都应控制得低一些，铸锭抽出结晶器底缘10~20mm后，调至正常。

振动铸造法所以能够改善铸锭表面质量并显著减轻锡反偏析的程度，其原因是：当铸锭和结晶器同步下移时，由于两者之间没有相对运动，结果使铸锭表层凝壳迅速增厚，致使铸锭表层与内部相通的许多晶间空隙被堵死，富锡熔体通过这些空隙向铸锭表层渗透的机会大大减少；当结晶器向上跳动时，可以有效地防止铸锭与结晶器壁之间的粘连现象。由于结晶器的振动，还可以使刚形成的枝晶被破碎，不但细化晶粒，也可以堵塞晶间空隙。因此，振动可以显著减轻锡的反偏析。通过振动不但有利于熔体中的气体和渣块的上浮，而且还可以把结晶器内金属熔体表面上的浮渣推向中心，显然这些都有利于改善铸锭的表面质量。

5.8 水平连续铸锭法

连续铸锭按着铸锭被拉出结晶器的方向分为垂直连续铸锭和水平连续铸锭两种形式。两者在工艺上的主要区别有以下两点：

（1）垂直连续铸锭时，炉头箱与结晶器多数是分离的；水平连续铸锭时，结晶器与炉体紧固在一体，浇注时金属熔体不与空气直接接触，因此避免了金属熔体在结晶器中的氧化。

（2）垂直连续浇注时，液面位置不容易稳定，因为要依靠人工来调节，这对铸锭质量有一定的不利影响；水平连续铸锭方法在正常生产时就不存在液面不稳定的问题。

此外，水平连续铸造还有以下特点：（1）由于水平连续铸造不需要控制金属熔体的液面，所以操作简便，劳动强度低；（2）生产效率高；（3）整个铸造过程是连续进行的，为实现生产过程的自动化提供了良好的条件；（4）设备简单、占地面积小、投资少、经济效益高。因此，水平连续铸锭法在铸造生产中的应用越来越广泛。

5.8.1　水平连续铸造原理

水平连续铸造是将保温炉中的金属熔体通过液流控制装置直接导入结晶器中，在结晶器内先凝固成具有一定强度的凝壳，然后借助引锭杆及牵引辊将已凝固的铸锭水平连续地拉出结晶器，这就形成了水平连续铸锭的全过程。

水平连续铸造与垂直连续（或半连续）铸造，由于铸造方式不同，所以铸锭的组织也有差别。通过考察铸锭的结晶组织对水平连续铸锭的结晶过程会有较清晰的概念。从铸锭横剖面的组织中，可以看到铸锭的外缘为一层细晶粒，下部的柱状晶比上部发达，使中间的等轴晶区域向上移动，即结晶中心在铸锭的几何中心之上，如图 5-46 所示。

为了了解水平连续铸锭的组织特点，首先来研究一下结晶器的散热情况，如图 5-47 所示。金属熔体通过液流控制装置进入结晶器后，热量经过结晶器壁被一次冷却水带走，金属熔体冷却到一定温度后，开始产生结晶核。此外，结晶器石墨内套的粗糙表面也为成核创造了良好条件，所有这一切是铸锭外缘形成一层细晶粒带的原因。随着温度的继续下降，晶粒沿着与散热相反的方向向铸锭中心迅速生长成柱状晶。由于水平连续铸锭的自重和凝固时的体积收缩，铸锭的上部出现了一月牙状的空隙，这就使得铸锭上部的散热条件比下部变差，致使下部柱状晶生长比上部快。以上就是水平连续铸锭结晶中心上移的原因。

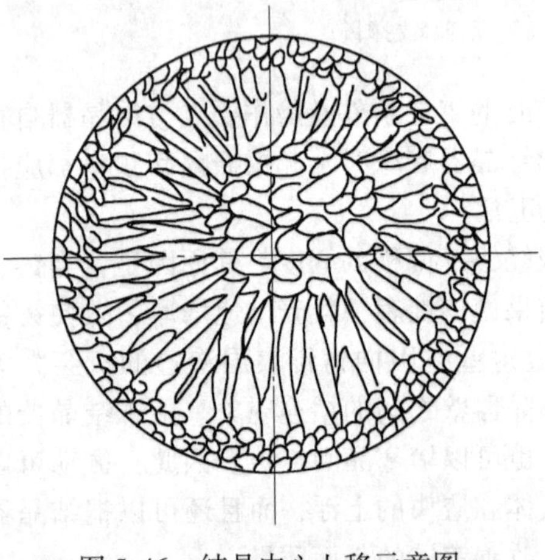

图 5-46　结晶中心上移示意图

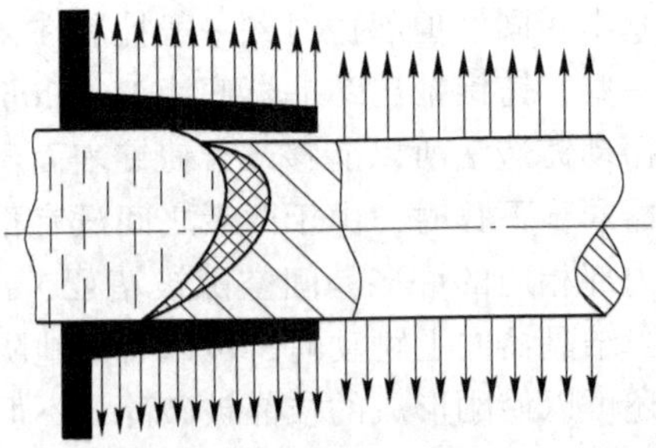

图 5-47　铸锭散热方向示意图

5.8.2　水平连铸的主要设备

铜合金用水平连续铸锭的装置，如图 5-48 所示。主要是由熔炼炉、保温炉、结晶器、引锭机构和自动锯床等部分组成。

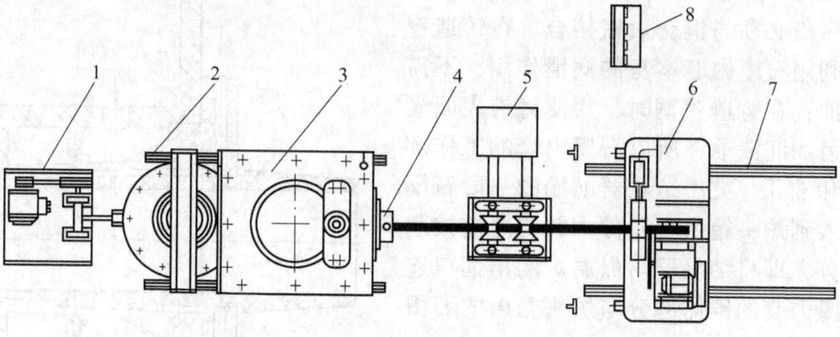

图 5-48 水平连续铸造平面布置图

1—振动装置；2，7—导轨；3—保温炉；4—结晶器；5—引锭装置；6—自动锯；8—操纵台

5.8.2.1 熔炼炉和保温炉

熔炼炉的作用是专门供给合格的金属熔体，保证连续铸造过程不间断。熔炼炉一般采用有铁芯式和无铁芯式感应电炉，在生产紫铜、黄铜和青铜时，采用有铁芯工频感应电炉为好。保温炉的主要作用是储存金属熔体和保温，因为结晶器安装在保温炉的前端，而且炉子还要水平方向振动，所以一般炉子前端做成方形，并将炉体放在水平轨道上。卧式保温炉的剖视图，如图 5-49 所示。保温炉有可以倾斜转动和不能倾斜转动两种，可以倾斜转动的炉子在结构上虽然较复杂些，但在发生拉漏或其他原因出现跑流现象时，可使炉子的前端升起，这样就可以防止金属熔体继续外流。

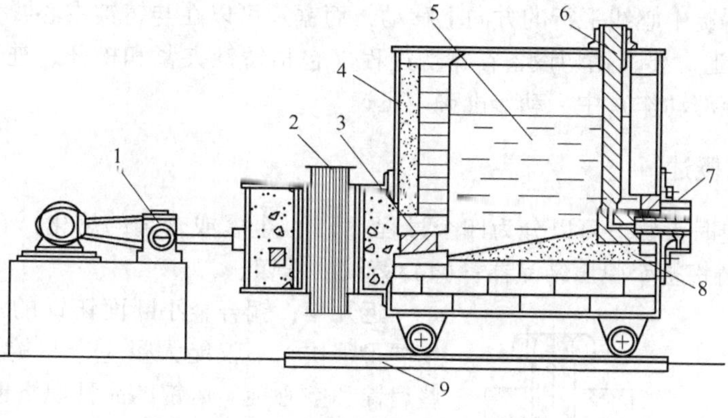

图 5-49 卧式保温炉示意图

1—振动装置；2—磁铁；3—熔沟；4—炉体；5—熔体；
6—石墨塞棒；7—结晶器；8—石墨底座；9—导轨

5.8.2.2 结晶器

水平连续铸造用结晶器，通常都是由外壳、铜套和石墨套组装起来的，如图 5-50 所示。外壳和铜套构成通冷水的水腔，水腔一般分为两段，靠近炉头箱端的冷却水腔起一次冷却作用，靠近铸锭出口端的冷却水腔为二次冷却输送冷却水。水平连续铸造铜带坯用的结晶器，有时只在两个大面上有一次冷却和二次冷却，两个小面则没有冷却水，这是因为即使没有冷却水腔也完全可以使铸锭的小面受到足够的冷却，而不致拉裂，石墨套分为两段，与铜套壁接触的一段为工作部分，其壁厚一般为 10mm 左右。在装配时，这一段必须与铜套紧密接合。在铸造青铜时，可以利用石墨内套本身的润滑作用，不需要另加润滑油；在铸造黄铜时，为使铸锭表面光洁，还需要另加润滑油，所以石墨内套的工作部分带有油槽和油孔。突出结晶器前端的一段石墨内套，是伸入到炉头箱内石墨件中并与之连接起来的锥体部分，即将结晶器与保温炉的出铜口连接起来，石墨内套的锥体部分与炉头箱内的石墨件之间也必须紧紧接合。

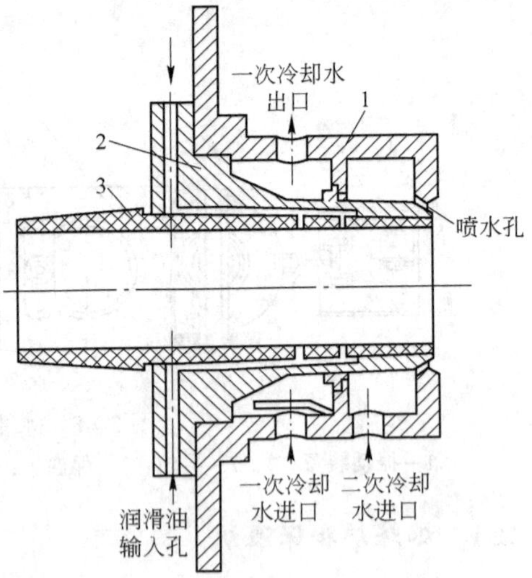

图 5-50　水平连铸用结晶器
1—外壳；2—铜套；3—石墨套

5.8.2.3　引锭机构和自动锯床

引锭机构主要由直流电动机、减速装置、齿轮箱等部分组成，拉辊的外表面加工成 V 形，同时应在圆锥面上滚花，以增大摩擦力。水平连续铸造对引锭装置不仅有调节速度的要求，而且有的还要有间断拉铸的要求，也就是在连续铸造中采用一拉一停的方法，工作时两对拉辊中心应与结晶器的中心、炉头箱内石墨件的中心在同一条水平线上，拉辊对引锭杆和铸锭的压力可通过手轮来调节。

水平连续铸造时，必须在铸造过程进行的同时，将铸锭切成所需长度的锭坯。因为铸造过程是连续的，要求锯切设备也必须与铸锭以相等速度移动。锯切装置装在导轨上，工作时，整个装置可以在与铸锭中心线平行的方向上移动，而锯片可以在与铸锭中心线垂直的方向上前进（进行锯切）和后退。要求锯切设备在锯切过程（包括铸锭夹紧和松开、进刀和退刀以及锯切设备恢复原位等全部动作）中，动作准确、迅速。

5.8.3　生产工艺概述

水平连续铸造时大体上可以分为四个过程：（1）金属或合金的熔化；（2）熔体进入结晶器并凝固；（3）铸锭被牵引出结晶器；（4）铸锭的锯切。

近几年，铜合金小断面铸锭的水平连续铸造技术发展得很快，不仅能大量生产圆锭，而且还能生产某些扁锭和空心锭，铸锭的品种规格也不断增加。

连续铸锭时，几个主要工艺参数如铸造温度、结晶器长度、铸造速度及冷却强度的控制以及对铸锭生产过程的影响等，大致与半连续铸锭生产相似。

铸造前，通过拉辊将引锭杆前端的引锭头伸入结晶器，引锭头有各种不同的形式，但其形状要满足两点，拆卸方便和能咬住铸锭，常用的两种形式，一种是有凹槽的开合式引锭头，如图 5-51*a* 所示；一种是端部旋有螺栓的引锭头，如图 5-51*b* 所示。引锭头与引锭杆相连的一端开一个 ϕ10mm 左右的通孔，以便用销子将引锭头固定在引锭杆上。引锭头的外径应比结

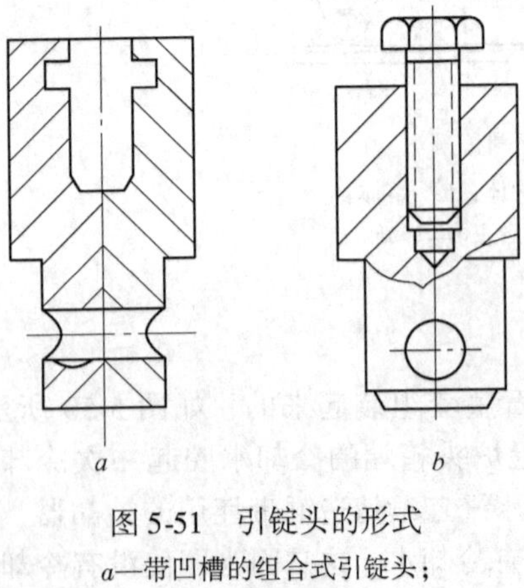

图 5-51　引锭头的形式
a—带凹槽的组合式引锭头；
b—带有螺栓的引锭头

晶器内径小 2mm 左右才能伸入结晶器内，两者之间的空隙依靠绕缠在引锭头外表面的耐火材料塞住之，其目的是为了保证在开始放流时，金属熔体不致外漏。但结晶器与引锭头之间的极小间隙对浇注开始是有好处的。因为在开始放流时，结晶器内的空气受到剧热后能从这里跑出，不致由于气体膨胀而发生爆炸。对于石墨内套带有油孔的结晶器，为了避免开始放流时铜液钻入结晶器的油孔，可以先涂上一层耐火脂。为防止堵眼现象，除应保证铸造温度外，还应充分预热炉头箱，特别是出铜口附近的石墨件一定要充分预热。

5.8.4　水平连铸的操作

铸造开始前，必须将结晶器、引锭杆和引拉机牵引辊三者调整在同一水平线上。塞棒打开即行铸造。

水平连续铸造棒坯操作的一般程序是：送一次冷却水→放流→（送润滑油）→开始引锭→当铸锭离开结晶器时送二次冷却水→当铸造速度调至正常时开始结晶器振动或启动“停、拉”铸造程序→锯切。也可以根据具体情况，在放流前或放流初期即开始振动或停、拉。

铸造初期，为防止堵眼或拉断、拉漏等故障发生，除应严格控制好有关工艺条件外，各操作手之间应注意很好地配合。

铸造过程中，炉膛内始终应该保持一定高度的金属液位，同时需要对炉内铜液温度连续进行监控。铸造时，炉体振动应平稳，不得上下跳动或左右摇摆。由于结晶器与炉体间没有相对运动，所以炉体振动就是结晶器振动。结晶器振动，可防止铸锭表面与结晶器壁之间的粘连现象，有利于改善铸锭的表面质量和避免拉断铸锭的现象。当采用停、拉制度时，在停止引锭期间，由于结晶器与其中的金属之间无相对运动，即一次冷却强度得到加强，铸锭凝壳迅速加厚、强度迅速增大，因此也有利于避免铸锭表面拉裂或铸锭拉断现象。

铸造黄铜锭时，应向石墨套内壁输送润滑油，以防止氧化锌和其他凝结物在铸锭表面和石墨内套之间积存。油量大小要适宜，分布要均匀。如不进行润滑，在铸锭表面和石墨内套之间积存较多的氧化锌等凝结物时，将会使铸锭表面拉坏和使石墨内套拉坏。为了防止在铸锭表面和石墨内套之间积存有氧化锌等凝结物，可以采用保护气封口的办法。所谓保护气封口，就是在结晶器的出口处送保护气或润滑油，利用保护气将结晶器与铸锭之间的缝隙封住，以防空气进入。采用保护气封口的办法，不仅可以有效地防止金属氧化，而且可以大大地提高石墨套的使用寿命。连铸生产中，如果发现结晶器内的石墨套破损时，应及时更换，否则将会恶化铸锭质量。

5.9　水平连铸的工艺实例

水平连续铸造技术是从铸造实心的小断面铸锭开始发展起来的。目前，水平连续铸造圆断面的铸锭规格达到了 ϕ300mm 以上，扁铸锭断面厚度超过了 200mm。

5.9.1　棒坯水平连续铸造

最简单的铜合金小断面铸锭的水平连续铸造装置如图 5-52 所示。

有些简单的装置中甚至不用电炉，直接在中间浇注包（有的中间浇注包是用大号石墨坩埚改制成）前端安装结晶器进行铸造。

水平连续铸造和立式半连续铸造用结晶器的结构本身基本相似。不同的是，水平连续铸造用结晶器的前端需要与炉体或中间浇注包密封连接。如图 5-53 所示，结晶器前端带锥度的石墨套前舌，深入到了炉前室中出铜口座砖的锥形孔内。出铜口座砖由石墨材料制造，因此结晶器与炉体

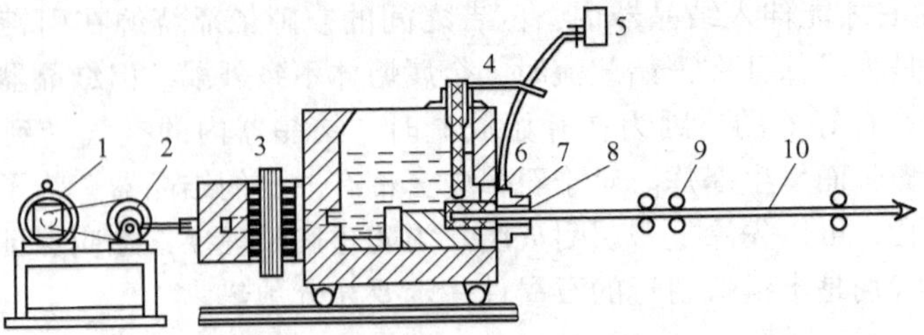

图 5-52　简单的水平连续铸造装置

1—电机；2—偏心轮；3—电炉；4—液流控制装置；5—润滑油罐；6—出铜口；
7—结晶器石墨模；8—结晶器；9—牵引装置；10—铸锭

的所有结合面密封良好。此种方式适合小断面铸锭的铸造，便于更换铸锭规格。需要更换结晶器时，塞棒关闭即可。

铸造开始前，必须将结晶器、引锭杆和引拉机牵引辊三者调整在同一水平中心线上。塞棒打开即行铸造。铸造期间，炉膛内始终应保持一定高度的金属液位，同时需要对炉内铜液温度连续进行监控。与结晶器前端相面对的炉壁是安装热电偶的合适位置。结晶器振动或者采用停、拉引锭工艺，或者采用带反推的微程引拉程序，可以有效地改善铸锭表面质量和内部结晶组织。铸造黄铜时需要用润滑油。

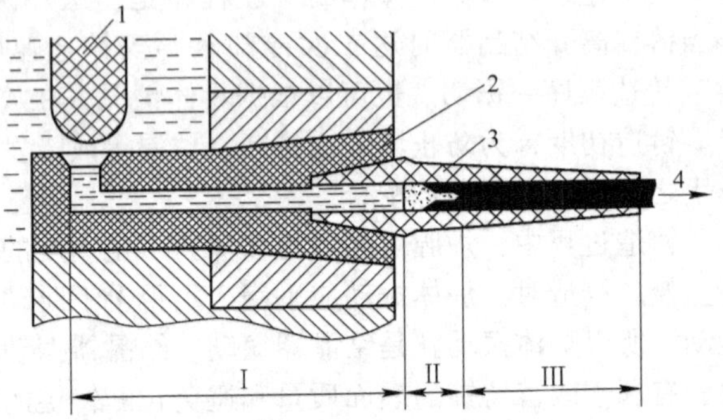

图 5-53　结晶器通过出铜口座砖与炉体对接

Ⅰ—液态区；Ⅱ—半凝固区；Ⅲ—固态区；
1—炉前室中的塞棒；2—出铜口座砖；3—结晶器石墨套前端；4—铸锭及引锭方向

规格比较小的铜线坯，可同时铸造多根，并可分别将每条线坯都盘成规定长度或质量的圆盘。规格比较大的铸锭可通过同步运行的带锯或圆盘锯，锯切成规定的长度。

表 5-10 为铜合金小断面铸锭水平连续铸造的工艺条件举例。

表 5-10　铜合金小断面铸锭水平连续铸造的工艺条件

合金牌号	铸锭直径 /mm	浇注温度 /℃	瞬时速度 /m · h⁻¹	平均速度 /m · h⁻¹	链振频率 /次 · min⁻¹	结晶器长度 /mm	冷却水压力/MPa	
							一次冷却	二次冷却
H68	40	1050 ~ 1100	23 ~ 30	15 ~ 20	50 ~ 80	190	0. 20 ~ 0. 30	0. 05 ~ 0. 10
H62	40	1000 ~ 1050	25 ~ 32	15 ~ 20	50 ~ 80	190	0. 20 ~ 0. 30	0. 05 ~ 0. 10
HPb59-1	40	990 ~ 1040	25 ~ 30	15 ~ 20	50 ~ 80	190	0. 20 ~ 0. 30	0. 05 ~ 0. 10
QSn6. 5-0. 1	12	1160 ~ 1200	110 ~ 120	40 ~ 80	105 ~ 135	120	0. 10 ~ 0. 25	
QSn3-1	35	1180 ~ 1230	10 ~ 15	4 ~ 6	40 ~ 50	190	0. 15 ~ 0. 20	0. 10

注：铸造 QSn6. 5-0. 1 时不用润滑油。铸造其余合金时采用 30 号汽轮机油作为润滑剂。

5. 9. 2　管坯水平连续铸造

锡磷青铜是属于比较难以热加工的铜合金，在热挤压穿孔中，极易产生裂纹，成品率低，工模具的消耗量也很大。由于这些原因使锡磷青铜管生产受到限制，而采用水平连续铸造空心锭的生产工艺可省掉挤压穿孔工序。这种新工艺不仅简化了加工过程，提高了成品率和降低了生产成本，而且还提高了产品质量。

铸造空心铸锭时，生产的关键是结晶器。需要在结晶器中嵌入与铸锭内径尺寸相当的芯子。芯子通常也用石墨材料制造，和石墨内套表面一样，应具有一定的锥度。水平连续铸造空心锭一般应采用短结晶器。芯子和石墨内套可以是整体的，也可以是装配式的，如图5-54所示。整体式是在加工石墨内套时，将芯子一起车出来成为一体，装配式是石墨套和芯子分别加工，然后再装配在一起。石墨套和芯子有的是用小的电极棒加工，也可以采用高纯石墨加工，后者价格较贵但内套表面光洁度较高。

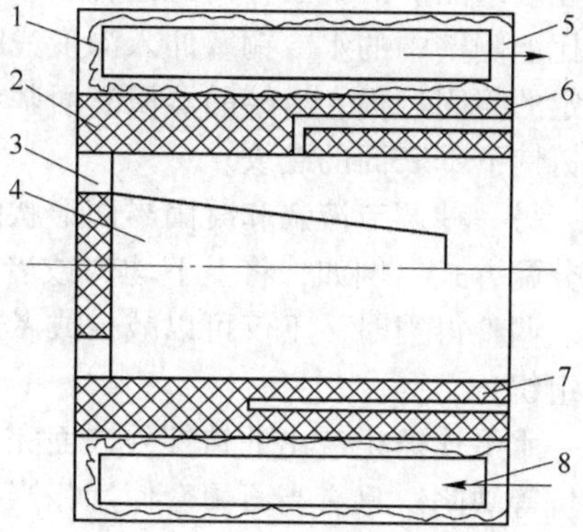

图5-54 铸造空心铸锭用结晶器示意图

1—水冷套；2—石墨内套；3—铜液入口；4—石墨芯杆；5—出水孔；6—氮气输入口；7—热电偶插入孔；8—进水孔

采用长结晶器的不利因素主要是：考虑到石墨芯子也将相对增长，长芯子比短芯子容易被拉断。

装配时，石墨内套必须与紫铜套紧密配合，条件是铜套不能变形和石墨套内外锥度尺寸必须准确。

结晶器安装后，需要仔细校正中心，引锭头送入结晶器时要防止冲撞石墨芯子，一般应保持5～10mm的间距。

图5-55为铸造空心铸锭时凝壳形成过程与铸锭表面质量之间关系的示意图。由于保温炉与结晶器连通，在炉内液体金属静压力作用下，凝固过程中铸锭不产生较大的径向热应力。但是，铸锭的下表面却容易产生裂纹。

开始引拉时，与石墨内套和引锭器接触的铜液受到激冷很快形成凝壳，铸锭凝壳收缩产生的间隙有利于铸锭的引出。随后，当管坯凝固收缩，且管坯和石墨内套之间产生间隙时，由于重力效应，管坯下沉并使其下侧外表面贴紧石墨套工作表面（见图5-55*a*），显然，引拉时下侧阻力大于上侧阻力，结果铸锭的下表面可能产生裂口，俗称“拉裂”。

图5-55*b*所示为在石墨内套中设置水冷铜塞装置，以及在结晶器出口端附加支撑辊的示意图。熔融金属通过结晶器时，通过设置在石墨内套中的水冷铜塞深入深度的调整，可以达到精

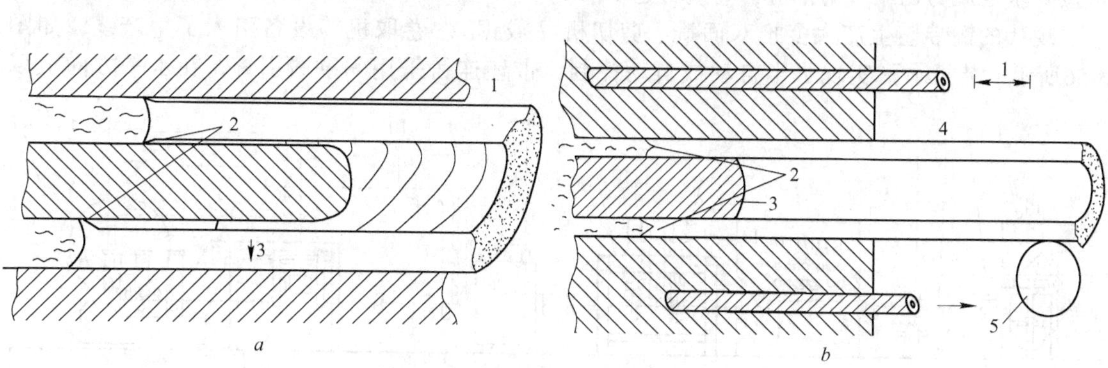

图5-55 空心铸锭凝壳形成过程

a—由于重力影响和收缩出现凝固前端不对称

1—不对称的收缩间隙；2—不对称的结晶前沿；3—重力效应方向

b—采用铜水冷塞冷却装置和设置支撑辊

1—可调的水冷铜塞装置；2—对称的结晶前沿；3—石墨芯棒；

4—对称并极小的收缩间隙；5—承受管坯重力下落的支撑辊

确控制结晶前沿凝固界面的位置和形状的目的。当位于石墨模内套下侧壁中的水冷铜塞伸入深度比上侧壁中的水冷铜塞伸入深度浅时，就能纠正凝固前沿界面的不对称行为，从而可以建立稳定的凝固过程。沿结晶器横断面基本对称的凝固界面的建立，可以有效地减少，乃至完全消除铸锭下部表面的裂纹。

另一种调节液穴和凝固界面形状的方法是：改进铜液进入结晶器的方式和铜液在结晶器中的分配方式。例如，将上下均匀或者对称的分配方式，改为上下不均匀或者不对称的分配方式。调整得当时，不仅可以减少或者避免铸锭的表面拉裂缺陷，同时也可以获得上下均匀的结晶组织。

水平连铸生产出的铸锭外表面完全能够达到令人满意的光洁要求，无冷隔、斑疤、夹灰、凹坑等缺陷。只有当石墨套使用相当长时间之后，铸锭上才有一些轻微条痕。铸锭内孔表面出现等距离环形痕，但不深，环形痕的产生是由于铸造时振动产生的，如果振幅加大，振动频率低则使环形痕间距增大，痕迹增高隆起；如果振幅缩小，振动频率加快，可使环形痕的距离缩小，痕迹浅轻。出现轻微的环形痕是水平连铸空心锭的正常现象。

表 5-11 为铜合金管坯水平连铸的工艺条件举例。

表 5-11　铜合金管坯水平连铸的工艺条件

合金牌号	管坯的$\frac{外径}{内径}$/mm	浇注温度/℃	结晶器长度/mm	引拉速度/$m \cdot h^{-1}$	链振频率/次 · min^{-1}	冷却水压力/MPa	
						一次冷却	二次冷却
HSn70-1	φ66/φ29	1170 ~ 1190	145	20	50 ~ 80	0.05	0.02
QSn4-0.3	φ65/φ28	1200 ~ 1250		10	70 ~ 100	0.40 ~ 0.50	

5.9.3　带坯的水平连续铸造

目前，水平连铸带坯的宽度可达 900mm，根据铸造带坯宽度不同，水平连续铸造可同时铸造 2 条，每条宽度为 450mm 以下，或铸造 1 条，宽度为 650 ~ 900mm 的带坯。带坯厚度最小为 12.00mm，一般为 14 ~ 20mm。这种厚度范围带坯可以不经热轧直接冷轧，用于生产热轧困难的合金品种（如锡磷青铜、铅黄铜等），也可生产黄铜、白铜以及低合金化铜合金带坯。带坯可按要求定尺剪切或成卷供应，卷重可达 1 ~ 5t。

现代的铜带坯生产大多把双面铣、剪切机（或锯）、卷取机等设备引入了生产线，如图 5-56所示。装机水平实现了半自动或自动控制，带坯连铸采用间歇式引锭，在水平方向上以

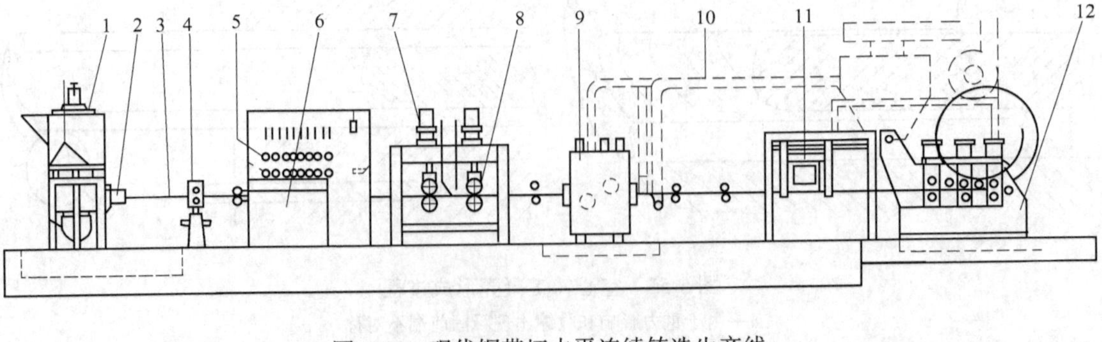

图 5-56　现代铜带坯水平连续铸造生产线

1—保温炉；2—结晶器装置；3—铸造带坯；4—托辊；5—冷却水分配器及控制系统；6—保温炉和牵引装置的操作台；7—压紧辊；8—牵引辊；9—双面铣床；10—抽吸铣屑系统；11—液压剪装置；12—卷曲机

"拉—停"或"拉—停—反推—停"方式拉铸，结晶器大都静止不动。不同的生产工艺靠改变间歇引锭的拉、停及反推时间来实现。这种不连续地引拉铸锭，可使结晶器内表面和铸坯表面有相对静止阶段，有利于凝固外壳的形成与长大，改善了铸坯的表面质量。

图 5-57 为铜带坯水平连铸用结晶器及其安装示意图。结晶器是由冷却器、石墨模以及石墨模与冷却器、冷却器与结晶器框架组装用的各种紧固件构成。冷却器及石墨模的结构，包括石墨模与冷却器的装配方法，是结晶器设计的关键。通常，铜带坯水平连铸结晶器本身只有一次间接冷却，没有二次直接水冷。离开结晶器一段距离以后，即进入牵引辊之前另外设置独立的二次冷却水装置，目的是进一步降低带坯温度。

冷却器应使带坯在整个宽度上冷却效果好而且均匀。为了使冷却器和结晶器之间传热良好，接触面应精加工并用螺丝紧固贴紧。装配式带坯石墨结晶器如图 5-58 所示。

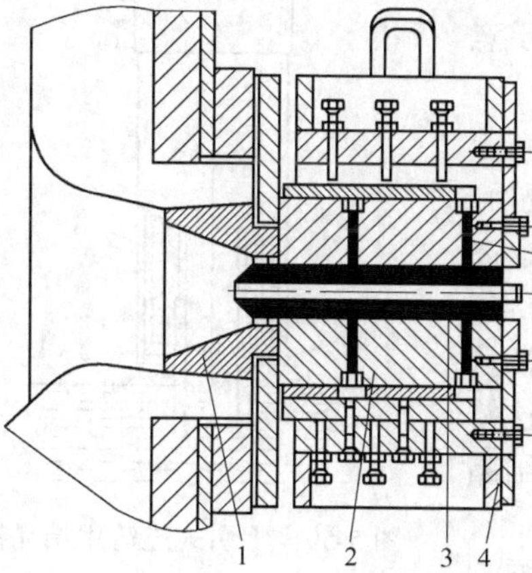

图 5-57 铜带坯水平连铸用结晶器及其安装
1—炉前窗口砖；2—冷却器；3—石墨模；
4—组装框架；5—石墨模与
冷却器结合用螺栓

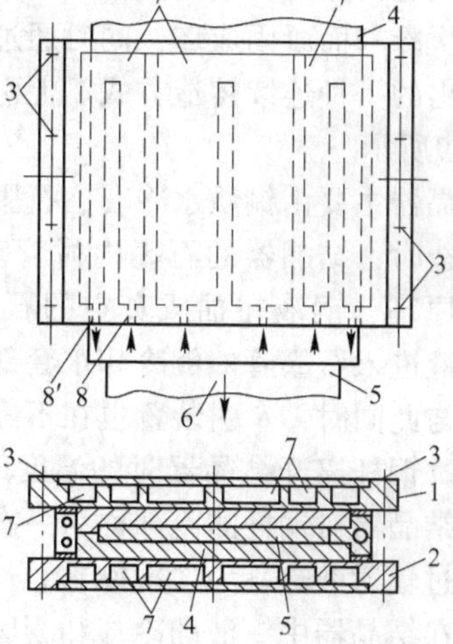

图 5-58 装配式带坯石墨结晶器
1，2—分别为冷却器的上半模和下半模；3—紧固螺栓；
4—石墨模的上、下半模；5—铜带坯；6—牵引方向；
7—冷却器的水室；8，8′—分别为冷却水进出口

图 5-58 中，1 与 2 是冷却器的上半部和下半部，4 是石墨结晶器的上下两部分。石墨结晶器前端的石墨舌伸入保温炉内。冷却器冷却室在带坯宽度方向上分为三个不同的区域。铸造宽带坯时，此种冷却区可以分为 10 个之多。每个冷却区的冷却水温和冷却水量可单独控制，也可以联合控制，以保证整个带坯宽度上均匀冷却。

引锭机采用了微处理机控制，能显示连续生产量，按给定工艺参数控制浇注过程，并能报警和显示故障点。

带坯铣削的目的是清除带坯表面的氧化物、熔渣、表面裂纹和偏析层，并保证带坯的尺寸精度。与双面铣配套的还有铣屑清除系统，废屑经气动输送管集中于废屑收集箱中。

某些铜合金直条状带坯水平连续铸造条件及工艺参数见表 5-12。

5.9.4 线坯的上引式连续铸造

上引式连续铸造是近二三十年迅速发展起来的铸造技术，被广泛用于光亮铜线杆的线坯生产。它利用真空吸铸原理，采用停—拉技术实现连续多头铸造。具有设备简单、投资小、金属

表 5-12　铜合金带坯水平连续铸造条件及工艺参数

合金牌号	带坯规格 /mm × mm	结晶器长度/mm		铸造温度 /℃	引拉程序		铸造速度 /m · h⁻¹	润滑油	冷却水压力 /MPa
		水冷套	石墨套		拉/s	停/s			
H90	15 × 200	140	260	1170 ~ 1210	1	2	8.5 ~ 10.5	蓖麻油	0.1 ~ 0.2
QSn4-4-2.5	15 × 200	130	260	1190 ~ 1240	0.5	1.5	7.0 ~ 11.0		0.01 ~ 0.06
QSn6.5-0.1	15 × 225	110	220	1180 ~ 1250	0.7	2.5	9.0 ~ 13.0		0.01 ~ 0.06

损耗少、环境污染程度低等特点，操作简便且产品质量好，成品率可达 90% 以上。

上引式连铸法是利用真空将熔体吸入结晶器，通过结晶器及其二次冷却而凝固成坯，同时通过牵引机构将铸坯从结晶器中拉出的一种连续铸造方式。上引铜杆所用结晶器示意图如图5-59所示。

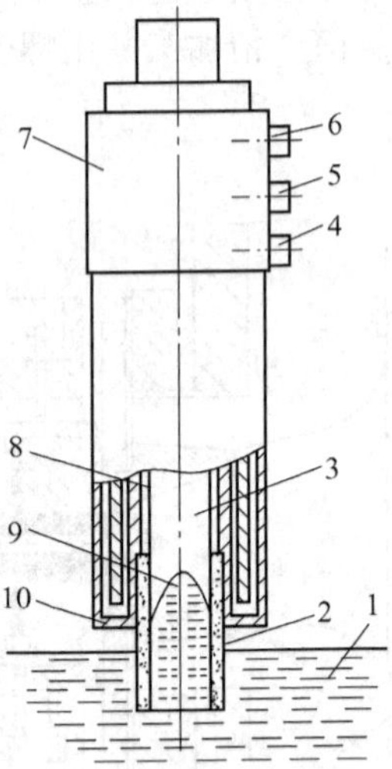

图 5-59　上引式连铸用结晶器结构示意图

1—铜液；2—石墨内衬；3—铸造杆；4—进水口；5—出水口；6—抽真空口；7—结晶器头部；8—真空室；9—液穴；10—冷却水套

该结晶器主要由铜质水冷套、石墨质内衬管及真空室等组成。铸造时，结晶器的石墨内衬管垂直插入熔融铜液中，根据虹吸原理，铜液在抽成真空的石墨管内上升至一定高度，当铜液进入石墨管外侧冷却水套部位以后，铜液被冷却和凝固。与此同时，牵引装置也在不停地将已凝固的铜杆从上面引出。铜杆离开结晶器时的温度约为 155℃。上引连铸过程中，结晶器对铜杆的冷却称为一次冷却，铜杆离开结晶器以后通过辐射散热称为二次冷却。

由于在结晶器中铜液的冷却和凝固所散发出的热量都是通过间接方式进行的，而且铸坯发生收缩时已离开模壁，加上模内又处于真空状态，铸坯的冷却强度受到一定限制而影响生产效率。因此，上引连铸通常都是采取多个头（即多个结晶器）同时进行的生产方式。经验表明，通过采用“停—快速提升”的铸造方式，可以实现比较稳定的连续铸造过程，并保证产品质量的相对稳定。

图 5-60 为同时铸造 6 根铜线坯的上引式连铸装置示意图。

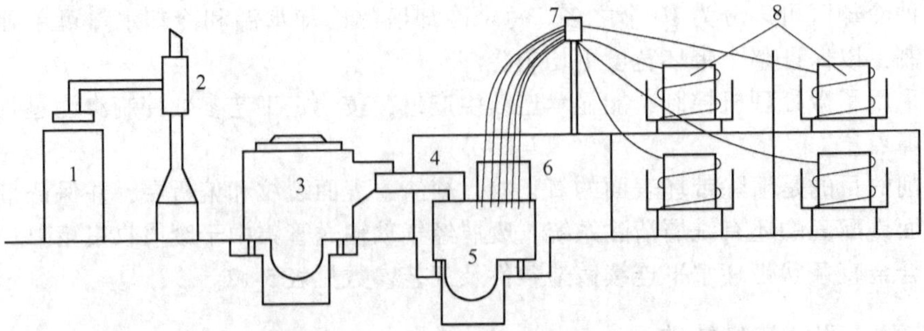

图 5-60　上引式连铸生产线示意图

1—料筒；2—加料机；3—感应熔化电炉；4—流槽；5—感应保温炉；6—结晶器；7—夹持辊；8—卷线机

5.10 其他铸造方法

5.10.1 热顶及热模铸造

热顶铸造，是指结晶器顶部有一段具有良好保温性能的区域的铸造形式。热顶铸造的根本目的在于减缓结晶器上部的一次冷却，而不是减缓整个结晶器的一次冷却。

热顶铸造不仅有利于改善铸锭表面质量，而且有利于铸锭自下而上的方向性凝固和补充收缩，如果在热顶区段同时增加过滤板，则可防止熔渣进入铸锭中。热顶铸造技术的关键在于结晶器的热顶设计。

热模铸造，是指结晶器整个被加热，铸造过程中，铸模始终保持一定温度（金属熔点以上）的铸造方式。热模铸造的工艺原理如图5-61所示。

由于铸模被加热，其内壁温度高于金属熔点，因此不会形成晶核。相反，铸模内中心的温度低于模壁的温度而首先形成晶核。靠近模壁的金属熔体只能在离开铸模时才会凝固。这就形成了与普通铸造方法相反的“液穴”形状，即中间凸起的抛物线而不是常见的倒锥体。

由于热传导主要在轴向上进行，晶粒的径向生长受到约束，因而可以实现定向凝固。同时，向上凸起的“液穴”可以有效地避免夹杂的裹入和产生中心疏松及缩孔，有利于气体的排出。另外，由于热模内壁表面始终保持在凝固点温度以上，铸锭并未在模内壁上开始凝固生壳，即铸锭表面是在离开铸模以后才形成的，铸锭表面没有受到铸模的任何摩擦阻力的伤害，因此铸锭表面甚至可以达到光洁如镜的程度。

5.10.2 电磁铸造

电磁铸造，就是在半连续及连续铸造装置中，以一个感应器（线圈）代替结晶器作为铸模的铸造方法，称为电磁铸造（EMC法）。电磁成型铸造原理如图5-62所示。

电磁铸造装置由感应器、磁屏及冷却系统等部分组成。当感应器通以交流电时，感应器周围产生磁场，感应器内液体金属由此感生出相位相反的涡电流。由于磁场与涡电流的相互

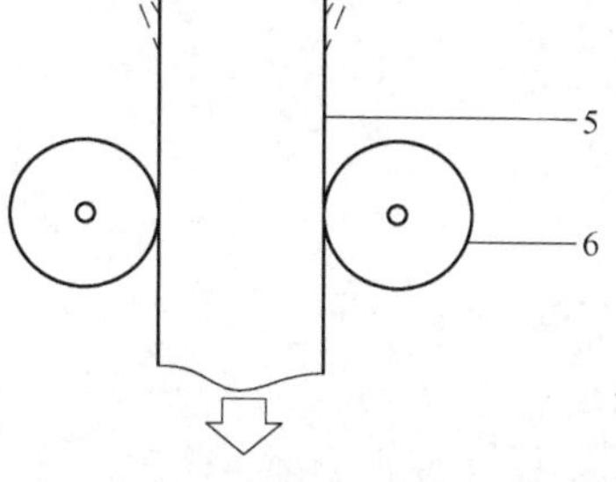

图5-61 热模铸造的工艺原理图

1—熔体；2—受加热铸模；3—熔体模；4—冷却水；5—铸锭；6—夹持辊

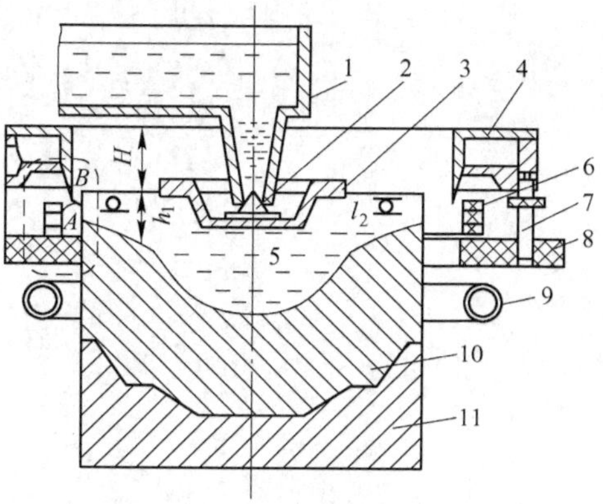

图5-62 电磁成型连铸装置示意图

1—流槽；2—节流阀；3—漏斗；4—电磁屏；5—液穴；6—感应器；7—螺栓；8—支持板；9—冷却水环；10—铸锭；11—引锭器

作用，根据左手定则产生一种指向铸锭中心的电磁力。根据集肤效应原理，金属液柱外层的感生涡流及电磁力最大，这种电磁力可以维持住液柱外廓形状而不发生流散。与此同时，液体金属柱在强烈的水冷却下凝固成为铸锭。

实际上，只有在金属液柱的静压力和电磁推力相平衡时，上述的铸造过程才是稳定的，即感应器内壁与液柱表面之间的间隙大小保持恒定，铸锭外廓尺寸（亦即外表面垂直度）稳定。

复习思考题

基本概念：固定模铸造、半连续铸造、连续铸造、水平连铸、特种铸造方法（红锭铸造、热模铸造、电磁铸造）

思考题：1. 锭模铸造的特点及其铸锭质量控制。
2. 立式半连续和连续铸造的特点及其铸锭质量控制。
3. 水平连续铸造的特点及其铸锭质量控制。
4. 热模铸造的原理。
5. 电磁铸造的原理。

6 铸锭质量检查

尽管在熔炼和铸造过程中，总是千方百计地确保铸锭质量，然而，完全避免缺陷和杜绝废品是很不容易的。加工车间有许多废品都是由于铸锭质量问题所造成的。因此，熔铸车间必须对所生产的铸锭进行认真的质量检查。另外，对铸锭检查的目的也是为了找出铸锭质量问题的关键所在，以便采取措施不断提高产品质量。

6.1 铸锭的缺陷

6.1.1 偏析

铸锭内化学成分分布不均的现象，称为化学成分偏析，简称偏析。铸锭的里外、上下及晶粒内部都可能出现偏析。通常所见的偏析有三种类型：晶内偏析、密度偏析和区域偏析。

6.1.1.1 晶内偏析

晶内偏析也称为枝晶偏析，是指晶粒内部化学成分不均匀分布的现象。

晶内偏析现象，多发生在某些结晶温度范围比较宽的合金铸锭中。晶内偏析发生的过程是：合金熔体开始结晶时，首先形成的结晶骨架中含有较多的高熔点成分，晶粒长大过程中，这些骨架不断发展成树枝状，而在这些骨架中间剩余的熔体中，含有低熔点成分较多，这些剩余熔体不断凝固在晶粒外层。合金的结晶温度范围越宽，树枝状结晶越明显，越容易产生晶内偏析现象。

晶内偏析与冷却速度有很大关系，一般来讲，加大冷却强度、缩小结晶过渡区，在熔体内到处都可以生核结晶，有利于减少晶内偏析。在结晶过程中，不断振动熔体，使晶粒不致发展成粗大的枝状晶，也有利于减少晶内偏析。总之，一切有利于细化晶粒的因素，都有降低晶内偏析的作用。

6.1.1.2 密度偏析

密度偏析是指铸锭在垂直方向上化学成分分布不均的现象。这是因为金属之间的密度差别在铸造过程中产生了上浮和下沉所造成的。

密度偏析有两种情况：一种是熔体凝固前，熔体中就由于密度不同分为上下两层，凝固后，仍然保留这种不均匀性。另一种是虽然熔体的化学成分是均匀的，但由于出生晶体与剩余熔体的密度不同，发生了初生晶体的上浮或下沉现象所造成的密度偏析。

适当降低浇注温度和加大冷却强度，使熔体迅速冷凝，以及浇注前，将熔体化学成分搅拌均匀，对减少密度偏析是有作用的。

6.1.1.3 区域偏析

区域偏析是指铸锭局部化学成分分布不均的现象。区域偏析有正偏析和反偏析之分。

在铸锭的中部富有某些低熔点元素的现象称为正偏析。反偏析则是将低熔点元素排挤到铸锭的外部而造成的成分不均现象。

正偏析产生的原因是：熔体进入锭模或结晶器，由于与模壁接触部分首先冷却，结晶首先从这里开始，初生晶体高熔点成分较多，而剩余的熔体中，低熔点成分较多。在结晶速度较慢的情况下，剩余熔体中低熔点成分越来越多，即铸锭的中心部分含有较多的低熔点成分。

反偏析的形成条件与正偏析不同，对反偏析形成的过程有各种说法。总之，它是在高熔点的成分形成枝状晶组织时，低熔点的熔体向外流动的结果。

下面仅以锡磷青铜为例，介绍一种关于反偏析形成过程的说法。

锡磷青铜这种合金具有较大的结晶温度范围，以 QSn6. 5-0. 1 为例，其结晶温度范围大约为 150℃左右。结晶温度范围越宽，结晶过程中出现的过渡区越大，初生的枝状结晶越明显，显然这些都为低熔点熔体在枝丫间的移动创造了有利条件。

在冷凝过程中，首先在靠近模壁的表层中形成含铜较多的树枝状结晶骨架，然后含锡较多的熔体才在枝丫间结晶，当铸锭表层凝壳增加到一定厚度时，由于铸锭的收缩，即在铸锭表面与模壁之间出现了间隙，这不仅使凝壳的冷却强度显著降低，而且由于液穴中高温熔体热量的扩散，还要使凝壳的温度回升，以致使已在枝丫间结晶了的富锡部分重新熔化，使凝壳的强度降低，在液面上大气压力和液穴中金属熔体的静压力作用下，可使枝晶间的富锡熔体突破晶界薄弱处被挤到铸锭的表面。

因此，锡的反偏析现象主要发生在铸锭的表层附近。一般情况下，锡反偏析层都在 5mm 以内，但反偏析严重时，也可以伸入到铸锭表皮下 25 ~ 30mm。特别严重的反偏析可在铸锭表面上出现偏析瘤，如图 6-1 所示。

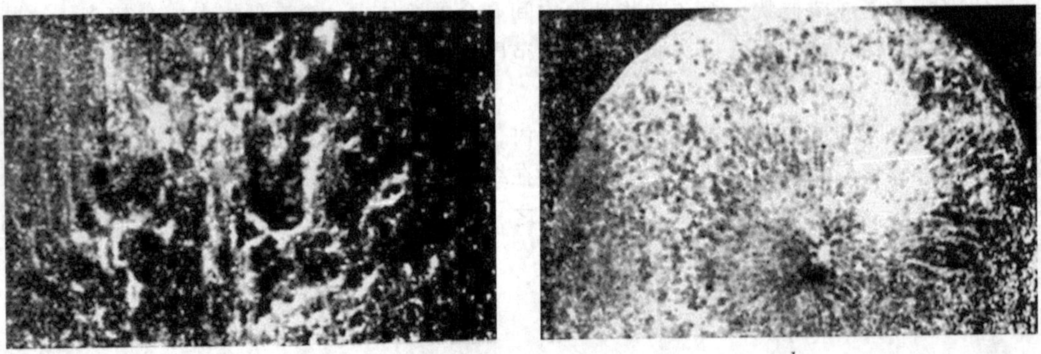

a　　　　*b*

图 6-1　QSn7-0. 2 ϕ295mm 铸锭表面反偏析

a—铸锭表面；*b*—铸锭横断面

当铸造方法不同时，所得铸锭的反偏析情况也不同。从表 6-1 中可以看出：铁模铸锭的锡反偏析程度最大，水冷模次之，半连续铸锭的锡反偏析程度最小。同时还可以看出：铸锭浇口端的锡反偏析铸锭较大，中部次之，铸锭底部的反偏析程度较小。铸锭的断面越大，铸锭反偏析现象越严重。

通过什么办法能减少反偏析呢？从目前生产实践中提出以下几种途径：首先加大冷却强度，促进在结晶前沿过渡区的区域凝固，细化晶粒，使反偏析减轻。对于半连续铸锭法生产锡磷铸锭时，最好采用振动铸造，实践证明，振动铸造是可以减轻反偏析的。

表 6-1 QSn6.5-0.1 圆锭的锡反偏析程度

铸锭断面/mm			ϕ195		ϕ245	
铸造方法			水冷模铸造	半连续铸造	铁模铸造	半连续铸造
铸造工艺条件			浇注温度 1250～1280℃ 漏斗孔 ϕ10mm×1	铸造温度 1280～1300℃ 铸造速度 4～4.5m/h 冷却水压力 0.08～0.15MPa 结晶器高度 250mm	浇注温度 1250～1270℃ 漏斗孔 ϕ10mm×1	铸造温度 1200～1300℃ 铸造速度 3～3.5m/h 冷却水压力 0.08～0.15MPa 结晶器高度 180mm
锡反偏析程度/%	浇口部	波动范围	0.54～1.61	0.14～0.50	1.12～1.82	0.33～0.44
		平均值	0.96	0.38	1.54	0.38
	中 部	波动范围	0.61～1.02	0.16～0.40	1.07	0.25～0.35
		平均值	0.84	0.27	1.07	0.30
	底 部	波动范围	0.75	0.24	0.26～0.84	0.09～0.23
		平均值			0.57	0.16

注：反偏析程度，是指铸锭表层与中心的锡含量差。

6.1.2 裂纹

大多数成分复杂的合金都有产生裂纹的倾向，特别是在直接水冷的半连续铸造时，尺寸较大的铸锭裂纹倾向更大。铜合金的半连续铸锭，在其凝固及随后的冷却过程中，都可能产生各种各样的裂纹。一般在凝固过程中产生的裂纹称为热裂；在凝固后的冷却过程中和室温下产生的裂纹称为冷裂。两种裂纹各有其特征，热裂多沿晶界开裂，裂纹曲折而不规则，裂纹表面常带氧化色或有低熔点填充物；冷裂多产生在温度较低的弹性状态，裂纹常为晶断裂，断面较规则，多呈直线状。有些裂纹有时既是热裂又是冷裂，即先是热裂，后发展成冷裂。

裂纹产生的最直接原因是由于收缩应力作用的结果，而合金本身的塑性不好或机械强度不高，则是铸锭产生裂纹的内因。按着裂纹的形状及分布特点的不同，常把裂纹分为表面纵向裂纹、表面横向裂纹、中心裂纹和晶间裂纹，有些铸锭还容易发生劈裂。

6.1.2.1 表面纵向裂纹

图 6-2 是铸锭（T2，ϕ195mm）表面纵向裂纹缺陷照片。

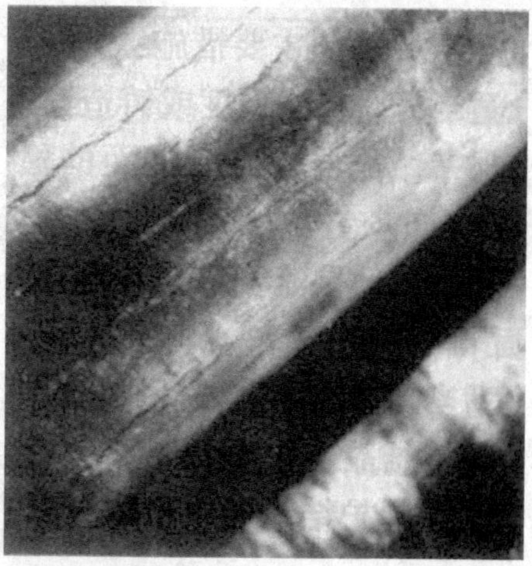

图 6-2 铸锭(T2，ϕ195mm)表面纵裂

表面纵向裂纹发生的根本原因，除与金属或合金的热脆性质有关外，主要是在半连续或连续铸锭时，铸锭出结晶器时局部表面温度过高。因为当铸锭的环周表面温度分布不均时，温度较高的局部强度较低，所以铸锭发生收缩时产生的应力，很容易在强度低的局部产生裂纹。这种裂纹，是在铸锭刚出结晶器前后瞬间产生的，但由于铸锭与结晶器之间的相对运动，所以裂纹就不断的延长，呈现纵向裂纹。

半连续铸造时防止纵向裂纹的一般措施是：

(1) 采用尽可能低的铸造温度和铸造速度；

(2) 加大一次冷却强度，结晶器下缘的出水孔应全部畅通；

(3) 尽量采用短结晶器，或降低结晶器内金属液面水平。

图 6-3 TP2 ϕ245mm 铸锭表面横裂

6.1.2.2 表面横向裂纹

图 6-3 是 TP2 ϕ245mm 铸锭表面的横向裂纹缺陷照片。

铸锭表面横向裂纹，是半连续及连续铸锭所特有的一种缺陷，也称为横向拉裂。

铸造过程中，由于铸锭表面与结晶器内壁之间有相对运动，因此就有摩擦力存在。如果铸锭表面与结晶器内壁之间的摩擦大于铸锭表面强度时，就会将铸锭表面拉裂。这就是产生横向裂纹的主要原因。特别是铸造那些高温强度较低的金属或合金时，出现横向裂纹的可能性非常大。

在半连续及连续铸造时，避免产生表面横向裂纹的主要措施是：

(1) 结晶器内壁保持光洁，不允许有变形及破损现象；

(2) 加强铸锭表面与结晶器内壁之间的润滑。采用振动铸造，可以在很大程度上避免表面拉裂；

(3) 要使结晶器和托座对正中心，而且两者的放置都应保证水平；

(4) 适当降低结晶器内金属液面的水平。

6.1.2.3 中心裂纹

中心裂纹一般都发生在直接水冷半连续铸锭中，铸锭产生中心裂纹的主要原因是由于铸锭表面和内部温差大，并且所产生的热应力大于铸锭中心处的金属强度所造成的。

能否出现中心裂纹主要取决两个条件：一个是存在于铸锭内部的应力大小；另一个是有应力存在的铸锭中心部分强度的高低。应力大小主要是由铸锭凝固时的收缩量和其表面与内部温差大小所决定的。当铸锭的化学成分和断面尺寸都一定时，应力的大小主要是由铸锭表面与内部温差决定。显然提高铸造温度或加快铸造速度，提高冷却强度等，都会使铸锭表面与内部温差增大，从而使铸锭内部应力增大。铸锭中心部分强度的高低，除与铸锭的化学成分和温度有关外，还与结晶组织，缺陷分布有关。如中心部分有低熔点物质或气孔、疏松等缺陷时，就会明显降低其强度。图 6-4 为 BZn15-20 ϕ295mm 铸锭的中心裂纹照片的局部。

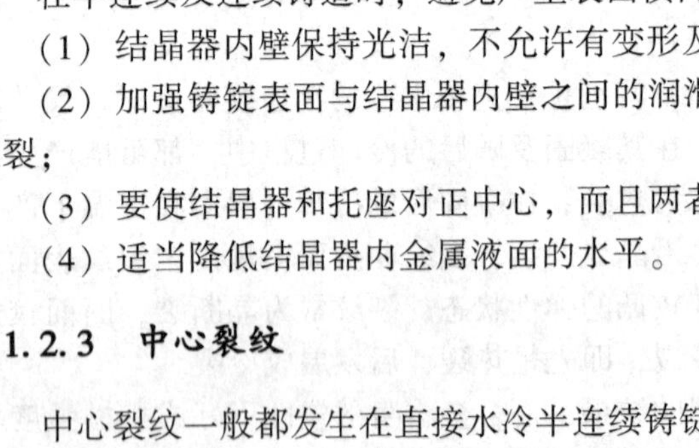

图 6-4 BZn15-20 ϕ295mm 铸锭中心裂纹

半连续铸造时，为避免产生中心裂纹，一般可采取以下措施：

(1) 严格控制合金的化学成分，对易产生内裂主成分控制在下限，能够促进裂纹的杂质元素越少越好；

(2) 可用分散供流的办法，以减低液穴

深度；

（3）降低铸造温度，或减慢铸造速度。

6.1.2.4 晶间裂纹

晶间裂纹是内部裂纹的一种特殊形式，它的主要特征是沿晶粒间界开裂。发生晶间裂纹的根本原因，是在晶粒间界存在着低熔点物质，使晶间强度大大减弱，由于晶粒间存在着较大的应力，就在晶粒间产生了裂纹。图 6-5 为铸锭（T4，ϕ245mm）晶间裂纹照片。

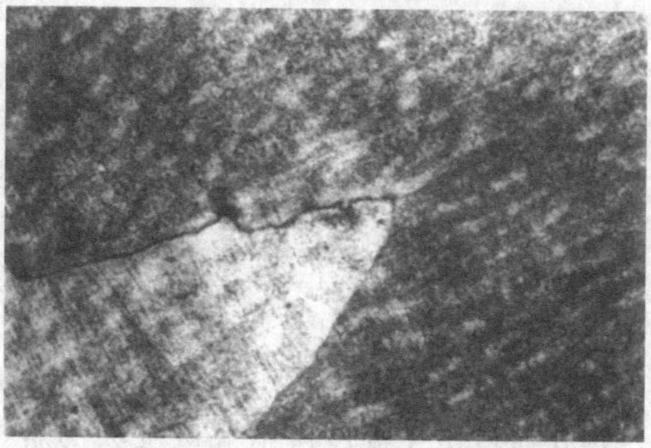

图 6-5 铸锭（T4，ϕ245mm）晶间裂纹

实际上，中心裂纹也大都是在晶间裂纹上发展起来的。

6.1.3 夹渣

6.1.3.1 表面夹渣

镶嵌在铸锭外表面上的熔渣、炭灰、金属氧化物等，称为表面夹渣。

在铁模和水冷模铸锭时，由于液柱落差大，冲击现象严重，因此，熔体氧化生渣的机会较多，若模壁上的涂料提前挥发完毕，则金属液面上的浮渣容易粘在模壁上，最终成为表面夹渣。

在半连续铸造过程中，如果结晶器内金属熔体保护不好，就会氧化生渣，加上结晶器内熔体液面控制不稳，润滑不良，都很容易使铸锭表面夹渣。

6.1.3.2 内部夹渣

铸锭内部有熔渣、炭灰、氧化物等，称为内部夹渣。

内部夹渣主要是在采用铁模及水冷模浇注时，熔渣、炭灰、氧化物等不能从熔体中上浮所造成的。相对而言，在半连续和连续铸锭时，出现铸锭内部夹渣的机会稍少一些。

防止夹渣的措施有：

（1）保证注入铸模中的熔体不含熔渣；

（2）利用铁模和水冷模铸锭时，应使浇注速度和涂料挥发速度很好配合；

（3）半连续铸锭时，一定要保证结晶器内金属液面的平稳，并要严加保护。

6.1.4 气孔

存在于铸锭内部的气体空穴，称为气孔。气孔的形状有圆形、长圆形及不规则的针状等多种，而且大小也不一样。气孔的存在减小了铸锭的密度，加工时气孔可被压缩，但不易被焊合，常在加工和热处理后引起材料起皮和起泡等缺陷。

铸锭中出现的气孔有内部气孔和皮下气孔，图 6-6 所示为 QAl9-2 ϕ360mm 铸锭内部的内部放射状气孔照片，图 6-7 所示为 T2 ϕ145mm 铸锭的皮下气孔照片。

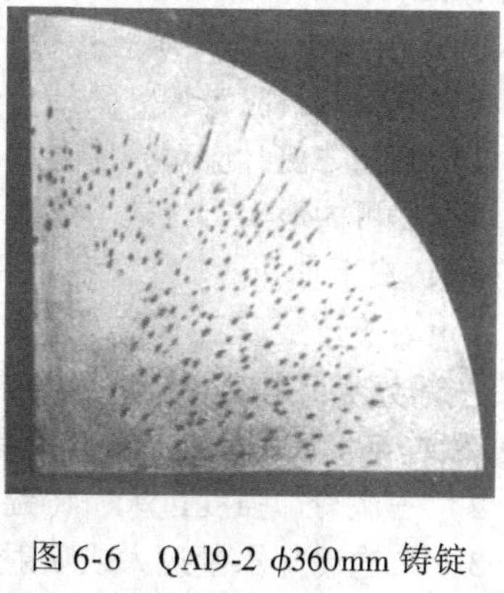

图 6-6 QAl9-2 ϕ360mm 铸锭放射状气孔照片

6.1.4.1 气泡的形成过程

溶解在金属熔体中的气体及在铸造期间由于某些化学反应在熔体中产生的气体，都有可能在锭坯内造成气孔。溶于金属熔体中的气体，其溶解度一般都随着温度降低而减少。熔体中含气少以及排气条件好时，析出来的气体或者通过扩散达到金属熔体表面逸出，或者在金属熔体内部形成气泡上浮逸出。但往往上浮的气泡在通过由于温度降低黏度变大的熔体或两相区时，阻力较大，这就是当熔体中含气量较高时，容易在铸锭内部产生气孔的基本原因。

图 6-7 T2 ϕ145mm 铸锭皮下气孔照片

6.1.4.2 铁模铸锭中的气孔

铁模铸锭中，除熔体本身含气量较高，造成大量气孔废品外，还会产生皮下气孔、表面气孔等缺陷。

（1）皮下气孔。分布在铸锭表皮下的气孔，称为皮下气孔。在浇注过程中，原来吸附在模壁表面或裂缝中的水分所蒸发出来的气体，窜入到半凝固状态的铸锭表层内且跑不出来时，就会形成皮下气孔，也就是皮下气孔的形成过程。显然，模子破旧，特别是模子内壁表面的裂痕较多，或是模子没有很好的预热，或者涂料选用得不恰当、刷得太厚等，都可能形成皮下气孔。

（2）表面气孔。铸锭的表面气孔和与表面缺陷气体相连通的皮下气孔，主要是由于锭模表面的水分、涂料或润滑油、铁锈等与金属相互作用产生而造成。因为反应产生的气体使局部界面上的气压增大，锭模表面的油或水受热挥发和膨胀，也可以产生很高的压力并在模壁形成气泡，迫使金属或刚形成的凝壳表面变形而成为表面气孔。

6.1.4.3 半连续铸锭中的气孔

由于半连续铸造过程比较复杂，因此各种气孔的形成原因也不一样。

（1）满布气孔。满布气孔的特点是整根铸锭内部到处都有气孔。产生的原因大多在熔炼方面，例如，原辅材料中含气量高，或者炉衬、工具潮湿等。熔炼时精炼不彻底，熔炼温度高或熔体保温时间长，都会造成铸锭产生满布气孔。

防止满布气孔的措施有：

1）原辅材料应干燥、整洁，炉衬及所用工具等均应保持干燥；

2）浇注之前，应对某些金属及合金熔体进行认真的除氢或脱氧处理；

3）尽可能地实行快速熔炼和在低温下铸造。

（2）皮下气孔。皮下气孔的特点是在铸锭表皮下面分布着小气孔，产生的原因主要有：

1）由于铸锭表面不光，二次冷却水喷到铸锭表面的夹渣、毛刺、裂口等凸出物上时，就会使一部分水反射到铸锭表面与结晶器壁的间隙中去，间隙中的水分蒸发成水蒸气突破铸锭凝壳进入到皮下半凝固体层后，极易造成皮下气孔；

2）一次冷却强度过大，铸锭表层凝壳形成过早，致使冷凝过程中析出的气体来不及跑掉；

3）二次冷却水量过大或喷射角度太大，致使冷却水钻到铸锭表面与结晶器壁之间的缝隙中去；

4）结晶器局部渗水；

5）润滑油中含有水分，或者给油量过大。

防止皮下气孔的措施：

1）力求铸锭表面光滑；

2）认真控制二次冷却水的流量，结晶器下缘的喷水孔角度应适宜；

3）适当减低一次冷却强度。例如，可适当增大结晶器内套上部的缓冷带，或者采用带有石墨衬套的结晶器；

4）润滑油中应没有水分，给油量大小要适当。

（3）局部气孔。局部气孔有以下三种情况：

1）铸锭底部气孔最多，向上逐步减少。铸锭底部的气孔，多是由于托座或中间包（炉头箱）等事先未经干燥和预热等原因造成的。防止的措施就是在浇注前，托座应先干燥，中间包（炉头箱）、漏斗、炭黑等均需充分干燥和预热。

2）靠浇口端气孔最多，向下逐渐减少。铸锭浇口的气孔，多是由于铸造时间过长、炉内熔体发生了二次氧化或吸气等原因造成的。防止的措施是，在铸造过程中，对炉内的熔体应严加保护，若铸造时间过长时，中间可对熔体进行再次脱氧或除气处理。

3）中心气孔及环状分布的气孔。这种气孔多是由于铸造工艺条件或操作不适当等原因造成的。例如，浇注管或坩埚底埋入液面下太深，结晶器内金属液面保温不良，结晶器内金属液面上覆盖的炭黑层太厚或积渣过多，结晶器太高，铸造速度过快等。防止铸锭产生中心气孔及环状分布的气孔的措施主要是严格控制各项工艺条件，注意操作中的各环节。

6.1.5　缩孔与疏松

当金属或合金由液态变为固态时，由于发生体积收缩而在最后凝固的地方出现的空洞，一般称为缩孔。根据缩孔所在部位及其大小的不同，通常又把缩孔分为两种类型，即集中的收缩孔和分散的疏松。合金的结晶温度范围小，则过渡区窄，在浇铸的最后没有液体金属补充时易形成集中缩孔；相反，结晶温度范围大，过渡区宽的合金则易形成分散性疏松。

6.1.5.1　缩孔

在铸锭最后凝固的部位，一般呈现集中缩孔。图 6-8 是 H62 ϕ295mm 铸锭浇口部的集中缩孔照片，集中缩孔的形成过程，如图 6-9 所示。

与模壁接触的熔体首先被冷却并结成一定厚度凝壳，随后，当内部熔体在温降过程中发生体积收缩时，将使熔体水平面下降（*b*）。继续冷却，凝壳层不断加厚，剩下的熔体温度继续下降，继续发生体积收缩并使剩余熔体的水平面不断下降（*c*）。……照此下去，一直到铸锭冷凝结束，便在最后冷凝的地方形成一个倒锥形的缩孔（*e*）。

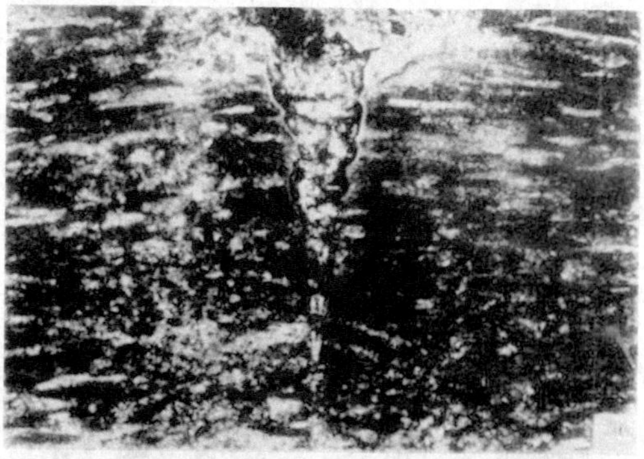

图 6-8　H62 ϕ295mm 铸锭浇口部缩孔

大的缩孔主要产生在铁模铸锭和水冷模铸锭的浇口处。一般来讲，铸锭的高度和断面尺寸之比越大，浇注速度越快，缩孔越深。

为了减少缩孔的深度，在铁模铸锭时，在模上附加保温帽，并不断地用高温熔体补口，

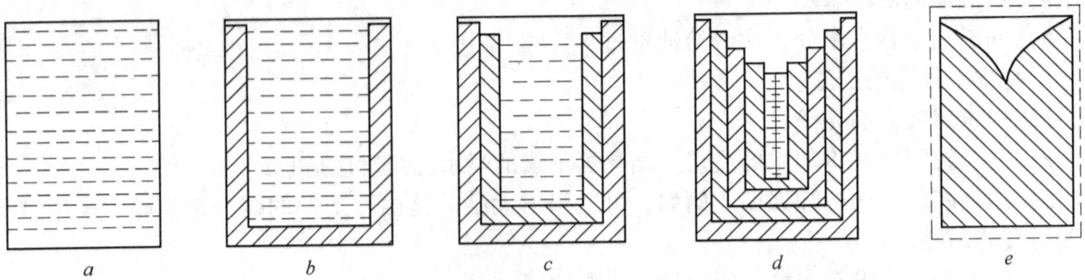

图 6-9　集中缩孔的形成过程示意图

a—完全液态；b—形成初壳；c—凝壳加厚；d—完全凝固；e—形成缩孔

在很大程度上能减少缩孔的深度。在半连续铸造时，可通过在铸造临结束时减慢铸造速度或者停车的办法，来减少缩孔的深度。

6.1.5.2　疏松

疏松是一种较微小的分散缩孔，疏松多分散地分布在晶粒之间，图 6-10 是 QSn 6.5-0.1 ϕ245mm 铸锭内部的显微松散照片。

疏松的形成过程是：在熔体冷却过程中，首先形成含有难熔成分较多的树枝状结晶骨架，剩余的熔体可在树枝间流动，当相邻的树枝状骨架彼此连接起来之后，枝间的剩余熔体便被分割开来。最后当枝间的剩余熔体发生收缩时，由于得不到熔体的补充，最后形成了分散的微小的缩孔。

一切有利于加强铸锭自下而上方向性结晶的因素，都有利于避免铸锭内部疏松缺陷的产生。

6.1.6　冷隔

铸锭表面发生重叠的现象，称为表面冷隔。铸造过程中断流可能产生内部冷隔。

在半连续铸锭中容易产生表面冷隔。图 6-11 是 T2 ϕ410mm 铸锭表面的冷隔缺陷照片。

当结晶器内的金属液面温度过低或表面张力过大时，在靠近结晶器壁的液面上，将会过早地形成凝壳或半凝固状态的弧形凝壳，如果后来的

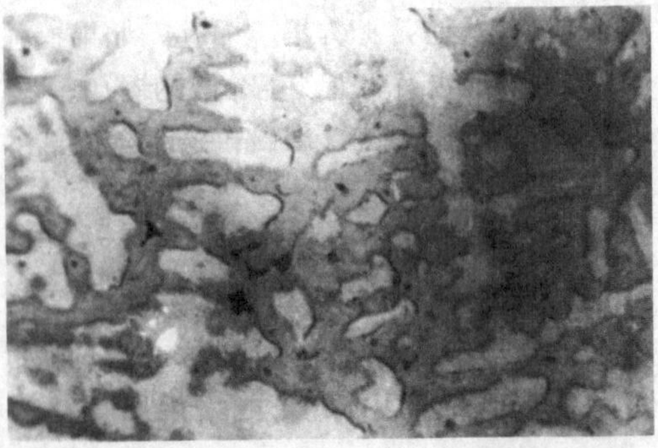

图 6-10　QSn6.5-0.1 ϕ245mm 铸锭显微疏松

图 6-11　T2 ϕ410mm 铸锭表面冷隔

熔体不能与凝壳很好地熔合在一起时，便会在铸锭的表面形成冷隔。

所以，为了避免表面冷隔的产生，在半连续铸锭时，应采取如下措施：

（1）适当地提高铸造温度，或降低冷却强度；

（2）增大结晶器内套上部的缓冷带；

（3）适当提高结晶器内的金属液面，浇注管不要埋入液面下太深，改善分流条件，对结晶器内的金属液面严加保护；

（4）结晶器内的金属液面应保持稳定，避免上下波动。

6.2 锭坯质量检查

对锭坯的质量检查，大致包括：化学成分检查、表面质量检查、内部质量检查和铸锭外形尺寸的检查。

6.2.1 化学成分检查

铸锭的化学成分，都以炉后分析为准。

化学成分分析的目的，是检查铸锭的实际化学成分是否符合标准规定。无论主要成分，还是杂质元素的含量，凡不符合标准规定的，都应将铸锭作为废品处理。

废品有两类：一类是主要成分不符合标准规定；另一类是杂质含量超过了限度。

6.2.1.1 铸锭主要成分不合格的原因及防止办法

（1）纯金属锭。主成分不合格的原因有两方面：一是原料品位不合格；二是熔炼期间混入其他元素致使金属纯度下降。防止的办法是：严格控制原料的品位，不应低于所熔金属的品位，严格控制熔炼工艺防止杂质混入熔体。

（2）合金锭。主成分不合格有以下几方面原因：发生混料，配料计算或称量上的错误，某些元素熔损量大，炉前调整化学成分时产生错误，例如取样没有代表性，补偿或冲淡计算产生错误等；化学成分发生较严重的偏析现象。防止的办法是：加强炉料的管理，提高配料计算和称料的精确程度，对易熔损元素，配料时应取上限，取样前应充分搅拌熔体，调整化学成分时要认真计算并复核。

6.2.1.2 铸锭杂质含量过高的原因及防止办法

（1）与原料有关的原因主要有三方面：一是新金属原料品位低，杂质含量高；二是旧料多次往返回炉，使某些杂质元素积累过高；三是发生了混料。防止的措施是：一是对新金属原料中所含杂质不得高于所熔炼合金的杂质含量限度；二是往复使用旧料时，要有相当比例的新金属原料搭配使用。

（2）与熔炼工艺有关的原因主要包括：变料时洗炉不彻底，熔体中的某些元素与炉衬之间发生化学作用；熔体与覆盖剂之间的作用；某些添加元素的积累；返炉残料中混有杂质；工具材料不当，熔炼过程中，工具被熔蚀。防止措施是：变料时要彻底洗炉；恰当选用炉衬材料和覆盖剂，发现有添加剂积累现象时，应立即采取措施；对返炉的残料要严加挑选，不得有夹杂物；选用适当材料的工具，在熔炼过程中尽量防止工具熔蚀。

6.2.2 表面质量检查

优质的铸锭表面应该是无夹渣、无冷隔、无裂纹、无气孔、无偏析等缺陷。

多数情况下允许对铸锭的局部表面缺陷进行修理，各厂都可根据自己的实际条件对修理标准作出具体规定。对铸锭表面的缺陷也可采用机械的办法进行修理，如对圆锭可以车削扒皮，对扁锭可以铣面。

6.2.3　内部质量检查

铸锭内部不得有缩孔、疏松、气孔、裂纹和夹渣等缺陷。在铜加工厂中，检查铸锭内部质量的方法有：低倍检查、断口检查、高倍组织检查和无损探伤检查等。

6.2.3.1　低倍检查

低倍检查是指从铸锭上切取试片，经加工，抛光和腐蚀之后，用肉眼或用低倍放大镜来检查其断面，通过低倍检查，不仅可以看出铸锭内部的结晶组织，而且能够看出试片上较小的气孔、裂纹、夹渣及疏松等缺陷。低倍检查的试片可在铸锭的横向上截取，也可在铸锭的纵向上截取。

6.2.3.2　断口检查

将铸锭折断，通过对其断口检查，从而鉴定铸锭内部质量的方法称为断口检查。当铸锭内部有气孔、裂纹、夹渣等缺陷时，在其断口上，一般是能够检查出来的。

6.2.3.3　高倍组织检查

高倍组织检查就是将从铸锭上取下的试片，经加工、抛光并腐蚀后，放在高倍显微镜下，看其晶粒内部及晶界附近是否有微小的疏松、裂纹及夹渣等缺陷。

6.2.3.4　无损探伤检查

无损探伤检查是借助于超声波探伤或涡流探伤等专门仪器，在不损坏锭坯的情况下，检查出铸锭内部的裂纹、夹渣、缩孔及气孔等缺陷。

6.2.4　外形尺寸检查

锭坯外形尺寸检查，主要指圆锭的直径，扁锭的宽、厚及锭坯定尺长度等。

复习思考题

基本概念：偏析、缩孔、疏松、冷隔

思考题：1. 偏析的种类及其产生原因。

2. 中心裂纹产生的原因及其防止措施。
3. 铸锭表面和内部夹渣产生的原因及其防止措施。
4. 铸锭中气孔产生的原因及其防止措施。
5. 如何避免铸锭中的缩孔和疏松。
6. 锭坯质量检查的内容。

7 安全生产技术

确保安全生产，不断改善劳动卫生条件，是我国社会主义企业一项十分重要的方针。建国以来，党和国家对工矿企业的安全生产、劳保福利工作十分重视，颁布了一系列有关法令，有力地促进了社会主义建设事业的顺利发展。

7.1 工业生产卫生

铜、镍及其合金熔炼和铸造生产，不仅是在较高温度下进行，而且在生产过程中还经常产生一些粉尘和有害气体向空气中扩散。因此设法改善铸造车间的温度过高，解决车间空气的污浊和粉尘过多等恶劣工作环境是一项很重要的工作。

7.1.1 通风及温度调节

熔铸车间的厂房必须有一定的高度，在厂房的顶部设置有足够数量的天窗，而且还要配备适量的排风装置，以迅速排出车间内的污浊空气。有时还要有专门的送风装置，不断向车间厂房内输送新鲜空气。

在夏季，熔铸车间的防暑降温工作更为重要，要尽量避免工人在高温状态下长期工作而导致“中暑”等病症。一般除尽可能地使操作工人与高温热源隔离以外，主要的防暑降温手段是加强通风，例如用专门的送风装置向高温现场输送冷风，用风扇向现场局部吹风等措施都是很有效的。为了避免工人因大量出汗，体内水分和盐分丧失较多而引起中暑现象，应向从事高温作业的工人，供应盐汽水或加入0.2% ~0.3%食盐等清凉饮料。到冬季，应注意采取取暖措施。

7.1.2 除尘

在某些铜、镍及其合金的熔炼生产过程中，有时会产生一些有害或有毒的粉尘、气体等物。例如，在熔炼各种黄铜时，在炉气及炉渣中就含有大量的锌蒸气或氧化锌；在熔炼铍青铜时，其炉气及炉渣中就含有一定数量的铍的化合物粉尘；如果任其在空气中自由扩散，不仅危害本车间工人的身体健康，而当其扩散到车间外部空间去以后，有时还会危害到附近的工人或居民的身体健康，甚至可以造成田园庄稼的灾害。

熔铸车间里还有一些粉尘，如捣筑及拆炉过程中产生的耐火材料粉尘，敞开式半连续铸造时从结晶器中飞出来的炭黑粉尘等，对工人的身体危害都比较大，因此也需要注意防护。最简单的防尘措施是操作者佩戴口罩。纱布口罩只能防普通的大颗粒粉尘。如粉尘的颗粒较细时，应采用专业性的防尘口罩。

为有效地防止某些有害气体、粉尘等在车间厂房内空气中扩散，应将含有上述各种有害物质的污浊空气收集起来进行专门的除尘处理。除尘处理，就是用专门的抽风装置将现场某局部的污浊空气抽送到除尘器中，在除尘器中粉尘沉淀下来而空气得到净化。通过除尘处理，不仅污浊空气得到了净化，而且还可以从沉淀下来的粉尘中提取某些有价值的金属或者化合物。

冶金工业部门中，常见的除尘器分干法除尘和湿法除尘两类。其中干法除尘有旋风式除尘器和布袋除尘器；湿法除尘有泡沫除尘器和喷淋洗涤塔等几种。若需要高效率回收某些金属及其化合物粉尘，从而净化空气时，还可采用静电除尘器。下面介绍几种除尘器：

（1）布袋除尘器。这是一种应用较为广泛的除尘装置，基本结构，如图 7-1 所示。例如，熔炼各种黄铜时，就常用布袋除尘器来收集氧化锌等烟尘。滤尘袋可用粗毛呢或涤纶针刺毡等材料制成。装于密封室内的若干个布袋按规定排列，布袋顶端封闭，其下面开口端与污浊空气的吸入管相通。当污浊空气通过布袋时，所含粉尘颗粒被阻于布袋的内表面，而被净化了的空气从出风口排出。布袋内表面附着的粉尘，通过定期地振动布袋的方法，使其落入下面的灰仓中。采用布袋收尘时，进入布袋的废气温度不得超过 120℃，以防烧坏布袋。

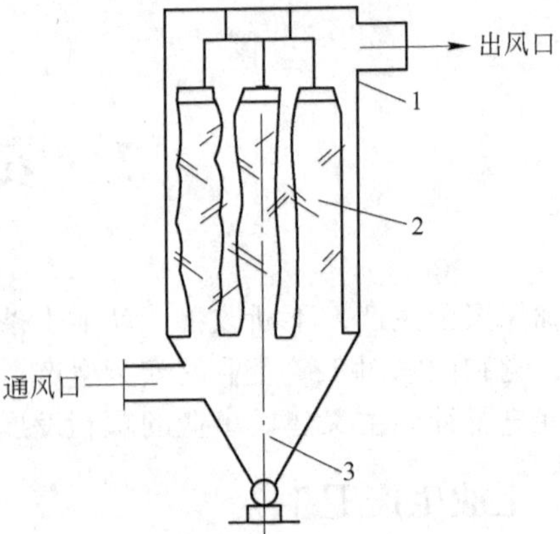

图 7-1　布袋除尘器

1—外壳；2—呢制布袋；3—灰仓中的粉尘

（2）喷淋洗涤塔。这种除尘装置的基本结构，如图 7-2 所示。当污浊空气通过筛板时，筛板上的小泡沫可将其粉尘颗粒吸附，即含有粉尘的污水从出水孔排出，净化了的空气从塔上方的出风口排出。有时在洗涤塔内的筛板上放一些焦炭、碎石之类的东西，以增加对空气中粉尘颗粒的阻力。

（3）静电除尘器，又称电过滤器，是一种比较专业的除尘装置，其结构如图 7-3 所示。阳极板 1 为“C”型，上下两端固定在阳极框架上，而阳极框架由弹簧支撑在外壳上，阴极线与阳极板对应布置，其上下两端固定在阴极框架上。工作时，阳极板接地，阴极线与高压直流电源相通，在阳极与阴极之间形成电风。当污浊空气从中通过时，导电的粉尘颗粒将带有与阴极线同性的电荷，而此种带电粉尘在阳极板上脱去电荷后借振动作用落入灰仓中。静电除尘器的除尘效率可达 99% 以上，并且可以处理高温炉气，因此其应用日趋普遍。

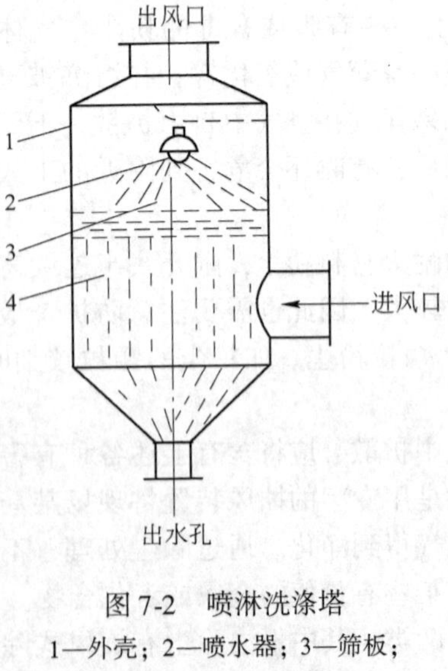

图 7-2　喷淋洗涤塔

1—外壳；2—喷水器；3—筛板；
4—含有粉尘的污水

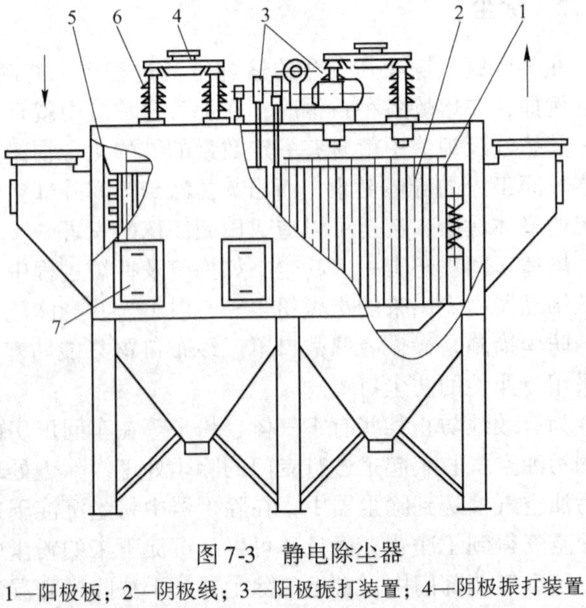

图 7-3　静电除尘器

1—阳极板；2—阴极线；3—阳极振打装置；4—阴极振打装置；
5—气流分布板；6—高压瓷瓶；7—凹槽盖板

应该指出的一点是，实际的除尘效果不仅与选用的除尘器种类有关，实际上在很大程度上取决于从现场收捕污浊空气的能力。例如，虽然除尘器本身的除尘效果很高，但由于不能将现场中的污浊空气收捕彻底，结果现场中的有害粉尘等物质仍不能很好去除。

7.2 安全生产技术

7.2.1 熔铸生产一般安全知识

（1）操作人员应认真学习，自觉遵守设备使用、安全技术、工艺操作等规章制度。

（2）操作人员应穿戴完整的工作服、劳保皮鞋以及手套、安全帽等劳动保护品；必要时还应戴上口罩、面罩、防护眼镜等专业防护品，以防发生烫伤等事故。

（3）生产设备应定期检修，平时精心维护。

（4）工作现场应保持整洁，光线不足的地方应设有照明灯，其中手持电灯应以36V以下的安全电压供电；道路应畅通无阻，危险区及施工区应设有挡杆、围墙或有指示灯等明显标志。

（5）为避免发生火灾、爆炸等意外事故，在熔炉及铸造现场附近严禁有油、氧气瓶、水等易燃或易引起爆炸的物质存在。在主要生产设备附近应备有消防水、灭火器以及干砂等常用灭火器材。

（6）产生大量有毒、有害气体或粉尘等物质的作业，应该在专门的厂房内进行，并且应特别注意现场的通风、除尘以及操作工人的劳动保护工作。

7.2.2 感应电炉的安全操作技术

（1）为避免发生感应器线圈匝间短路及人身触电事故，应该做到以下几点：

1）感应器线圈内的冷却水畅通无阻，水流量大小适宜；

2）不允许将金属料（包括屑料）泼落到感应器线圈上；

3）电器控制柜及炉体四周附近地区应铺上橡胶板；

4）中频及高频感应电炉，最好在停电状态下进行加料、搅拌、捞渣和取样等操作。如果在带电情况下操作时，应防止触电。

（2）按规定顺序进行装料和熔化。例如，某些低沸点元素应在炉温较低的情况下装炉熔化，否则容易引起金属熔体的喷溅现象。较大块的金属料应由天车吊着并轻轻地往炉膛中放，以防砸伤（坏）炉衬。

（3）严禁使用大量含有水、油等物的炉料，以防引起金属熔体喷溅或发生爆炸事故。

（4）凡是与高温熔体直接接触的工具或辅助材料，均应进行充分预热，以防引起放炮或爆炸事故。

（5）开启炉盖或炉门的瞬间，操作者不应正视炉膛，以防从炉内冲出的高温炉气或火焰将人烧伤。

（6）熔炼过程中，应经常观察炉膛内金属熔化情况，严格控制炉温，防止熔体过热和凝炉事故发生。生产实践表明：当炉膛上部固体炉料发生搭桥现象时，其下部熔体极易过热，而极度过热的熔体容易将炉衬烧坏。带熔沟的感应电炉发生凝炉现象时，将会引起熔沟断开事故。坩埚式感应电炉遇有凝炉现象，如果马上以高功率送电时，容易引起漏炉事故。

（7）遇到感应器线圈匝间放电现象时，应立即停电检查；如发生漏炉现象时，应立即停电将炉内金属熔体迅速倒出炉外。如果遇到特别严重的漏炉事故时，漏出的熔体将感应器线圈烧坏，冷却水与熔体接触容易引起爆炸而又来不及将熔体倒出炉外时，可采取向炉内加冷料的办法，使炉内熔体很快凝固。

（8）停炉、开炉必须按规定的程序进行。

7.2.3　半连续及连续铸锭生产的安全技术

（1）结晶器应无漏水及渗水现象；进入结晶器的引锭托座应进行干燥，铸造用的工具如中间包（或炉头箱）、漏斗及其他用品均需事先预热。

（2）铸造前，结晶器、引锭托座、漏斗三者应对正同心；结晶器和引锭托座均应保持水平，液流调节系统应灵活好用。

（3）铸造过程中，要严格控制工艺参数，注意防止堵眼、悬挂、上冒、下漏等事故发生。

（4）确保铸造机安全运转。平时生产中，对铸造机应注意润滑；防止重物落入铸造井内，以免砸坏机械零件；在吊起铸锭之前，应先打开托座的夹紧装置，以免将底盘或夹紧机构吊坏，或者将钢丝绳拉断。

（5）吊运铸锭时，要注意安全。通常，圆锭多用钢丝绳吊运，所用的钢丝绳型号应与铸锭质量相适应。凡是硬化、腐蚀、断股的钢丝绳严禁使用。吊大锭时，须用专门的夹钳吊运，铸锭吊钳要精心维护，用前应仔细检查。

（6）凡是吊运铸锭或其他重物时，重物下面严禁站人，以防重物落下伤人。

复习思考题

思考题：1. 熔铸工生产时必须穿戴的劳保用品。
2. 完善熔铸作业安全生产设施。
3. 完善熔铸作业环境保护设施。
4. 遵守熔铸生产安全技术操作规程。

附　表

附表 1　加工铜及铜合金常见牌号对照

材料名称	牌号						
	GB	JIS	ASTM	ISO	DIN	BS	NF
纯　铜	T2	C1100	C11000	Cu-FRHC	E-Cu58	C101/C102	Cu-FRHC
	T3			Cu-FRTP		C104	Cu-FRTP
无氧铜	TU0	C1011	C10100			C110	Cu-OFE
	TU1	C1020					
	TU2	C1020	C10200	Cu-OF	OF-Cu	C103	Cu-OF
磷脱氧铜	TP1	C1201	C12000	Cu-DLP	SW-Cu		Cu-DLP
	TP2	C1220	C12200	Cu-DHP	SF-Cu	C106	Cu-DHP
银　铜	TAg0. 1			CuAg0. 1	CuAg0. 1		
普通黄铜	H96	C2100	C21000	CuZn5	CuZn5	CZ125	CuZn5
	H90	C2200	C22000	CuZn10	CuZn10	CZ101	CuZn10
	H85	C2300	C23000	CuZn15	CuZn15	CZ102	CuZn15
	H80	C2400	C24000	CuZn20	CuZn20	CZ103	CuZn20
	H70	C2600	C26000	CuZn30	CuZn30	CZ106	CuZn30
	H68		C26200	CuZn30	CuZn33		
	H65	C2680、C2700	C26800、C26700	CuZn35	CuZn36	CZ107	CuZn33
	H63	C2720	C27200	CuZn37	CuZn37	CZ108	CuZn36
	H62	C2800	C27400	CuZn40	CuZn40	CZ109	CuZn40
铅黄铜	HPb62-0. 8	C3710	C35000	CuZn37Pb1	CuZn36Pb1. 5	CZ123	
	HPb62-3	C3601	C36000	CuZn36Pb3	CuZn36Pb3	CZ124	CuZn36Pb3
	HPb62-2		C35300	CuZn37Pb2	CuZn38Pb1. 5	CZ131	CuZn35Pb2
	HPb61-1	C3710	C37100	CuZn39Pb1	CuZn39Pb0. 5	CZ129	CuZn40Pb
	HPb60-2	C3771	C37700	CuZn38Pb2	CuZn39Pb2	CZ128	CuZn38Pb2
	HPb59-3	C3561	C38500	CuZn39Pb3	CuZn39Pb3	CZ120	CuZn40Pb3
	HPb59-1	C3713	C37710	CuZn39Pb1	CuZn40Pb2	CZ129	CuZn39Pb1. 7
铝黄铜	HAl77-2	C6870	C68700	CuZn20Al2	CuZn20Al2	CZ110	CuZn22Al2
锡黄铜	HSn70-1	C4430	C44300	CuZn28Sn1	CuZn28Sn	CZ111	CuZn29Sn1
	HSn62-1	C4621	C46400	CuZn38Sn1	CuSn38Sn	CZ112	
加砷黄铜	H70A		C26130	CuZn30As		CZ105	

续附表 1

材料名称	牌号						
	GB	JIS	ASTM	ISO	DIN	BS	NF
锡青铜	QSn4-0. 3	C5101	C51100	CuSn4	CuSn4	PB101	CuSn4P
	QSn4-4-4	C5441	C54400	CuSn4Pb4Zn3			CuSn4Zn4Pb4
	QSn6. 5-0. 1	C5191	C51900	CuSn6	CuSn6	PB103	CuSn6P
	QSn6. 5-0. 4	C5191	C51900	CuSn6	CuSn6	PB103	CuSn6P
	QSn8-0. 3	C5210	C52100	CuSnP	CuSn8		CuSn8. 5P
铝青铜	QAl5		C60800	CuAl5	CuAl5As	CA101	CuAl6
	QAl7		C61000	CuAl7、CuAl8	CuAl8	CA102	CuAl8
	QAl9-4		C62300	CuAl10Fe3	CuAl8Fe3		
	QAl10-5-5	C6301	C63280	CuAl10Ni5Fe4	CuAl10Ni5Fe4	CA105	CuAl10Ni5Fe4
铍青铜	QBe2	C1720	C17200	CuBe2	CuBe2		CuBe1. 9
	QBe1. 7	C1700	C17000	CuBe1. 7	CuBe1. 7	CB101	CuBe1. 7
	QBe0. 6-2. 5		C17500	CuCo2Be	CuCo2Be	C112	
	QBe0. 4-1. 8		C17510	CuNi2Be	CuNi2Be		
硅青铜	QSi3-1		C65500	CuSi3Mn1		CS101	
铬青铜	QCr0. 5		C18400	CuCr1		CC101	
	QCr1		C18200	CuCr1		CC101	
镉青铜	QCd1		C16200	CuCd1		C108	
碲青铜	QTe0. 5		C14500	CuTe(P)	CuTeP	C109	
普通白铜	B19		C71000			CN104	CuNi20
	B25		C71300	CuNi25	CuNi25	CN105	CuNi25
铁白铜	BFe10-1-1	C7060	C70600	CuNi10Fe1Mn	CuNi10Fe1Mn	CN102	CuNi10Fe1Mn CuNi10Fe
	BFe30-1-1	C7150	C71500	CuNi30Mn1Fe	CuNi30Mn1Fe	CN107	CuNi30Mn1Fe CuNi30FeMn
锰白铜	BMn43-0. 5			CuNi44Mn1	CuNi44Mn1		CuNi44Mn
锌白铜	BZn18-18	C7521	C75200	CuNi18Zn20	CuNi18Zn20	NS106	CuNi18Zn20
	BZn18-26	C7701	C77000	CuNi18Zn27	CuNi18Zn27	NS107	
	BZn15-20	C7541	C75400	CuNi15Zn21		NS105	

表中合金牌号说明：

GB——中国国家标准；JIS——日本工业标准；ASTM——美国材料与试验协会标准；

ISO——国际标准化组织标准；DIN——德国工业标准；BS——英国标准；NF——法国标准。

附表 2　常见元素的某些物理性质

元素名称	符号	熔点 /℃	沸点 /℃	密度 /kg·m^{-3}	比热容(20℃) /J·(g·℃)$^{-1}$	熔解热 /J·g^{-1}	导热系数 /J·(m·s·℃)$^{-1}$
铝	Al	660.1	2500	2698	0.9002	396.07	221.9
镁	Mg	650	1108	1740	1.0258	368.44	153.7
钛	Ti	1677	3530	4508	0.5192	435.43	
铜	Cu	1084.5	2580	8960	0.3852	211.85	393.56
镍	Ni	1453	2732	8900	0.4396	308.96	92.11
铅	Pb	327.3	1750	11340	0.1281	226.21	34.75
锌	Zn	419.5	907	7134（25℃）	3.8728	100.86	113.04
锡	Sn	231.91	2690	7298	0.2261	60.71	62.80
镉	Cd	321.03	765	8650	0.2303	55.27	92.11
钴	Co	1492	2870	8900	0.4145	244.51	69.08
铋	Bi	271.2	1420	9800	0.1231	52.335	8.374
锑	Sb	630.5	1440	6680	0.2052	160.35	18.84
锂	Li	180	1347	531	3.3076	436.26	71.18
铍	Be	1283	2970	1840	1.8841	1088.57	146.54
钨	W	3380	5900	19630	0.1424	184.22	166.22
铌	Nb	2468	5130	8570	0.2721	288.89	52.34～54.43
铈	Ce	804	3468	6900	0.1758	35.59	10.89
钙	Ca	850	1440	1550	0.6490	217.71	125.60
锆	Zr	1852	3580	6507	0.2847	251.208	
铁	Fe	1537	2930	7870	0.4605	274.65	75.36
铬	Cr	1903	2642	7190	0.4605	401.93	66.99
锰	Mn	1244	2150	7430	0.4815	265.86	
砷	As	814（3.6MPa）	613	5730	0.3433	370.53	
硼	B	2300	3675	2340	1.2937		
磷（白）	P	44.1	280	1830	0.7411	20.934	
硫	S	115	444.6	2070	0.7327	38.94	0.2642
硅	Si	1412	3310	2329	0.6784	1808.70	83.736
碳	C	3727	4830	2250	0.6908		23.865

附表 3　部分铜合金铸锭理论质量表

名　称		铸锭理论质量/kg·（100mm）$^{-1}$							
合金牌号		QAl9-4 QAl10-3-1.5 QAl10-4-4	QAl9-2	HAl60-1-1 QAl5 QBe2 QBe2.5	H62、H59 QSi3-1 HAl59-3-2 BMn3-12	H68 BAl13-3 HSn70-1 HSn62-1 HSn60-1 HPb59-1 HPb64-2 HPb63-3 HMn58-2 HFe59-1-1 HAl77-2	H75、H70 HSi80-3 QMn5 QSn6.5-0.4 QSi1-3	H90、H85 H80 HPb74-3 HSn90-1 HNi6.5-5 QSn4-3 B5 BZn15-20	T2、T3、T4 TU1、TP1 H96 QSn4-0.3 QSn6.5-0.1 QCd1.0 QCr0.5 B19、B30 BMn40-1.5
密度/kg·m^{-3}		7500	7600	8200	8400	8500	8600	8800	8900
铸锭断面尺寸/mm	φ56.5	1.88	1.91	2.06	2.11	2.13	2.16	2.21	2.23
	φ65	2.49	2.52	2.72	2.79	2.82	2.85	2.92	2.95
	φ70.5	2.93	2.97	3.20	3.28	3.32	3.36	3.44	3.47
	φ81	3.86	3.92	4.23	4.33	4.38	4.43	4.53	4.59
	φ83.5	4.11	4.16	4.49	4.60	4.65	4.71	4.82	4.87
	φ97.5	5.60	5.67	6.12	6.27	6.35	6.42	6.57	6.64
	φ100.5	5.95	6.03	6.51	6.66	6.74	6.82	6.98	7.06
	φ120	8.48	8.60	9.27	9.50	9.61	9.73	9.95	10.07
	φ145	12.38	12.55	13.54	13.87	14.04	14.20	14.53	41.70
	φ175	18.04	18.28	19.72	20.20	20.45	20.69	21.17	21.40
	φ195	22.40	22.70	24.49	25.09	25.39	25.68	26.28	26.58
	φ205	24.75	25.08	27.06	27.73	28.06	28.39	29.05	29.38
	φ245	35.36	35.83	38.63	39.60	40.07	40.54	41.49	41.96
	φ295	51.26	51.95	56.05	57.41	58.10	58.78	60.15	60.83
	φ360	76.34	77.36	83.47	85.50	86.52	87.54	89.57	90.95
	φ410	99.02	100.34	108.26	110.90	112.22	113.54	116.18	117.50
	35×115	3.02	3.06	3.30	3.38	3.42	3.46	3.54	3.58
	55×220	8.25	8.36	9.02	9.24	9.35	9.46	9.68	9.79
	75×330	18.56	18.81	20.30	20.79	21.04	21.29	21.78	22.03
	80×360	21.6	21.89	23.62	24.19	24.48	24.77	25.34	25.63
	150×330	37.13	37.62	40.59	41.58	42.08	42.57	43.56	44.06
	140×640	67.20	68.10	73.47	75.26	76.16	77.06	78.85	79.74
	180×640	86.40	87.55	94.46	96.77	97.92	99.07	101.38	102.53

参考文献

1 肖恩奎，李耀群编著．铜及铜合金熔炼与铸造技术．北京：冶金工业出版社，2007
2 钟卫佳主编．铜加工技术实用手册．北京：冶金工业出版社，2007
3 肖恩奎．铜镍熔铸实践．北京：冶金工业出版社，1976
4 重有色金属材料加工手册编写组．重有色金属材料加工手册．北京：冶金工业出版社，1979
5 黄庆汉主编．金属学及热处理．冶金工业部技工学校教材（内部试用教材），1979
6 刘正鄂主编．有色重金属及合金的熔炼与浇铸．中国有色金属工业总公司职工教育教材（内部教材），1986
7 王宝让主编．铝镁合金熔炼与铸造．中国有色金属工业总公司职工教育教材（内部教材），1986
8 隋振祥．铜、镍及其合金熔炼与铸造．洛阳铜加工厂技工学校（内部教材），1986
9 陈存中主编．有色金属熔炼与铸造．北京：冶金工业出版社，1987
10 国家机械工业委员会统编．中级筑炉工工艺学．北京：机械工业出版社，1988
11 日本工业炉协会编．工业炉手册．戎宗义，路仆，郁善庆译校．北京：冶金工业出版社，1989
12 王俊华主编．有色金属塑性加工基础．洛阳铜加工厂（内部资料），1990
13 杨玉芳．金属熔铸基础理论．西安冶金建筑学院（内部资料）
14 钱之荣，范广举．耐火材料实用手册．北京：冶金工业出版社，1992
15 葛霖．筑炉手册．北京：冶金工业出版社，1994